"十三五"国家重点出版物出版规划项目

SAFETY SCIENCE AND ENGINEERING

安全生产智能化保障技术

◎主　编　蒋永清　刘月婵
◎副主编　孙　超
◎参　编　付建民　李公法　张迎新　雷　蕾
◎主　审　陈国明

本书以保障安全生产所涉及的智能化技术为内容框架，系统地阐述了安全生产信息获取、传输、监测、分析、预测预警及管理的智能化技术和方法。本书共8章，主要内容包括：绪论，现代智能技术，智能传感器，专家系统，智能控制，智能仪器与安全监测，智能故障诊断与预测，智能安全信息管理系统。本书明确介绍了智能化技术在保障安全生产方面的理论知识及其应用，旨在增强安全工程专业学生的现代化科学技术知识储备，拓展其他相关专业学生在安全工程领域的应用背景。

本书主要作为安全科学与工程专业本科教材，也可作为信息工程、自动化等相关专业的教学参考书，还可供企业安全生产智能化技术的管理人员学习参考。

图书在版编目（CIP）数据

安全生产智能化保障技术/蒋永清，刘月婵主编. —北京：机械工业出版社，2019.11

“十三五”国家重点出版物出版规划项目

ISBN 978-7-111-63753-0

Ⅰ.①安…　Ⅱ.①蒋…②刘…　Ⅲ.①安全生产－智能技术－高等学校－教材　Ⅳ.①X93

中国版本图书馆CIP数据核字（2019）第205792号

机械工业出版社（北京市百万庄大街22号　邮政编码100037）
策划编辑：冷　彬　　责任编辑：冷　彬
责任校对：陈　越　刘志文　封面设计：张　静
责任印制：郜　敏
北京富生印刷厂印刷
2020年1月第1版第1次印刷
184mm×260mm · 11.5印张 · 275千字
标准书号：ISBN 978-7-111-63753-0
定价：34.80元

电话服务　　网络服务
客服电话：010-88361066　　机　工　官　网：www.cmpbook.com
010-88379833　　机　工　官　博：weibo.com/cmp1952
010-68326294　　金　书　网：www.golden-book.com
封底无防伪标均为盗版　　机工教育服务网：www.cmpedu.com

前　言

智能化技术已成为我国创新发展的重要驱动力，“互联网＋安全”“中国制造2025”“宽带中国”等创新发展战略都为智能化提供了广阔的应用平台，物联网、大数据、云计算、人工智能对经济和社会各方面的发展都起到了重要的渗透和催化作用，传统产业正迈出转型升级的新步伐，安全工程领域也不例外。国务院《安全生产“十三五”规划》将强化安全科技引导保障作为一项重要的工作内容。智能安全，一方面要借助信息化、智能化技术，将事故隐患消灭于萌芽状态，实现预防为主；另一方面，一旦发生事故，借助智能化决策手段实施有力、有序、有效的应急响应是将事故损失降低到最小的关键。这些都离不开智能化技术对安全生产的支撑保障。可以说，智能化技术解决了一些靠传统方式无法有效解决的安全生产难题，更适用于新工艺、新装备、新材料、新技术、新业态下的安全生产保障能力的建设。

目前现有安全科学与工程类专业本科教材中安全技术的内容过于传统和陈旧，对智能化新方法、新技术及其在安全生产领域内的具体应用和案例分析介绍不足，专业教学知识和工程能力培养不能及时跟上快速发展的现代化安全智能保障技术。尽管个别专业领域内已有一些涉及智能化安全保障内容的书籍，但是系统性不足，专业覆盖性也不好。因此，作者在借鉴智能化技术在各专业领域内的专著、教材和文献的基础上，力求使本书的理论体系完整、方法先进、逻辑性强，使初学者可以尽快掌握智能技术的基本概念、基本理论及安全生产各阶段智能化保障的技术及应用，并掌握运用智能化技术解决安全生产中的有关实际问题的能力。

安全生产智能保障技术是一门综合性交叉学科，主旨是智能化技术在安全工程领域的应用，涉及传感技术、计算机技术、网络技术、自动化技术、安全管理、安全监控等多门学科的知识。本书共8章，涵盖了以下几个方面的内容：

（1）简要介绍智能技术的发展以及安全生产的现状，阐述智能化对保障安全生产的促进作用。以此为基础，论述安全生产智能保障框架各环节的作用及特征。

（2）系统地描述遗传算法、神经网络、免疫算法及典型的群智能算法的理论、特点、实现技术及其应用；着重讨论智能技术在保障油田安全方面的应用。

（3）阐述智能传感器的功能、特点及其实现途径，对典型的智能传感器（MEMS）做了详细介绍，并介绍智能传感器在安全生产中的应用。

（4）介绍专家系统的基本概念、思想及结构。讨论支撑专家系统的知识库、推理机、解释器及开发工具。着重介绍专家系统在矿山安全及成套装置动态风险管理方面的应用。

（5）介绍智能控制的基本原理及结构，阐述典型智能控制系统的设计方法，最后讨论智能控制在工业生产安全及智能消防方面的应用。

（6）简要介绍智能仪器的结构与特点，系统阐述智能安全监测系统的框架、任务及分类，重点介绍智能安全监测系统在保障安全生产中的应用。

（7）阐述智能故障诊断与预测的原理、结构及实现方法，详细介绍智能故障诊断与预测基本框架及其在安全生产中的应用。

（8）详细介绍智能安全信息管理系统的需求及建设设计方案，并以发电集团为例阐述智能安全管理信息系统在保障安全生产方面的应用。

本书由蒋永清、刘月婵担任主编。蒋永清负责全书的总体策划和定稿，刘月婵负责全书的统稿工作。具体的编写分工为：蒋永清编写第1章，孙超编写第2章和第3章，刘月婵编写第4章、第7章和第8章，李公法和付建民共同编写第5章，张迎新和雷蕾共同编写第6章。

本书所参考的文献已在书后列出，在此向这些文献的作者表示感谢。

限于编者水平，加之本书的体系、结构和内容均是一次新的尝试，书中难免存在不妥和错误之处，殷切期望读者的批评和指正。

编　者

目　录

第1章
绪 论

学习目标

- 了解安全生产的重要性及我国安全生产现状
- 理解安全生产的内涵及作用
- 理解人工智能的内涵及其对保障安全生产的促进作用
- 掌握安全生产智能保障体系框架及其各部分作用与特征

1.1 安全生产概述

安全生产是我国的一项重要政策，也是社会、企业管理的重要内容之一。做好安全生产工作，实现安全生产与经济社会同步发展，对于保障人们在生产过程中的安全与健康，做好企业生产经营，促进企业发展具有非常重要的意义。

1.1.1 安全生产的定义和内涵

安全，就是指企业员工在生产过程中或生产过程中的设备没有危险、不受威胁、不出事故。比如生产过程中的人身和设备安全、道路交通中的人身和车辆安全等。

所谓安全生产，就是指在生产经营活动中，为避免造成人员伤害和财产损失的事故而采取相应的事故预防和控制措施，以保证从业人员的人身安全，保证生产经营活动得以顺利进行的相关活动。安全生产是安全与生产的统一，安全促进生产，生产必须安全。

安全生产管理，是指企业为实现生产安全所进行的计划、组织、协调、控制、监督和激励等管理活动，简言之就是为实现安全生产而进行的工作。

《辞海》中将“安全生产”解释为：为预防生产过程中发生人身、设备事故，形成良好劳动环境和工作秩序而采取的一系列措施和活动。《中国大百科全书》中将“安全生产”解释为：旨在保护劳动者在生产过程中安全的一项方针，也是企业管理必须遵循的一项原则，要求最大限度地减少劳动者的工伤和职业病，保障劳动者在生产过程中的生命安全和身体健康。后者将安全生产解释为企业生产的一项方针、原则和要求，前者则解释为企业生产的一系列措施和活动。根据现代系统安全工程的观点，上述解释只表述了一个方面，都不够全面。

概括地说，安全生产是指采取一系列措施使生产过程在符合规定的物质条件和工作秩序下进行，有效消除或控制危险和有害因素，无人身伤亡和财产损失等生产事故发生，从而保障人员安全与健康、设备和设施免受损坏、环境免遭破坏，使生产经营活动得以顺利进行的一种状态。

“安全生产”这个概念，一般意义上讲，是指在社会生产活动中，通过人、机、物料、环境、方法的和谐运作，使生产过程中潜在的各种事故风险和伤害因素始终处于有效控制状态，切实保护劳动者的生命安全和身体健康。也就是说，为了使劳动过程在符合安全要求的物质条件和工作秩序下进行的，防止人身伤亡财产损失等生产事故，消除或控制危险有害因素，保障劳动者的安全健康和设备设施免受损坏、环境免受破坏的一切行为。安全生产是安全与生产的统一，其宗旨是安全促进生产，生产必须安全。搞好安全工作，改善劳动条件，可以调动职工的生产积极性；减少职工伤亡，减少劳动力的损失；可以减少财产损失，可以增加企业效益，无疑会促进生产的发展。而生产必须安全，则是因为安全是生产的前提条件，没有安全就无法生产。

1.1.2 安全生产的重要地位和作用

1. 安全生产是社会发展的必然要求

保护劳动者的生命安全和身体健康是安全生产工作根本的任务。安全生产贯穿经济社会发展的全过程，是保护和发展生产力、促进经济社会持续健康发展的基本条件，是社会文明进步的标志。

自从人类学会使用火和工具，火灾和意外伤害事故就与人类文明的发展如影相随。在农牧社会里，劳动者的劳动安全主要是受自然因素的威胁，加之劳动工具与劳动方式简单，劳动中的风险一般可以通过劳动者自我防范来避免。在原始手工业生产中，各类意外事故和职业病不时发生，如砸伤、割伤、压伤、烫伤、坠落、铅中毒、汞中毒、尘肺病等。人们大多将意外事故的伤害归结为自己粗心、运气差或者神秘的超自然力量等，对事故和伤害缺乏正确认识，只能凭经验采取一些简单的措施或者听天由命。随着蒸汽机的发明，起始于18世纪的英国工业革命席卷全球，机器大生产日益广泛地取代了手工劳动，无论是劳动环境、劳动工具还是劳动方式，都发生了巨大的变化，这种变化不仅带来了生产效率的迅速提升和物质财富的急剧增长，同时也使劳动者在工作过程中的安全和健康面临着更加广泛、普遍、严重的威胁。矿山塌方、瓦斯爆炸、厂房火灾、锅炉爆炸、机械伤害等工业事故层出不穷，接触粉尘和有毒有害物质产生的职业病也开始蔓延，由此导致巨大的人员伤亡和财产损失。此后，人类开始采用科学的方法研究各类事故伤害及职业病发生的原因及预防与控制手段，并从立法、监察、技术、教育、保险等多方面采取措施。

我国现阶段正处于一个全面而深刻的经济转型与社会发展的新时代，大规模的工业化、城市化发展进程势不可挡。在这样的特定时代背景下，一方面是原有产业结构与劳动就业格局被打破，城镇劳动者面临着转换工作环境与就业岗位的压力及新的职业风险；另一方面是工业化的发展进程，必然促使乡村劳动者大规模地向非农业产业转化，新的劳动环境与劳动方式不可避免地会带来新的职业风险；加上安全生产基础薄弱、监管监察手段滞后、科技支撑力量不足等原因，致使各类事故总量大、重特大事故多发、职业危害严重，尤其是重点行业和领域安全生产问题突出，安全生产形势依然十分严峻。

2. 安全生产是促进国民经济发展的重要条件

发展社会主义事业，促进经济发展，首要的条件是提高社会生产力。在发展经济的过程中，采取有效措施，消除生产中的危险和危害因素，可以减少和避免各类伤亡事故和职业病的发生。创造安全劳动环境，可以激发从业人员的劳动热情，充分调动人的积极性。这些都是提高社会生产力，提高经济效益，实现可持续发展的重要保证。如果安全生产搞不好，不注意改善劳动条件，从业人员整天在粉尘飞扬、噪声震耳、险象环生的恶劣条件下从事生产活动，伤亡事故和职业病的发生就得不到控制，不仅安全与健康受到伤害，而且生产积极性也会受到挫伤，最终不利于经济的发展。实践也证明，加强安全生产，可以避免或减少因伤亡事故和职业病所造成的工作日损失，减少救治受伤人员的各项开支，减少因设备损坏、财产损失和停产造成的其他直接或间接损失，从而达到降低成本、提高经济效益的目的。反之，则势必对经济和社会发展带来严重的后果。

3. 安全生产是企业获得经济效益的基础

企业获得经济效益的主要途径是提高生产效率，降低生产成本。在一定的生产规模、技术、工艺条件下，劳动生产率的提高主要依靠员工的工作积极性和创造性，而生产成本的降低则主要通过减少经济损耗和支出来实现。

著名的美国安全工程师海因里希，早在20世纪30年代，就通过研究考察众多企业安全状况后得出结论：降低事故和职业危害比率，不仅降低损失，而且有利于企业提高员工的生产效率。企业安全生产问题严重，将会严重影响企业的生产和社会形象，从而影响企业的生存和发展。企业的安全生产问题频出，会使员工产生畏惧情绪，影响员工工作的积极性和主动性，从而使生产效率下降。企业如果采取有效的安全生产防护措施，应用控制技术手段预防对员工的伤害，使员工在安全状态下工作，保障了员工的健康，会使企业更具有凝聚力和向心力，更加激发员工的工作积极性和创造性，从而使劳动生产效率大幅度提高，进而达到提高企业经济效益的目的。控制安全生产事故，就是控制、降低企业的损失。企业进行安全生产，预防事故的发生，在一定程度上达到降低成本、提高经济效益的目的。

4. 安全生产是坚持安全发展、构建社会主义和谐社会的必然要求

国民经济和区域经济、各个行业和领域、各类生产经营单位的发展以及社会的进步和发展，必然以安全为前提。其中，包括自觉遵循党和国家安全生产方针政策和法律法规，把发展建立在安全保障能力不断增强、安全生产状况持续改善、劳动者生命安全和身体健康得到切实保证的基础上，促进安全生产与经济建设、社会进步、产业结构调整优化、企业规模效益和市场竞争能力的同步提高。

倡导和树立安全发展观，是构建社会主义和谐社会的必然要求。和谐社会的六个基本特征，即民主法治、公平正义、诚信友爱、充满活力、安定有序、人与自然和谐相处，都与安全生产有着密切的联系。安全生产需要健全的法律法规，完善的法治秩序；需要保障劳动者的安全权益，维护社会公平和正义；需要建立安全诚信机制，营造“关爱生命、关注安全”的社会氛围。只有生命安全得到切实保障，才能调动激发人们的创造活力和生活热情；只有使重特大事故得到遏制，大幅减少事故造成的创伤和震荡，社会才能安定有序；只有顺应客观规律，讲求科学态度，才能有效防范事故，实现人与自然的和谐相处。加强和谐社会建设，必须从关系人民群众切身利益的现实问题入手，处理好安全生产这个世人关注的热点和难点问题。

1.1.3 我国安全生产现状

当前我国城镇化和城市建设速度加快，城市规划、建设、运行、在发展各阶段紧密相关，城市安全的脆弱性，以及城市的抗灾力、现场处置能力差，多灾害事件关联性诱发事故的危险性进一步增大，导致的安全问题日益突出。

1. 从外部环境看

1）一是生产经营活动依然频繁，安全生产风险点、面持续扩大。按照国家“十三五”规划确定的到2020年国内生产总值将达到92.7万亿元的奋斗目标，预计每年新增城镇就业人口1300万，其中新增农民工400万；铁路、公路、民航基础设施等全社会固定资产投资年均增长约6.8万亿元，规模以上企业年均增加约9000家。

2）二是产能过剩问题。据统计，2015年我国煤炭行业产能过剩达到32%，高铁产能过剩达到33%；水泥生产行业产能过剩达到33%；汽车行业产能过剩达到32%；造船行业产能过剩超过30%。

3）三是新型城镇化推进加速，局部安全风险聚集，城市运行管控和人员安全管理难度加大。预计到2020年，我国常住人口城镇化率将达到60%左右，实现1亿左右农业转移人口和其他常住人口在城镇落户，据测算将带来约4亿t标准煤的能源消费增长。

4）四是新材料、新工艺、新业态、新社会组织大量涌现，存量风险和增量风险交织并存，安全生产不确定因素增多。以某矿为例，目前煤矿井下平均开采深度超过500m，且每年以约20m深度延深，冲击地压、高温灾变等情况下，事故诱因呈复杂、耦合趋势发展。

2. 从事故发生形式看

1）一是我国处于事故的易发多发期和向平稳期过渡的转型期。

2）二是重特大事故尚未得到有效遏制，且分布范围更加广泛。“十二五”期间共发生重特大事故262起，平均每年52起、每星期1起。重特大事故由矿山、化工、交通运输等传统高危行业领域向食品加工、金属制品、渣土堆场等其他行业领域蔓延。

3）三是地区间事故分布不均衡，部分地区出现反弹。“十二五”期间全国32个省级统计单位中，亿元GDP死亡率最大相差22倍；工矿商贸十万人死亡率最大相差11倍，7个地区出现反弹；道路交通万车死亡率最大相差35倍，2个地区出现反弹；煤矿百万吨死亡率最大相差106倍，9个地区出现反弹。

3. 从安全生产基础看

1）一是产业结构布局不合理，落后生产能力和工艺大量存在。以煤矿、非煤矿山为例，年产量30万t以下的小型煤矿7000余处，约占总量的70%；小型非煤矿山约占总量的85%。由于城市早期规划、设计、建设不科学、不合理，导致部分高危行业企业生产区、生活区交叉、重叠，存在严重安全隐患。以化工为例，约 6000 家化工企业位于城市主城区，城围化工、化工围城情况十分严峻。

2）二是从业人员受教育程度偏低，安全素质能力和意识不足。煤炭工人中，初中及以下文化程度的从业人员占 60%；建筑行业从业人员近 4500 万人，其中 3600 万人是农民工。由于人员安全素质不高、意识不强，“三违”现象普遍，由此导致的事故约占总量的 2/3。

3）三是职业病人员数量有所上升，风险仍在累积。据统计，2010 ~ 2015 年职业病新增诊断病例数分别为 2.72 万例、2.99 万例、2.74 万例、2.64 万例和 3 万例，呈波动反复形态。随着伤亡事故的逐步下降以及公民职业健康意识的觉醒，对职业病的关注度会有所提升，主动寻求职业病诊断鉴定的人群数量还将有所增加。

4. 从安全监管监察看

安全监管方式手段相对落后，监管监察能力有待提高。部分监管监察人员理论知识和实践经验不足，且执法装备条件和信息化水平不高，省、市、县三级应急管理部门执法装备达标率仅为 60%，眼看、手摸、耳听的传统监管监察方式未得到根本改变。

安全生产长期以来存在的突出矛盾和问题除安全意识薄弱、经济快速发展与安全保障能力滞后等诸多原因外，安全生产技术支撑不力也是一个重要因素。目前我国安全生产监管力量、应急处置、救援能力、科技手段尚不满足现实需要，信息化、智能化、一体化水平仍需提高，急需用科技支撑安全生产，用科技引领安全形势好转。

安全科技工作的发展方向是利用物联网技术，形成人与人、人与物、物与物相联，感知人、机、环的安全状态。达到提前控制、科学组织、高效安全生产。安全技术装备则要向“大、微、智”的方向发展，“大”指大功率、高产、高效的大型设备的制造技术；“微”是指小型化、微功耗、多功能技术；“智”是指智能化辨识、智能评估、智能分析、智能决策技术。

1.2 智能技术与安全生产

1.2.1 智能及人工智能的概念

智能及智能的本质是古今中外许多哲学家、脑科学家一直在努力探索和研究的问题，但至今仍然没有完全了解，以致智能的发生与物质的本质、宇宙的起源、生命的本质一起被列为自然界四大奥秘。

近些年来，随着脑科学和神经心理学等研究的进展，人们对人脑的结构和功能有了初步认识，但对整个神经系统的内部结构和作用机制，特别是脑的功能原理还没有认识清楚，有待进一步探索。因此，很难对智能给出确切的定义。

总的来说，人工智能就是认识智能机理，建造智能实体，用人工的方法去模拟和实现人类智能。研究者们发展了众多理论和原理，人工智能的概念也随之扩展。

1.2.2 人工智能的研究与应用领域

目前，人工智能的研究更多的是结合具体应用领域来进行的。这里，介绍几个主要的应用研究领域。

1. 专家系统

一般地说，专家系统是一个具有大量专门知识与经验的程序系统。专家系统存储有某个专门领域中经过事先总结、分析并按某种模式表示的专家知识（组成知识库），以及拥有类似于领域专家解决实际问题的推理机制（构成推理机）。系统能对输入信息进行处理，并运用知识进行推理，做出决策和判断，其解决问题的水平达到或接近专家的水平，因此能起到专家或专家助手的作用。专家系统的开发和研究是人工智能中最活跃的一个应用研究领域，涉及社会各个方面，可以说，需要专家工作的场合，就可以开发专家系统。

开发专家系统的关键是表示和运用专家知识，即来自领域专家的已被证明对解决有关领域内的典型问题有用的事实和过程。目前，专家系统主要采用基于规则的知识表示和推理技术。由于领域的知识更多是不精确或不确定的，因此，不确定的知识表示与知识推理是专家系统开发与研究的重要课题。此外，专家系统开发工具的研制发展也很迅速，这对扩大专家系统的应用，加快专家系统的开发过程，起到积极的促进作用。随着计算机科学技术整体水平的提高，分布式专家系统、协同式专家系统等新一代专家系统的研究也发展很快。在新一代专家系统中，不但采用基于规则的推理方法，也采用了如人工神经网络等智能方法。

2. 机器学习

学习是人类智能的主要标志和获得知识的基本手段，学习能力无疑是人工智能研究的一个最重要的方面。学习是一个有特定目的的知识获取过程，其内部表现为新知识的不断建立和知识的更迭，而外部表现为系统的性能得到改善。一个学习过程本质上是学习系统把学习实例或信息转换成能被学习系统理解并应用的形式存储在系统中。

3. 自然语言理解

自然语言是人们之间信息交流的主要媒介，由于人类有很强的理解自然语言的能力，因此，人们相互间的信息交流轻松自如。但是，目前计算机系统和人类之间的交互几乎还只能使用严格限制的各种非自然语言，所以解决计算机系统能理解自然语言的问题就是人工智能研究的一个十分重要的课题。在智能计算机的研究中，自然语言理解就是其中的重点研究课题之一。

4. 智能检索

数据库系统是存储某学科大量事实的计算机系统，随着应用的发展，存储的信息量越来越庞大，研究智能检索系统具有重要的实际意义。

智能信息检索系统应具有下述功能：

1）能理解自然语言，允许用户使用自然语言提出检索要求和询问。

2）具有推理能力，能根据数据库存储的事实，推理产生满足用户要求和询问的答案。

3）系统拥有一定的常识性知识，以补充数据库中学科范围的专业知识。系统根据这些常识性知识和专业知识能演绎推理出专业知识中没有包括的答案。

5. 机器人学

随着工业自动化和计算机技术的发展，机器人开始进入生产和应用阶段。随着自动装配、海洋开发、空间探索等领域的迫切需要，人们对机器人的智能水平提出了更高的要求，特别是危险环境和恶劣环境更迫切需要机器人代替人来工作，极大地推动了智能机器人的发展。

智能机器人的运用规划分为高层规划和低层规划两个层次。高层规划是根据感知的环境信息和要求实现的目标可规划出机器人执行的动作命令序列，然后由低层规划将每一个动作命令转换成驱动机器人各关节运动的驱动电机的角速度或角位移，各关节驱动电机的协调运动将保证实现相应的动作命令。

智能机器人是多学科交叉的综合课题，它涉及精密机械、视觉、触觉、力觉等信息传感技术，以及自动控制、人工智能的规划方法等。这一领域的研究将极大地促进各学科的相互结合和渗透以及人工智能技术的发展。

6. 自动程序设计

自动程序设计是指：设计一个能自动生成程序的程序系统，这个程序系统只需要对其输入要求生成的程序实现目标的高级描述，就能自动生产，完成这个目标的程序。

从某种意义上来说，编译程序实际上做的就是“自动程序设计”工作，编译程序结构做某一件工作的源代码（源程序），然后生产目标代码（目标程序）去执行这件工作。这里所说的自动程序设计相当于“超级编译程序”，它要求不是给出完整的源代码来详细说明要做的工作，而只需要对要做的工作给出目标性的高级描述就可以生成完成这个工作的程序。

7. 模式识别

“模式”（Pattern）一词的本意是指完整无缺的供模仿的标本或标识。模式识别就是识别出给定物体所模仿的标本或标识。计算机模式识别系统使一个计算机系统具有模拟人类通过感官接受外界信息、识别和理解周围环境的感知能力。

模式识别是一个不断发展的学科分支，它的理论基础和研究范围也在不断发展。在二维的文字、图形和图像的识别方面，已取得许多成果。三维景物和活动目标的识别和分析是目前的研究热点，语音的识别和合成技术也有很大的发展。基于人工神经网络的模式识别技术在手写字符的识别、汽车牌照的识别、指纹识别、语音识别等方面已经有许多成功的应用。模式识别技术是智能计算机和智能机器人研究的十分重要的基础。

1.2.3 智能技术在安全生产中的应用

1. 企业安全信息管理系统

企业是安全生产的责任主体，如果每个企业都把自己的责任履行到位，实现其本质安全，那么事故就没有发生的可能。企业的信息化管理重在解决如下三个问题：

1）一是目前多采用召开会议、下发文件、联合检查的方式进行沟通，行政效率较低。企业安全信息管理系统则较好解决了政府行业部门、专业部门、综合部门之间沟通难的问题，各部门从系统中查看监管数据，进行有针对性监管。

2）二是解决企业安全管理不专业的问题。相当于给企业设立“安全管理科”，使企业按照标准化方式进行管理。

3）三是对企业进行安全提醒。提醒企业按时阅读通知通告、按时进行特种设备年检、按时进行人员培训。

4）四是政府部门可以与企业一对一的沟通工作。总之，运用现代化网络信息管理技术，在政府与政府间、政府与企业间建立起一个多向的、互动的安全信息平台。通过企业自律与政府监管相结合的方式，实现对企业的实时监控和标准化管理。

2. 生产设备性能的智能保障

将智能控制技术、微处理控制技术引入生产设备整机设计中，可以使设备的一体化程度达到较高水平，极大地提高设备的整机性能和可靠性。同时，还可将专家软件引入系统中，从而能高效地实现生产设备在各种工况下的保护控制问题，这样生产设备一旦在工作中出现故障即可快速诊断和排除故障。

3. 重大危险源智能监控

重大危险源历来是安全生产领域中防范的重点，其危险性决定其一旦发生事故，会产生难以估量的后果。因此对重大危险源的监控一直是事前监管的重中之重。要对重大危险源进行监控，首先要准确界定重大危险源的范围；在通过对浓度、压力、液位、温度等指标进行实时监控的基础上，对危险部位发出事故预警信号；确定重大危险源地理位置和信息等。因此对重大危险源辨识、监测与预警、定位和信息获取技术的研发十分重要，以便对重大危险源进行实时监控和统一管理。

4. 智能应急救援及事故调查

发生事故后实施有效救援，最大限度地降低和减少重特大安全事故的危害和人员财产损失至关重要。一旦发生如火灾、坍塌、毒气蔓延、井下透水、瓦斯爆炸等救援人员不便进入事故现场的情况，或遇到现场环境恶劣导致救援人员、专家无法对事故现场做出正确判断的情况下，采用智能应急救援设备，对在特殊条件下实施救援指挥大有益处。例如在没有外部电源的情况下，对事故现场立体监测预警的便携式装置，可通过无线网络化传感器监控技术，将任何事故现场的音频、视频、监测数据传至应急救援指挥中心，为决策者针对事故救援方案和后果预测提供决策支持。

1.3 安全生产智能保障技术的内涵和框架

1.3.1 安全生产智能保障的定义

综合上述对智能技术的理解，结合安全生产的内涵，将安全生产智能保障的定义归纳为：安全生产智能保障是在自动化生产基础上，借助先进信息技术和专业技术，全面感知生产动态，自动操控生产行为，预测生产状态变化趋势，持续优化生产安全管理方法，科学辅助安全生产决策，使用计算机系统智能管理安全生产。也就是说，安全生产智能保障技术就是能够全面感知安全的技术、自动操控生产的技术、预测安全生产趋势的技术、优化决策的智能技术的总和。详细描述如下：

1）安全生产智能保障技术能借助传感技术，建立覆盖各生产环节的传感网络，实现对生产全过程安全状态的全面感知。

2）利用先进的自动化技术，对生产设备进行自动化控制，智能调节，实现对生产设施的远程自动操控。

3）利用智能模拟分析技术，实现生产过程的动态模拟，结合实时感知的生产现场数据进行分析、预测和预警，智能控制生产过程，实现对安全生产趋势的智能分析与预测。

4）利用可视化协作环境为安全生产提供信息整合与知识管理能力，充分利用专家的经验与知识，实现安全生产的科学部署，提高保障安全生产的自学习能力、安全生产持续优化能力，真正做到安全生产、计算机系统与人的智慧相融合，辅助安全生产进行科学决策、优化管理。

1.3.2 安全生产智能保障的特征

安全生产智能保障的特征主要体现在 6 个方面：实时感知、全面联系、自动处理、预测预警、辅助决策、分析优化，如图 1.1 所示。

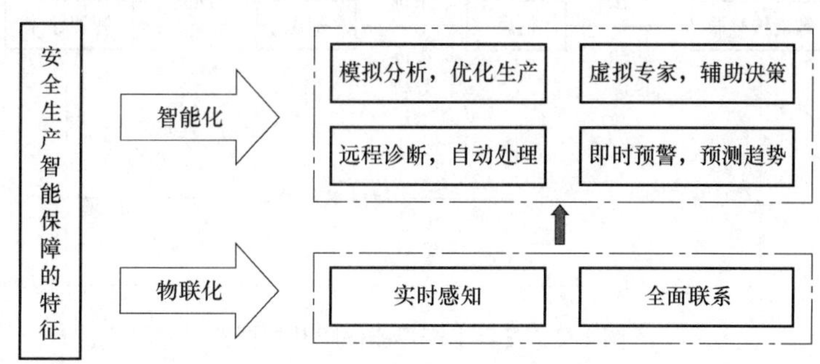

图 1.1 安全生产智能保障技术的特征

实时感知就是利用传感器网络实现对生产各业务环节安全状态的全面感知。不仅要对生产现场的设施进行实时数据采集，还可通过视频技术直接查看工作场地的场景。

全面联系就是在实时感知的基础上，进一步提供生产现场与指挥部之间、人与仪器之间相互协同，远程操作。

自动处理就是利用自动化技术、优化技术，通过对采集到的数据进行计算分析，将操作指令反馈到现场，对生产设备进行智能化控制。

预测预警是在对历史数据进行分析的基础上，通过数据挖掘、模型分析，对安全生产趋势进行模拟预测及生产事故预警。

辅助决策是指利用可视化的信息协作环境、安全生产专家的经验、专业领域知识、成功决策的成果，进行综合分析，提出决策建议。

分析优化是通过建立各种标准化的安全评价指标体系，利用综合安全评价技术，对生产运行的安全状况、决策结果进行评价和分析，提出优化方案，目的是对安全生产和管理不断完善。进行安全生产智能保障系统建设时，不同应用层次对智能化特征的体现有所不同。

对于执行层的智能化而言，要通过传感网络的全面覆盖，实现生产过程的实时监测，利用自动化预警技术，实现现场异常情况的智能预警，提升反应速度；利用自动化控制技术，实现对现场情况的反馈和控制，实现整个安全生产过程的智能化监测、预警、分析、反馈和优化。

对于管理层的智能化而言，主要是采用大规模计算技术及一体化数据模型进行生产过程安全状态的分析和动态模拟。有效管理专家经验和数据，形成知识库和方法库，并充分应用于现场决策和安全生产决策。

对于决策层而言，主要是建立现场决策、安全生产管理决策、宏观决策及可视化信息协作环境，使企业从安全操作管理的被动响应，转变为智能化的主动管理。在综合各类生产数据的基础上，对数据进行有效分析，为安全生产决策提供量化依据，从而实现整个安全生产过程的协同管理与决策指挥智能化。

1.3.3 安全生产智能保障的基本框架

安全生产智能保障技术是集合了从数据层、信息层向知识层、智能化方向发展以保障生产过程安全的技术总和，其基本框架如图 1.2 所示。

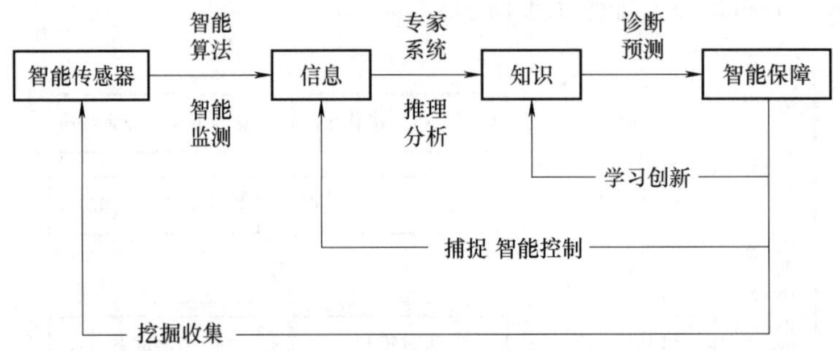

图 1.2 安全生产智能保障基本框架

安全生产智能保障基于智能传感器实时监测的数据，利用智能算法获得生产状态的特征信息进行汇总分类，经过专家系统对其进行推理分析，并经自学习补充知识库信息，对生产过程的安全状态实现智能诊断并预测其可能的安全趋势，最终通过智能决策指导安全生产方案，实现生产过程安全状态的智能化控制。

安全生产智能保障系统为安全生产过程提供了两种智能化工作环境。

第一种是可以自动操控安全生产活动的智能化工作环境，如图 1.3 所示。

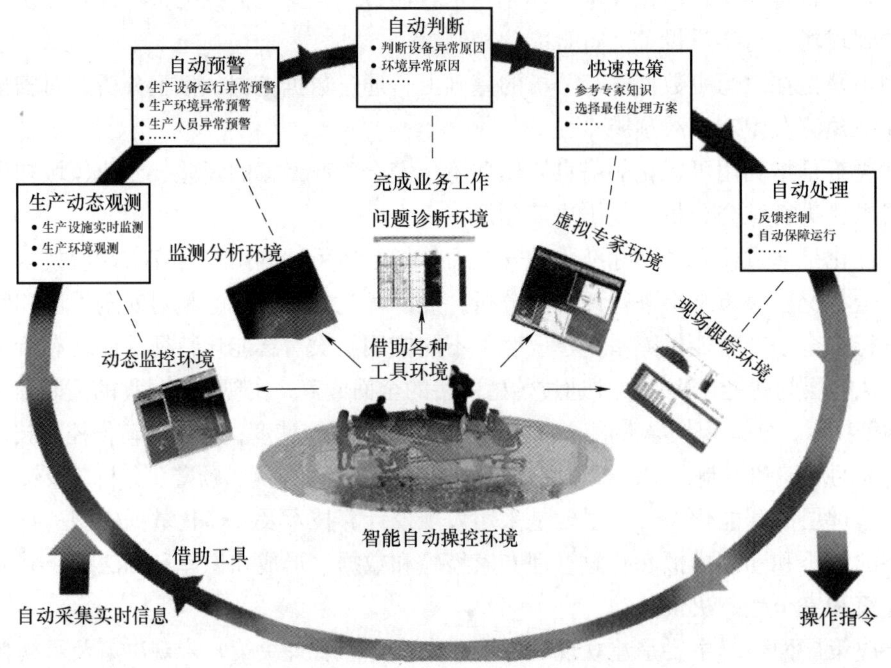

图 1.3 智能自动操控环境

第二种是虚拟专家辅助综合研究的智能化工作环境，如图 1.4 所示。其研究的基础为生产数据，包括生产设备、生产环境及生产人员。研究的结果是对安全生产状态分析、判断及预测，最终形成保障安全生产的智能化方案。

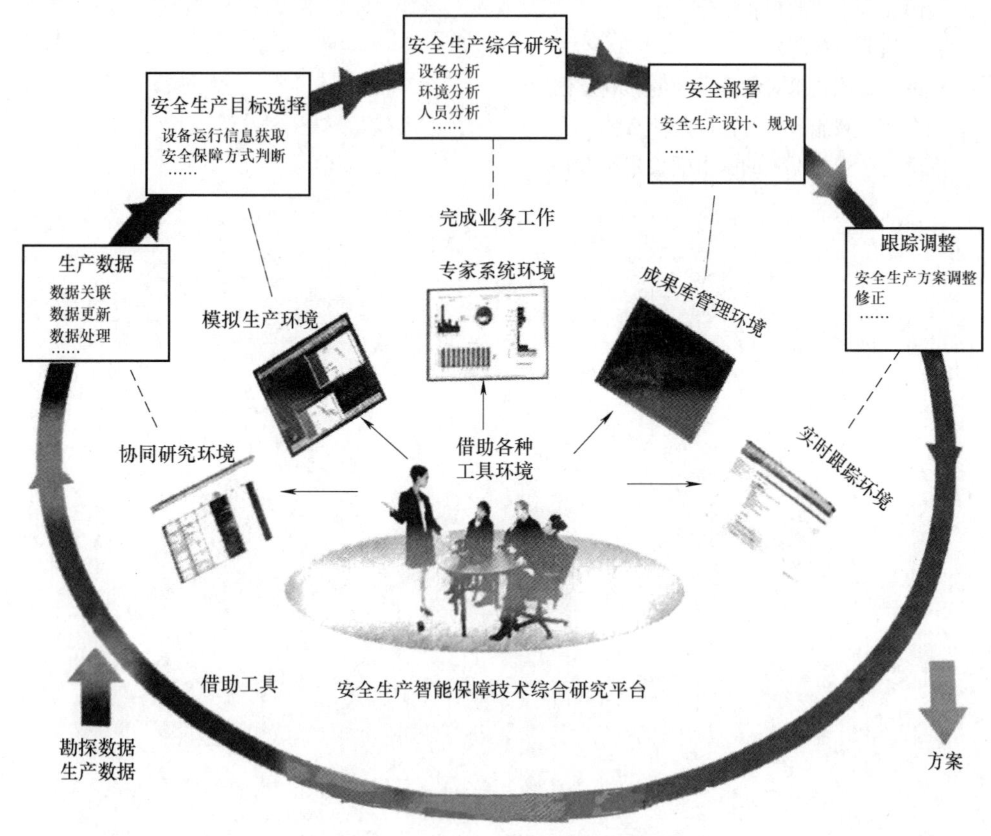

图 1.4　虚拟专家辅助综合系统

本章小结

所谓安全生产，就是指在生产经营和社会活动中，为避免造成人员伤害和财产损失而采取的预防和控制措施，有效消除或控制危险和有害因素，是生产经营活动得以顺利进行的一种状态。

智能时代，促使安全生产向着“智”的方向发展，形成人与人、人与物、物与物相联，感知人、机、环的安全状态。实现智能辨识、智能评估、智能分析和智能决策。

安全生产智能保障系统，基于智能传感器实时监测的数据，利用智能算法获得生产状态的特征信息进行汇总分类，经过专家系统对其进行推理分析，并经自学习补充知识库信息，对生产过程的安全状态实现智能诊断并预测其可能的安全趋势，最终通过智能决策指导安全生产方案，实现生产过程安全状态的智能化控制。

思 考 题

1. 安全生产的内涵是什么？其作用是什么？
2. 我国安全生产的现状是什么？
3. 什么是人工智能？
4. 试论述智能技术对安全生产的影响及作用。
5. 安全生产智能保障的特征是什么？
6. 安全生产智能保障的基本框架是什么？

第2章 现代智能技术

学习目标

- 了解智能计算的概念及内涵
- 掌握遗传算法的基本原理、流程结构、特点及其在安全生产中的应用
- 掌握神经网络学习原理、结构及其在安全生产中的应用
- 掌握粒子群算法的基本原理、算法的结构流程及其在安全生产中的应用
- 掌握蚁群算法的基本原理、算法的结构流程及其在安全生产中的应用；理解信息素的更新规则
- 理解免疫算法基本流程及其在安全生产中的应用

2.1 概述

生物是自然智能的载体，因此，生物学理所当然是人工智能研究灵感的重要来源。从信息处理的视角来看，生物体就是一部优秀的信息处理机，而其通过自身演化完美解决问题的能力让目前最好的计算机也相形见绌。事实上，基于不同的观点和角度，生命现象和生物的智能行为一直为人工智能研究者所关注，尤其是近 10 年，人工智能的成就与生物有着密切的关系，不论是结构模拟的人工神经网络、功能模拟的模糊逻辑系统，还是着眼于生物进化微观机理和宏观行为的进化算法，都有仿生的痕迹。也正是由于模仿生物智能行为，借鉴其智能机理，许多解决复杂问题的新方法不断涌现，丰富了人工智能的研究领域。

在人工智能研究领域，智能算法是一个重要的分支。目前智能计算正在蓬勃发展，智能计算的研究旨在更加广泛、深入地挖掘和利用生物智能、物质现象及其规律，在改进和完善已有各种智能算法从而促进它们广泛、深入发展的同时，继续探索和开发新概念、新理论、新方法和新技术，使智能计算得到不断的丰富和发展。这些研究成果将给人类世界带来巨大的改变。

第一个对智能计算的定义是由贝兹德克（Bezdek）于 1992 年提出的。他认为，从严格

意义上讲，智能计算取决于制造者提供的数值数据，而不依赖于知识；另一方面，人工智能则应用知识精华（有效知识），贝兹德克对相关术语给予一定的符号和简要说明或定义。首先，他给出以下符号：

B—Biological　　表示物理的 + 化学的 + （?） = 生物的

A—Artificial　　表示人工的（非生物的），即人造的

C—Computational　　表示数学 + 计算机

第一层是生物智能（B），它是由人脑的物理化学过程反映出来的，人脑是有机物，它是智能的物质基础。第二层是人工智能（A），是非生物人造的，常用符号表示，人工智能的来源是人的知识精华和传感器数据。第三层是计算智能（C），是由数学方法和计算机实现的，计算智能的来源是数值计算和传感器。

图 2. 1 表示 ABC 及其与神经网络（Neural Networks，NN）、模式识别（Pattern Recognition，PR）和智能（Intelligence）之间的关系。它是由贝兹德克于 1994 年提出来的，图 2. 1 的中间部分共有 9 个节点，表示 9 个研究领域或学科。A、B、C 三者对应三个不同的系统复杂性级别，其复杂性自左至右及自底向上逐步提高。节点间的距离衡量领域间的差异，如 CNN 与 CPR 间的差异要比 BNN 与 BPR 间的差异小得多。图 2. 1 中，符号→意味着“适当的子集”。例如，对于中层，有 ANN⊂APR⊂AI。

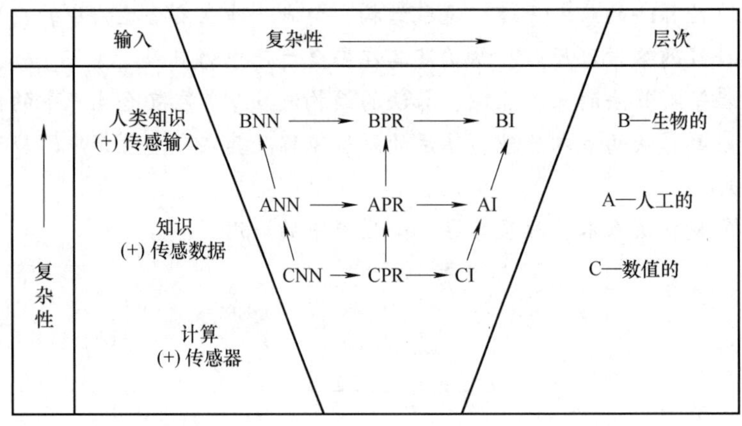

图 2. 1　ABC 的交互关系图

表 2. 1 对图 2. 1 中各符号给予了说明。

表 2. 1　ABC 及其相关领域的定义

BNN	人类智能硬件：大脑	人的传感输入的处理
ANN	中层模型：CNN + 知识精华	以大脑方式的中层处理
CNN	底层、生物激励模型	以大脑方式的传感数据处理
BPR	对人的传感数据结构的搜索	对人的感知环境中结构的识别
APR	中层模型：CPR + 知识精华	中层数值和语法处理
CPR	对传感数据结构的搜索	所有 CNN + 模糊、统计和确定性模型
BI	人类智能软件：智力	人类的认知、记忆和作用
AI	中层模型：CI + 知识精华	以大脑方式的中层认知
CI	计算机维修的底层算法	以大脑方式的底层认知

由表 2. 1 可知，智能计算是一种智力方式的底层认知，它与人工智能的区别只是认知层次从中层下降至底层而已。中层系统含有知识，底层系统则没有。若一个智能计算系统以非数值方式加上知识值，即成为人工智能系统。

2. 2 遗传算法

遗传算法（Genetic Algorithm，GA）是模拟自然界生物进化机制的一种算法，即遵循“适者生存、优胜劣汰”的法则，也就是有用的保留，无用的去除。在科学和生产实践中表现为在所有可能的解决方法中找出最符合该问题所要求的条件的解决方法。

2. 2. 1 遗传算法概述

遗传算法是由美国密歇根大学的 John Holland 于 1975 年首次提出的，它是一种借鉴达尔文生物进化论的自然选择和遗传学机理的随机搜索算法。

从数学角度看，遗传算法是一种随机搜索算法。从工程角度看，它是一种自适应的迭代寻优过程。它从某一随机产生的初始群体开始，按照一定的操作规则，如选择、复制、交叉、变异等，不断地迭代计算，并根据每个个体的适应度值，保留优良个体，淘汰劣质特体，引导搜索过程向最优解逼近。

遗传算法中的基本术语介绍如下：

（1）个体（Individual）

个体指染色体带有特征的实体，在问题简化情况下代表染色体。一个个体通常代表待求解问题的一个可行解。

（2）种群（Population）

染色体带有特征的特体的集合称为种群。集合内的个体数称为群体的大小。在遗传算法优化过程中，父代个体通过交叉和变异操作生成子代个体，子代个体的数目可能与父代个体数目不同，但通过选择算子选择进入下一代的个体时，需要保证每一代的个体数目不变，即遗传算法种群大小在优化过程中通常是不变的。

（3）适应度（Fitness）

用于度量某个物种对于生存环境的适应程度。通过适应度函数将待求解问题与优化算法联系起来。适应度越高，进入下一代的机会越大；而适应度较低的物种，其繁殖机会相对较少，甚至逐渐灭绝。适应度函数设计的优劣在很大程度上影响了优化算法的效率。

（4）选择（Selection）

指决定以一定的概率从种群中选择若干个体的操作。选择过程的是一种基本适应度的优胜劣汰的过程。在遗传算法中共涉及两类选择：一类是选择个体进行遗传操作；另一类选择是确定哪个个体进入下一代。

（5）复制（Reproduction）

细胞在分裂时，遗传物质通过复制而转移到新产生的细胞中，新细胞就继承了旧细胞的基因。

(6) 交叉 (Crossover)

有性生殖生物在繁殖下一代时两个同源染色体之间通过交叉而重组，这个过程又称基因重组或杂交。在遗传算法中，并不限定交叉的位置和交叉的基因个数，但为保证算法的收敛速度，需要采取某种方式限定交叉，确保交叉生成的新个体仍然是待求解问题的有效解。

(7) 变异 (Mutation)

在细胞进行复制时可能以很小的概率产生某些复制差错，从而使 DNA 发生某种变异，产生出新的染色体。变异增加了个体的多样性，同时可能破坏个体中原有的良好基因模块。

(8) 编码 (Coding)

DNA 中遗传信息在一个长链上按一定的模式排列及编码，可看作从表现型到遗传子型的映射。

(9) 解码 (Decoding)

从遗传子型到表现型的映射，即将搜索到的最优个体翻译成问题解的形式的过程。

遗传算法主要包括三个重要的算子，它们分别是选择、交叉和变异。在自然进化的过程中，对环境适应能力强的个体将有更多的机会产生下一代，适应能力弱的个体产生后代的机会则相对较少。遗传算法中，选择算子在避免基因损失、提高搜索速度和全局收敛方面有着举足轻重的作用。遗传算法的交叉算子按照一定的规则来使两个相互配对的个体交换部分基因，这样就形成了新的个体。在交叉操作之前，要对个体进行配对操作。最常用的配对方式是随机配对，即将当前群体中的 M 个个体以随机的方式组成 M/2 个配对组。在遗传算法中，应用变异算子来模拟这种生物的变异过程，变异算子将个体编码串中的某些基因座上的基因用其他等位基因来替代，从而形成一个新个体。变异算子可以改善遗传算法的局部搜索能力，维持群体的多样性，防止算法进入早熟的状态。

2.2.2 遗传算法的基本原理

大多数生物体是通过自然选择和有性生殖这两种基本过程进行演化的。自然选择决定了群体中哪些个体能够存活并繁殖；有性生殖保证了后代基因中的混合和重组。比起那些仅包含单个亲本的基因拷贝和依靠偶然的变异来改进的后代，这种由基因生殖细胞产生的后代进化要快得多。自然选择的原则是适应者生存，不适应者淘汰。遗传算法的基本思想正是基于此。遗传算法是强调目的性的算法化的进化过程，着重解决现实中的优化问题，是一种基于进化论优胜劣汰、自然选择、适者生存和物种遗传思想的搜索算法，它通过模拟生物在自然界中遗传变异与生存竞争等遗传行为，让问题的解在竞争中得以改进（或进化），以求得问题的满意解或最优解。

遗传操作是模拟生物基因遗传的做法。在遗传算法中，通过随机方式产生若干个所求解问题的编码，形成初始种群；通过适应度函数给每个个体一个数值评价，淘汰低适应度的个体，选择高适应度的个体参加遗传操作，经过遗传操作后的个体集合形成下一代新的种群。再对这个新种群进行下一轮的进化。遗传操作可使问题的解一代一代地优化，并逼近最优解。这就是遗传算法的基本原理。

遗传算法的基本过程如图 2.2 所示。

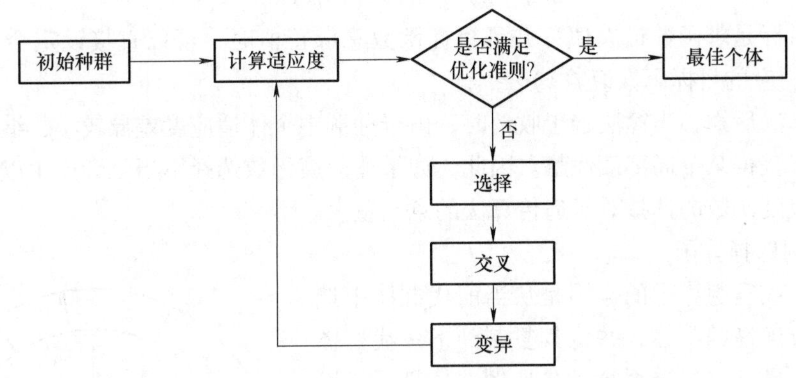

图 2.2 遗传算法的基本过程

1. 遗传算法的构成要素

(1) 染色体编码

基本遗传算法使用固定长度的二进制符号串来表示群体中的个体，其等位基因是由二值符号集 {0, 1} 所组成的。初始群体中各个个体的基因值可用均匀分布的随机数来生成。

(2) 个体适应度评价

基本遗传算法按与个体适应度成正比的概率来决定当前群体中每个个体遗传到下一代群体中的机会的多少。与优化问题的目标值存在一种对应关系。对于同一问题，可以设计不同的适应度函数。由于适应度函数的复杂度是遗传算法复杂度的主要组成部分，因此适应度函数的实际应尽可能简单，使计算的时间复杂度最小。

(3) 遗传操作

基本遗传算法的遗传操作主要使用以下 3 种遗传算子：

1) 选择运算使用比例选择算子。

2) 交叉运算使用单点交叉算子。

3) 变异运算使用基本位变异算子或均匀变异算子。

2. 基本遗传算法的运行参数

基本遗传算法有以下 4 个运算参数需要提前设定：群体大小、遗传运算的终止进化代数、交叉概率、变异概率。需要说明的是，这 4 个运行参数对遗传算法的求解结果和求解效率都有一定的影响，但目前尚无合理选择它们的理论依据。在遗传算法的实际应用中，往往需要经过多次试算后才能确定出这些参数合理的取值大小或取值范围。

3. 基本遗传算法的实现

(1) 个体适应度评价

在遗传算法中，适应度是描述个体性能的主要指标。根据适应度的大小，对个体进行优胜劣汰的选择。将优化问题的目标函数与个体的适应度建立映射关系，即可在群体进化过程中实现对优化问题目标函数的寻优。适应度函数是根据目标函数确定的用于区分群体中个体好坏的标准，总是非负的，希望它的值越大越好。此时，遗传算法数学表达为求解目标函数的最大值。对于求目标函数最小值的优化问题，理论上只需简单地对其增加一个负号就可将其转化为求目标函数最大值的优化问题，即：

$$\min f(x) = \max(-f(x))$$

当优化目标是求函数最大值，并且目标函数总取正值时，可以直接设定个体的适应度 $F(x)$ 就等于相应的目标函数值 $f(x)$。

在遗传算法后期，当算法趋于收敛时，由于种群中个体适应度差异较小，继续优化的潜能降低，可能获得某个局部最优解。因此，如果适应度函数选择不当就会产生以上的欺骗问题。可见适应度函数的选择对于遗传算法的意义重大。

（2）比例选择算子

选择算子或复制算子的作用是从当前代群体中选择出一些比较优良的个体，并将其复制到下一代群体中。最常用和最基本的选择算子是比例选择算子。所谓比例选择算子，是指个体被选中并遗传到下一代群体中的概率与该个体的适应度大小成正比。

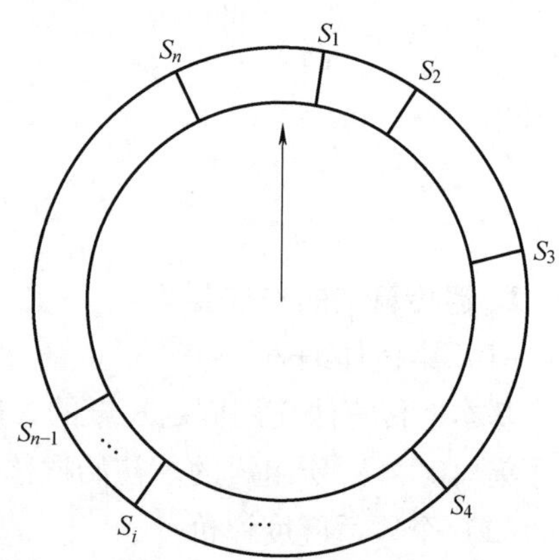

图 2.3　赌盘操作示意图

比例选择也叫作赌盘选择，因为这种选择方式与赌博中的赌盘操作原理颇为相似。如图 2.3 所示，设想群体全部个体的适应度分数由一张圆图来代表，图中指针固定不动，外圈的圆环可以自由转动，圆环上的刻度代表各个个体的适应度。当圆环旋转若干圈后停止，指针制定的位置便是被选中的个体。从统计意义讲，适应度大的个体，其刻度场被选中的可能性大；反之，适应度小的个体被选中的可能性小。

在该方法中，各个个体的选择概率和其适应度值成比例。设群体大小为 n，其中个体 i 的适应度为 f，则 i 被选择的概率为：

$$p_i = \frac{f_i}{\sum_{j=1}^{n} f_i}$$

选择概率反映了个体 i 的适应度在整个群体中所有个体适应度总和中所占的比例。个体适应度越大，其被选择的概率就越高，反之则越低。

计算出群体中各个个体的选择概率后，为了选择交配个体，需要进行多轮选择，每一轮产生一个［0，1］之间均匀的随机数，将该随机数作为选择指针来确定被选个体。个体备选后，可随机地成组交配对，以供后面的交叉操作。

（3）单点交叉算子

遗传算法中其核心作用的是遗传操作的交叉算子。所谓交叉是指将两个父代个体的部分结构加以替换重组生产新个体的操作。通过交叉，遗传算法的搜索能力得以提高。

其中，单点交叉算子是最常用和最基本的交叉操作算子。具体操作是：在个体串中随机设定一个交叉点，实行交叉时该点前或后的两个个体的部分结构进行互换，并生成两个新个体。

例如，若第 A 号和第 B 号进行交叉运算，即可得到两个新个体：

$$A{:}10110111\,\vdots\,01 \xrightarrow{\text{单点交叉}} A'{:}10110111\,\vdots\,10$$

$$B:10110111 \vdots 10 \xrightarrow{\text{单点交叉}} B':10110111 \vdots 01$$

交叉点

(4) 基本位变异算子

基本位变异算子是最简单和最基本的变异操作算子。对于基本遗传算法中用二进制编码符号串所表示的个体，若需要进行变异操作的某一基因座上的原有基因值为0，则变异操作将该基因值变为1；反之，若原有基因值为1，则变异操作将其变为0。

基本位变异算子的具体执行过程是：对个体的每一个基因座，依变异概率指定其为变异点；对每一个指定的变异点，对其基因值做取反运算或用其他等位基因值来代替，从而产生出一个新的个体。

例如，若第 A 号个体的第 7 位基因座需要进行变异运算，通过变异操作产生一个新个体：

$$A:\ 101010\underset{\text{变异点}}{1}010 \xrightarrow{\text{基本位变异}} A':\ 1010100010$$

(5) 终止条件

当最优个体的适应度达到给定的阈值，或者最优个体的适应度和群体适应度不再上升时，或者迭代计算次数达到预设的代数时，算法终止。在实际应用中，两种终止准则通常同时使用，满足其中一条准则时算法即终止。

2.2.3　遗传算法的特点

遗传算法是解决搜索问题的一种通用算法，与其他一些算法相比，主要有下述几个特点：

1）遗传算法以决策变量的编码作为运算对象。传统的优化算法往往直接利用决策变量的实际值本身来进行优化计算，但遗传算法不是直接以决策变量的值，而是以决策变量的某种形式的编码为运算对象。这种对决策变量的编码处理方式，使得我们在优化计算过程中可以借鉴生物学中染色体和基因等概念，可以模仿自然界中生物的遗传和进化等机理，也可以方便地应用遗传操作算子。

2）遗传算法直接以目标函数值作为搜索信息。传统的优化算法不仅需要利用目标函数值，而且往往需要目标函数的导数值等其他一些辅助信息才能确定搜索方向。而遗传算法仅使用由目标函数值变换来的适应度函数值，就可确定进一步的搜索方向和搜索范围，无需目标函数的导数值等其他一些辅助信息。该特性针对很多目标函数无法或很难求导或导数不存在的函数优化问题及组合优化问题，因为它避开了函数求导这个障碍，应用时显得非常方便。再者，直接利用目标函数值或个体适应度，也可以把搜索范围集中到适应度较高的部分搜索空间中，从而极大地提高了搜索效率。

3）遗传算法同时使用多个搜索点的搜索信息，即对搜索空间中的多个解进行评估。传统的优化算法往往是从解空间中的一个切入点开始最优解的迭代搜索过程，单个搜索点所提供的搜索信息毕竟不多，所以搜索效率不高，有时甚至使搜索过程陷入局部最优解而停滞不前。遗传算法从很多个体所组成的一个初始群体开始最优解的搜索过程，而不是从单一的个体开始搜索。对这个群体所进行的选择、交叉、变异等运算，产生出新一代的群体，这之中包括了很多群体信息。这些信息可以避免搜索一些不必搜索的点，实际上相当于搜索了更多的点，这是遗传算法所特有的一种隐含并行性。

4）遗传算法不是采用确定性规则，而是采用概率的变迁规则来指导它的搜索方向。确定性规则是一个搜索点到另一个搜索点的转移，有确定的转移方法和转移关系，这种确定性往往也有可能使得搜索永远达不到最优，因而也限制了算法的应用范围。而遗传算法属于一种自适应概率搜索技术，其选择、交叉、变异等运算都是以一种概率的方式来进行的，从而增加了其搜索过程的灵活性。虽然这种概率特性也会使群体中产生一些适应度不高的个体，但随着进化过程的进行，新的群体中总会相对地产生出许多优良的个体。当然，交叉概率和变异概率等参数也会影响算法的搜索效果和搜索效率，所以如何选择遗传算法的参数在其应用中是一个比较重要的问题。另一方面，与其他一些算法相比，遗传算法的鲁棒性又会使得不同参数对其搜索效果的影响尽可能降低。

2.2.4 遗传算法的应用

由于遗传算法的整体搜索策略和优化搜索方法在计算时不依赖于梯度信息或其他辅助知识，而只需要影响搜索方向的目标函数和相应的适应度函数，所以遗传算法提供了一种求解复杂系统问题的通用框架，它不依赖于问题的具体领域，对问题的种类有很强的鲁棒性，广泛应用于解决许多不同领域的科学问题。

遗传算法主要应用于以下几个领域。

1. 函数优化

函数优化是遗传算法的经典应用领域，也是遗传算法进行性能评价的常用算例，许多人构造出了各种各样复杂形式的测试函数，如连续函数和离散函数、凸函数和凹函数、低维函数和高维函数、单峰函数和多峰函数等。对于一些非线性、多模型、多目标的函数优化问题，用其他优化方法较难求解，而遗传算法可以方便地得到较好的结果。

2. 组合优化

随着问题规模的增大，组合优化问题的搜索空间也急剧增大，有时在目前的计算上用枚举法很难求出最优解。对这类复杂的问题，人们已经意识到应把主要精力放在寻求满意解上，而遗传算法是寻求这种满意解的最佳工具之一。实践证明，遗传算法对于组合优化问题非常有效。例如，遗传算法已经在求解旅行商问题、背包问题、装箱问题、图形划分问题等方面得到成功的应用。

3. 总体方案设计

现代设计的目标要求是功能-质量-成本的系统化，它包括方案选择、材料选择、结构优化、工艺规划、可靠性分析及成本分析等众多因素与综合知识，将遗传算法与 CAD 技术结合解决系统的优化问题。

4. 反求工程

若要建立原设计产品的数学模型，因一些设计参数和工艺参数往往不易确定，可用遗传算法和计算机仿真技术，把这些参数作为参变量进行编码，使原设计产品的性能和数学模型的仿真性能之间的差异在最小目标下，获得最符合原设计的设计与工艺参数。与此同时，利用遗传算法的优化设计可将所得的数学模型用来改进原产品设计。

5. 可靠性分析

为了使系统设备获得最高可靠性，可用遗传算法进行系统可靠度分配。在机械维修和期望损失最小的前提下，用遗传算法确定机械系统最优维修策略。在有统计数据基础上，把失效分布模型及其参数作为参变量进行编码，可用遗传算法建立更符合实际的失效分布模型。

6. 生产调度问题

生产调度问题在很多情况下所建立起来的数学模型难以精确求解，即使经过一些简化之后可以进行求解，也会因简化得太多而使得求解结果与实际相差甚远。而目前在现实生产中也主要是靠一些经验来进行调度。现在遗传算法已成为解决复杂调度问题的有效工具，在单件生产车间调度、流水线生产车间调度、生产规划、任务分配等方面遗传算法都得到了有效的应用。

此外，遗传算法也在机器人学、图像处理、人工生命、遗传编码和机器学习等方面获得了广泛的应用。

2.3 神经网络

人工神经网络（Artificial Neural Networks，ANN）也简称为神经网络（NN），它是一种模仿动物神经网络行为特征进行分布式并行信息处理的算法数学模型。人工神经网络算法依靠系统的复杂程度，通过调整内部大量节点之间相互连接的关系，从而达到处理信息的目的。

2.3.1　神经网络概述

人脑是生物进化的最高产物，是人类智能、思维和情绪等高级精神活动的物质基础。现代科学的发展使得人类有条件对大脑的神经网络进行分析和研究，从而揭示人脑的工作机理，了解神经系统的工作本质。依据脑科学和神经生理学，可以得到如下共识：神经元是布满人类大脑皮层的神经细胞，神经元之间彼此广泛互连从而形成生物神经网络；人脑神经网络以生物神经元为基本处理单元，对信息进行分布式存储与加工；构成神经系统的神经元采用群体协同的工作方式，从而使得人脑呈现出了神奇的智能。

图 2.4 所示为生物神经元基本结构。简单地说，在生物神经元中，树突和细胞体负责接收输入号。细胞体联络和整合输入信号并输出信号，相当于一个微型处理器。轴突作为输出器，传输细胞体发出的输出信号到神经末梢，神经末梢再通过突触把信息分发给一组新的神经元。神经元之间信息的产生、传递和处理是一组电化学活动。

人的神经系统有着十分完整的“生理结构”和“心理功能”。因此，以人的大脑组织结构和功能特性为原型设法构建一个与人类大脑结构和功能拓扑对应的智能系统是人工神经网络的原则和目标。

用计算方法对神经网络信息处理规律进行探索称为计算神经科学，该方法对于阐明人脑的工作原理具有深远意义。人脑的信息处理机制是在漫长的进化过程中形成和完善的。虽然近年来，在细胞和分子水平上对脑结构和脑功能的研究已经有了长足的发展。然而到目前为止，人类对神经系统内的电信号和化学信号是怎样被用来处理信息的问题只有模糊的概念。

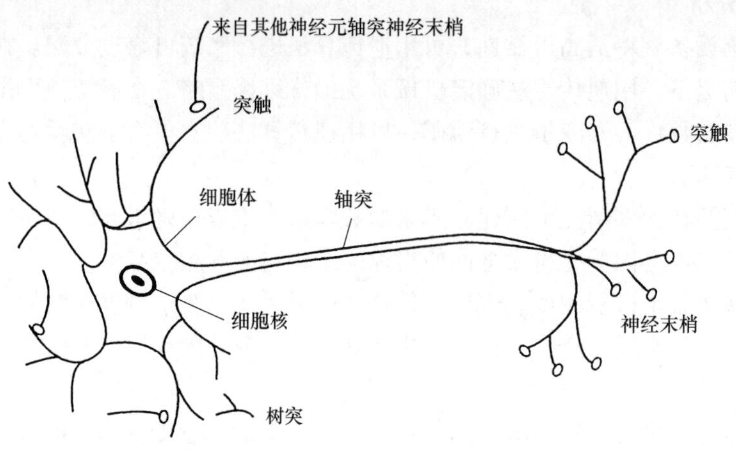

图 2.4　生物神经元基本结构

尽管如此，把通过分子和细胞水平的技术所达到的微观层次与通过行为研究达到的系统层次结合起来，可以形成对人脑神经网络的基本认识。在此基本认识的基础上，从数学和物理方法以及信息处理的角度对人脑神经网络进行抽象，并建立某种简化模型，就称为神经网络。神经网络远不是人脑生物神经网络的真实写照，而只是对它的简化、抽象与模拟。揭示人脑的奥妙不仅需要各学科的交叉和各领域专家的协作，还需要测试手段的进一步发展。尽管如此，目前已提出上百种人工神经网络模型。令人欣慰的是，这种简化模型的确能反映出人脑的许多基本特性，如自适应性、自组织性和很强的学习能力。它们在模式识别、系统辨识、自然语言理解、智能机器人、信号处理、自动控制、组合优化、预测预估、故障诊断、医学与经济学等领域已成功地解决了许多现代计算机难以解决的实际问题，呈现出良好的智能特性。

目前关于人工神经网络的定义尚未统一。例如，美国神经网络学家 Hecht Hielsen 给出的人工神经网络的一般定义是：神经网络是由多个非常简单的处理单元彼此按某种方式相互连接而形成的计算系统，该系统是靠其状态对外部输入信息的动态响应来处理信息的。美国国防高级研究计划局关于神经网络的解释是：神经网络是一个由许多简单的并行工作的处理单元组成的系统，其功能取决于网络的结构、连接强度以及各单元的处理方式。综合人工神经网络的来源、特点及各种解释，可以简单表述为：人工神经网络是一种旨在模仿人脑结构及其功能的脑式智能信息处理系统。

2.3.2　神经网络的结构

1. 神经元模型

神经元是神经网络的基本组成单元，因此，模拟生物神经网络首先应当模拟生物神经元。无论神经元的结构形式如何，它都是由一些基本成分组成的。神经元是一个多输入单输出的信息处理单元，而且它对信息的处理是非线性的，这样可以把神经元抽象为一个简单的数学模型，如图 2.5 所示。其中，w_{ij}为输入信号加权值；θ_i为阈值，即输入信号的加权乘积和必须大于阈值，输入信号才能向后传递；F 为输入信号与输出信号的转换函数。常见的转换函数有阶跃函数、比例函数、S 形函数、符号函数、饱和函数及双曲函数等。

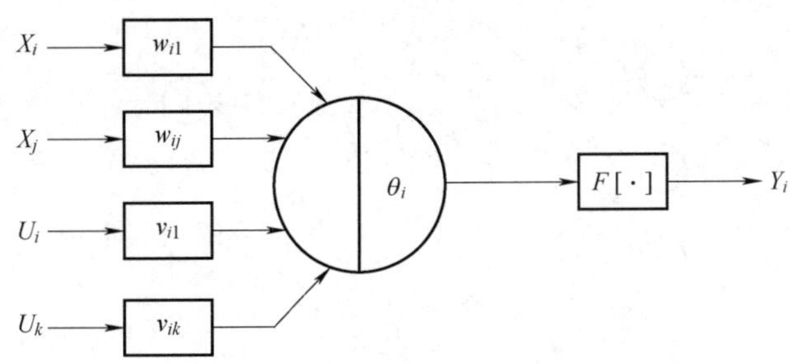

图 2. 5　人工神经元的基本数学模型

大量神经元组成庞大的神经网络，才能实现对复杂信息的处理与存储，并表现出各种优越的特性。神经网络的强大功能与其大规模并行互连、非线性处理以及互连结构的可塑性密切相关。因此必须按一定规则将神经元连接成神经网络，并使网络中各神经元的连接权按一定规则变化。生物神经网络由数以亿计的生物神经元连接而成，而神经网络限于物理实现的困难和为了计算简便，是由相对少量的神经元按一定规律构成的网络。神经网络中的神经元常称为节点或处理单元，每个节点均具有相同的结构，其动作在时间和空间上均同步。神经网络的模型很多，根据不同的拓扑结构，神经网络模型可以分为前馈网络和反馈网络。

2. 前馈网络

单纯前馈型网络的结构特点与图 2. 6a 中所示的分层网络完全相同，前馈是因网络信息处理的方向是从输入层到各隐层再到输出层逐层进行而得名。从信息处理能力看，网络中的节点可分为两种：一种是输入节点，只负责从外界引入信息后向前传递给第一隐层；另一种是具有处理能力的节点，包括各隐层和输出层节点。前馈网络中某一层的输出是下一层的输入，信息的处理具有逐层传递进行的方向性，一般不存在反馈环路。因此这类网络很容易串联起来建立多层前馈网络。

3. 反馈网络

反馈神经网络（也称递归神经网络）是一种从输出到输入或网络各层具有反馈连接的神经网络，其结构比前馈神经网络更为复杂，如图 2. 7 所示。反馈型网络是一类可实现联想记忆即联想映射的网络。网络中的人工神经元彼此相连，对每个神经元而言，它的输出连接至所有其他神经元，而它的输入则来自所有其他神经元的输出。可以说，网络中的每个神经元平行地接受所有神经元输入，再平行地将结果输出到网络中其他神经元上。反馈型神经网络在智能模拟中得到广泛应用。

2. 3. 3　神经网络的学习

学习是神经网络研究的一个重要内容。在神经网络结构图中，在信号的传递过程中要不断进行加权处理，即确定系统各个输入对系统性能的影响程度，这些加权值是通过对系统样本数据的学习确定的。当给定神经网络一组已知的知识，在特定的输入信号作用下，反复运算网络中的连接权值，使其得到期望的输出结果，这一过程称为学习过程。神经网络的学习算法很多，根据一种广泛采用的分类方法，可将神经网络的学习算法归纳为有导师学习、无

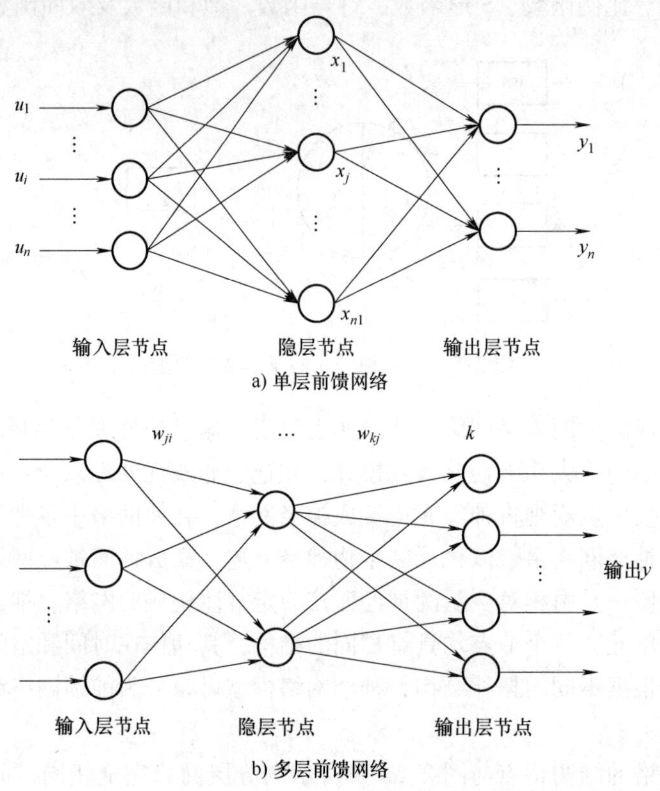

a) 单层前馈网络

b) 多层前馈网络

图 2.6　前馈型神经网络结构

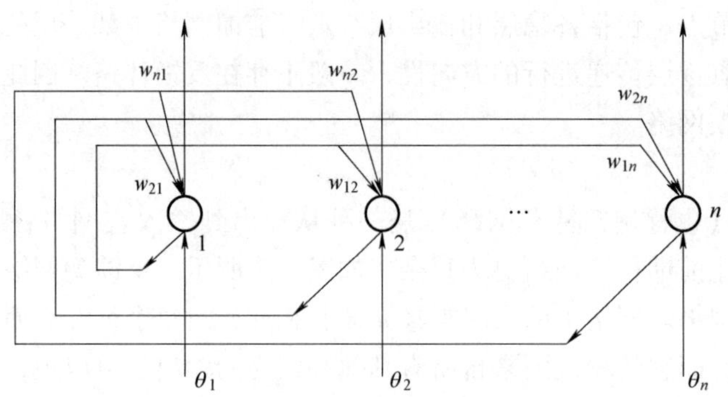

图 2.7　反馈型神经网络结构

导师学习和灌输式学习。

（1）有导师学习

有导师学习也称为有监督学习，这种学习模式采用的是纠错规则。在学习训练过程中需要不断地给网络成对提供一个输入模式和一个期望网络正确输出的模式，称为“教师信号”。将神经网络的实际输出同期望输出进行比较，当网络的输出与期望的教师信号不符时，根据差错的方向和大小按一定的规则调整权值，以使下一步网络的输出更接近期望结果。对于有导师学习，网络在能执行工作任务之前必须先经过学习，当网络对于各种给定的输入均能产生所期望的输出时，即认为网络已经在导师的训练下“学会”了训练数据集中包含的知识和规则，可以用来进行工作了。

（2）无导师学习

无导师学习也称为无监督学习，学习过程中，需要不断地给网络提供动态输入信息，网络能根据特有的内部结构和学习规则，在输入信息流中发现任何可能存在的模式和规律，同时能根据网络的功能和输入信息调整权值，这个过程称为网络的自组织，其结果是使网络能对属于同一类的模式进行自动分类。在这种学习模式中，网络的权值调整不取决于外来教师信号的影响，可以认为网络的学习评价标准隐含于网络的内部。

（3）灌输式学习

灌输式学习是指将网络设计成能记忆特别的例子，以后当给定有关该例子的输入信息时，例子便被回忆起来。灌输式学习中网络的权值不是通过训练逐渐形成的，而是通过某种设计方法得到的。权值一旦设计好就一次性“灌输”给神经网络不再变动，因此网络对权值的“学习”是“死记硬背”式的，而不是训练式的。

2.3.4 神经网络的基本原理

在神经网络的学习这一小节的阐述中获知，学习是神经网络最重要也是最核心的内容，神经网络通过训练学习，对权值进行调整，改善系统的行为，实现智能化信息处理的目的。那么对于不同的网络结构，神经网络是如何工作的呢？

对于前馈型神经网络，它从样本数据中取得训练样本及目标输出值，然后将这些训练样本当作网络的输入，利用最速下降法反复地调整网络的连接加权值，使网络的实际输出与目标输出值一致。当输入一个非样本数据时，已学习的神经网络就可以给出系统最可能的输出值。

对于反馈型神经网络，它从样本数据中取得需要记忆的样本，并以 Hebbian 学习规则来调整网络中的连接加权值，以“记忆”这些样本。当网络将样本数据记忆完成，这时如果给神经网络一个输入，当这一输入是一个“不完整的”“带有噪声”的数据时，神经网络通过联想，将输入信号与记忆中的样本对照，给出输入所对应的最接近样本数据的输出值。

2.3.5 神经网络的特点

1. 结构特点

神经网络的结构特点包括信息处理的并行性、信息存储的分布性、信息处理单元的互联性、结构的可塑性。

人工神经网络是由大量简单处理元件相互连接构成的高度并行的非线性系统，具有大规模并行性处理特征。虽然每个处理单元的功能十分简单，但大量简单处理单元的并行活动使网络呈现出丰富的功能并具有较快的速度。结构上的并行性使神经网络的信息存储必然采用分布式方式，即信息不是存储在网络的某个局部，而是分布在网络所有的连接权中。一个神经网络可存储多种信息，其中每个神经元的连接权中存储的是多种信息的一部分。当需要获得已存储的知识时，神经网络在输入信息激励下采用“联想”的办法进行回忆，因而具有联想记忆功能。神经网络内在的并行性与分布性表现在其信息的存储与处理都是空间上分布、时间上并行的。

2. 性能特点

神经网络的性能特点包括高度的非线性、良好的容错性和计算的非精确性。

神经元的广泛互联与并行工作必然使整个网络呈现出高度的非线性特点。而分布式存储的结构特点会使网络在两个方面表现出良好的容错性：一方面，由于信息的分布式存储，当网络中部分神经元损坏时不会对系统的整体性能造成影响，这一点就像人脑中每天都有神经细胞正常死亡而不会影响大脑的功能一样；另一方面，当输入模糊、残缺或变形的信息时，神经网络能通过联想恢复完整的记忆，从而实现对不完整输入信息的正确识别，这一特点就像人可以对不规范的手写字进行正确识别一样。神经网络能够处理连续的模拟信号以及不精确的、不完全的模糊信息，因此给出的是次优的逼近解而非精确解。

3. 能力特征

神经网络的能力特征包括自学习、自组织与自适应性。

神经网络具有调整自身突触权值以适应外界环境变化的固有能力。特别是一个在特定运行环境下接受训练的神经网络，在环境变化不大的时候可以很容易地进行重新训练。而且，当它在一个不稳定环境（即它的统计特性随时间变化）中运行时，可以设计神经网络使得其突触权值随时间实时变化。用于模式分类、信号处理和控制的神经网络与它的自适应能力相耦合，就可以变成能进行自适应模式分类、自适应信号处理和自适应控制的有效工具。作为一般规则，在保证系统稳定时，一个系统的自适应性越好，它被要求在一个不稳定环境下运行时的性能就越具鲁棒性。但是，需要强调的是，自适应性不一定总能导致鲁棒性，实际还可能导致相反结果。

4. 神经生物类比性

神经网络的设计是由与人脑的类比引发的，人脑是一个容错的并行处理的实例，说明这种处理不仅在物理上是可实现的，而且是快速高效的。神经生物学家将人工神经网络看作是一个解释神经生物现象的研究工具。另一方面，工程师对神经生物学的关注在于将其作为解决复杂问题的新思路，这些问题比基于常规的硬件线路设计技术所能解决的问题更复杂。

2.3.6 神经网络的应用

神经网络的人脑式智能信息处理特征与能力使其应用领域日益扩大，潜力日趋明显。许多用传统信息处理方法无法解决的问题在采用神经网络后取得了良好的效果。下面简要介绍一下目前神经网络的主要应用领域。

1. 自动控制

神经网络的诸多特点决定了其应用于自动控制领域的优越性。如神经网络本质上就是并行计算、分布结构的非线性动力学系统，可应用于那些难以用模型描述的过程或系统及应用于实时性要求较高的自动控制领域。另外，神经网络具有较强的信息综合能力，在多变量复杂系统的控制方案设计上具有一定明显的优势。目前，神经网络已经在诸如系统辨识、神经网络控制器、机械臂运动规划及控制、过程控制和实时数学问题求解等领域进行了广泛的实践和应用。例如，漏钢预报系统的实际应用。漏钢是连铸生产中一种严重的事故，可造成设备烧损、生产停止，因此大型连铸机通常需要安装漏钢预报装置。传统方法是找出结晶器壁温度的变化模式与温度数据之间的关系并建立模型，根据温度变化由模型判断有无漏钢发生的趋势，这种方法的困难在于建立一个有效的模型。

图 2.8 所示为日本新日铁八幡钢铁厂用神经网络构造的漏钢预报系统。该系统由时间序列神经网络和空间神经网络构成多级神经网络。时间序列神经网络用于识别温度上升和下降的模式，空间神经网络用于识别结晶器内温度移动的模式。当输出层的输出值超出预定阈值时输出漏钢预报。用此系统测试 25 组数据无一误报，且比原系统能提前 3 ~ 14s预报。

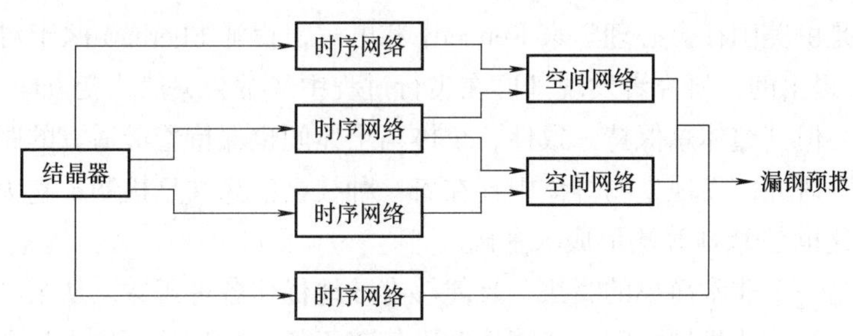

图 2.8　漏钢预报系统示意图

2. 智能检测

所谓智能检测一般包括干扰量的处理、传感器输入输出特性的非线性补偿、零点和量程的自动校正以及自动诊断等。这些智能检测功能可以通过传感元件和信号处理元件的功能集成来实现。随着智能化程度的提高，功能集成型已逐渐发展为功能创新型，如复合检测、特征提取及识别等，而这类信息处理问题正是神经网络的强项。在对综合指标的检测（例如对环境舒适度这类综合指标的检测）中，以神经网络作为智能检测中的信息处理元件便于对多个传感器的相关信息（如温度、湿度、风向和风速等）进行复合、集成、融合、联想等数据融合处理，从而实现单一传感器所不具备的功能。

3. 汽车工程

汽车在不同状态参数下运行时，能获得最佳动力性与经济性的档位称为最佳档位。由于神经网络具有良好的非线性映射能力，通过学习优秀驾驶员的换档经验数据，可自动提取蕴含在其中的最佳换档规律。神经网络在汽车制动自动控制系统中也有成功的应用，该系统能在给定制动距离、车速和最大减速度的情况下，以人体能感受到的最小冲击实现平稳制动，而不受路面坡度和车重的影响。随着国内外对能源短缺和环境污染问题的日益关切，燃油消耗率和排烟度越来越受到人们的关注。神经网络在载重车柴油机燃烧系统方案优化中的应用，有效地降低了油耗和排烟度，获得了良好的社会经济效益。

4. 水利工程

近年来，我国水利工程领域的科技人员已成功地将神经网络的方法用于水力发电过程辨识和控制、河川径流预测、河流水质分类、水资源规划、混凝土性能预估、拱坝优化设计、预应力混凝土桩基等结构损伤诊断、砂土液化预测、岩体可爆破性分级及爆破效应预测、岩土类型识别、地下工程围岩分类、大坝等工程结构安全监测、工程造价分析等许多实际问题中。

2.4 粒子群算法

粒子群算法，也称粒子群优化（Particle Swarm Optimization，PSO）算法是近年来发展起来的一种新的仿生算法。该算法是基于群体智能的优化算法，其功能与遗传算法非常相似。粒子群算法因其需要调节的参数少，具有实现容易、精度高、收敛快等优点，并且在解决实际问题中展现了其优越性，是一种并行算法。

2.4.1 粒子群算法概述

粒子群算法是由美国社会心理学家 Kennedy 和电气工程师 Eberhart 源于对鸟群捕食行为的研究于 1995 年提出的。研究者发现鸟群在飞行过程中经常会突然改变方向、散开、聚集，其行为不可预测，但其整体总保持一致性，个体与个体间也保持着最适宜的距离。通过对类似生物群体行为的研究，发现生物群体中存在着一种社会信息共享机制，它为群体的进化提供了一种优势，这也是 PSO 算法形成的基础。

粒子群算法是一个非常简单的算法，且能够有效地优化各种函数。从某种程度上说，此算法介于遗传算法和进化规划之间。此算法非常依赖于随机的过程，这也是和进化规划的相似之处，此算法中向全局最优和局部最优靠近的调整非常类似于遗传算法中的交叉算子。此算法还用了适应度值的概念，这是所有进化计算方法所共有的特征。

在粒子群算法中，每个个体称为一个“粒子”，每个粒子代表者一个潜在的解。例如，在一个 D 维的目标搜索空间中，每个粒子可被看成空间内的一个点。设群体由 m 个粒子构成。m 也被称为群体规模，m 过大会影响算法的运算速度和收敛性。

2.4.2 粒子群算法的基本原理

粒子群算法是起源对简单社会系统的模拟，PSO 算法从这种模型中得到启示并用于解决优化问题，每个优化问题的潜在解都是搜索空间中的一只鸟，称为粒子。所有的粒子都有一个由被优化的函数决定的适应值，每个粒子还有一个速度决定它们“飞行”的方向和距离，粒子追随当前的最优粒子在解空间中搜索。

PSO 算法初始化为一群随机粒子（随机解），然后通过迭代找到最优解。在每一次迭代中，粒子通过跟踪两个极值来更新自己。第一个极值是粒子本身所找到的最优解，这个解称为个体极值；另一个极值是整个种群目前找到的最优解，这个极值是全局极值。另外，也可以不用整个种群而只是用其中一部分作为粒子的邻居，那么在所有邻居中的极值就是局部极值。

假设在一个 D 维的目标搜索空间中，有 N 个粒子组成一个群落，其中第 i 个粒子表示为一个 D 维的矢量。

第 i 个粒子的“飞行”速度也是一个 D 维的矢量，标记如下：

$$\boldsymbol{v}_i = (v_{i1}, v_{i2}, \cdots, v_{iD}), \ i=1, 2, 3$$

第 i 个粒子迄今为止搜索到的最优位置成为个体极值，标记如下：

$$\boldsymbol{p}_{\text{best}} = (p_{i1}, p_{i2}, \cdots, p_{iD}), \ i=1, 2, \cdots, N$$

整个粒子群迄今为止搜索到的最优位置成为全局极值，标记如下：

$$\boldsymbol{g}_{\text{best}} = (p_{g1}, p_{g2}, \cdots, p_{gD})$$

在找到这两个最优值是，粒子根据下式来更新自己的速度和位置：

$$v_{id} = wv_{ij} + c_1 r_1 (p_{id} - x_{id}) + c_2 r_2 (p_{gd} - x_{id})$$

$$x_{id} = x_{id} + v_{id}$$

其中：c_1、c_2为加速常数，r_1、r_2为分布于［0，1］之间的随机数。

从上述表达式可知，每个粒子的速度由三部分组成：第一部分为“惯性”或“动量”部分，反映了粒子的运动习惯，代表粒子有维持自己先前的速度趋势，从社会学的角度看，也可将第一部分称为记忆项；第二部分为“认知”部分，表示粒子有向自身历史最佳位置逼近的趋势，说明粒子的动作来源于自己经验的部分；第三部为“社会”部分，反映了粒子间协同合作与知识共享的群体历史经验，代表粒子有向群体或邻域历史最佳位置逼近的趋势。在这三部分的共同作用下粒子才能有效地到达最佳位置，粒子通过自己的经验和同伴中最好的经验来决定下一步的运动，这与人类的决策极其相似，人们通常也是通过综合自身已有的信息和外界的信息来做出决策的。

图 2. 9 所示为基本的粒子群算法流程。

判断终止条件是指设置适应度值到达一定的数值或者循环一定的次数。一般一个粒子 i 的邻域随着迭代次数的增加而逐渐增加，第一次迭代开始，它的邻域为 0，随着迭代次数邻域线性变大，最后邻域扩展到整个粒子群，这时就变成全局版的粒子群算法。实践证明，全局版本的粒子群算法收敛速度快，但是容易陷入局部最优。局部版本的粒子群算法收敛速度慢，但是很难陷入局部最优。现在的粒子群算法大都在收敛速度与摆脱局部最优这两个方面下功夫，其实这两个方面是互相矛盾的，需要更好地折中。

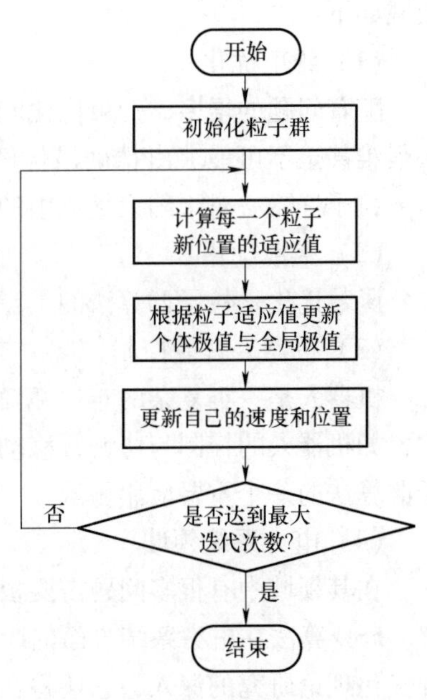

图 2. 9 基本的粒子群算法流程

2. 4. 3 粒子群算法的特点

粒子群算法是一种新兴的智能优化技术，是群体智能中一个新的分支，它也是对简单社会系统的模拟。该算法本质上是随机搜索算法，并能以较大的概率收敛于全局最优解。实践证明，粒子群算法适合在动态、多目标优化环境中寻优，与传统的优化算法相比具有更快的计算速度和更好的全局搜索能力。具体特点如下：

1）粒子群优化算法是基于群体智能理论的优化算法，通过群体中粒子间的合作与竞争产生的群体智能指导优化搜索。与进化算法相比，PSO 算法是一种更为高效的并行搜索算法。

2）PSO 算法与 GA 有很多共同之处，两者都是随机初始化种群，使用适应度值来评价个体的优劣程度并进行一定的随机搜索。但 PSO 算法没有交叉和变异运算，依靠粒子速度完成搜索，并且在迭代进化中只有最优的粒子把信息传递给其他粒子，搜索速度快。

3）PSO 算法具有良好的机制来有效地平衡搜索过程的多样性和方向性。

4）GA 中由于染色体共享信息，故整个群体较均匀地向最优区域移动。在 PSO 算法中个体最优值将信息传递给其他粒子，是单向的信息流动。多数情况下，所有的粒子可能更快地收敛于最优解。

5）PSO 算法具有记忆性，粒子群体的历史最好位置可以记忆并传递给其他粒子。

6）由于每个粒子在算法结束时仍然保持其个体极值，因此若将 PSO 算法用于调度和决策问题则可以给出多种有意义的选择方案。而基本遗传算法在结束时，只能得到最后一代个体的信息，前面迭代的信息没有保留。

7）PSO 算法对群体大小不是十分敏感，即群体数目下降时，性能下降不是很大。

2.4.4 粒子群算法的应用

粒子群算法提供了一种求解复杂系统优化问题的通用框架，它不依赖于问题的具体领域，对问题的种类有很强的适应性，所以广泛应用于很多学科。粒子群算法的一些主要应用领域如下：

（1）约束优化

随着问题的增多，约束优化问题的搜索空间也急剧变换，有时在目前的计算机上用枚举法很难甚至不可能求出精确最优解，粒子群算法是解决这类问题的最佳工具之一。实践证明，粒子群算法对于约束优化中的规划，离散空间组合问题的求解非常有效。

（2）函数优化

函数优化是粒子群算法的重点应用领域，也是对粒子群算法进行性能评价的常用算例。

（3）机器人智能控制

机器人是一类复杂的难以精确建模的人工系统，而粒子群算法可用于此类机器人群搜索，如机器人的控制与协调，移动机器人路径规划。所以机器人智能控制理所当然地成为粒子群算法的一个重要应用领域。

（4）电力系统领域

在其领域中有很多问题需要根据目标函数特性和约束类型以及与优化相关的问题需要求解。PSO 算法在电力系统方面的应用有配电网扩展规划、检修计划、机组组合等。随着粒子群优化理论研究的深入，它还将在电力市场竞价交易等其他领域发挥巨大的应用潜在力。

（5）工程设计问题

在许多情况下所建立起来的数学模型难以精确求解，即使经过一些简化之后可以进行求解，也会因为简化得太多而使得求解结果与实际相差甚远。现在粒子群算法已成为解决复杂调度问题的有效工具，在电路及滤波器设计、神经网络训练、控制器设计与优化、任务分配等方面都得到了有效的应用。

（6）生物医学领域

许多菌体的生长模型为非线性模型，因此可以采用粒子群算法解决非线性模型的参数估计问题。根据粒子群算法提出的自适应多峰生物测定融合算法，提高了解决问题的准确性。

(7) 通信领域

包括路由选择及移动通信基站布置优化，在顺序码分多址连接方式（DS-CDMA）通信系统中使用粒子群算法，可获得可移植的有力算法并提供并行处理能力。比先前传统的算法有显著的优越性，还可以应用到天线阵列控制和偏振模色散补偿等方面。

(8) 交通运输领域

在物流配送供应领域中要求以最少的车辆数、最少的车辆总行程来完成货物的派送任务。

2.5 蚁群算法

蚁群算法（Ant Colony Optimization，ACO）又称蚂蚁算法，是一种用来在图中寻找优化路径的概率型算法。其求解模式能将问题求解的快速性、全局优化特征以及有限时间内答案的合理性结合起来。

2.5.1 蚁群算法概述

受到自然界中真实蚁群集体行为的启发，意大利学者 M. Dorigo 于 1991 年在他的博士论文中首次系统地提出了一种基于蚂蚁种群的新型优化算法——蚁群算法，用蚁群在搜索食物源的过程中所体现出来的寻优能力来解决一些离散系统优化中的困难问题。已经用该方法求解了旅行商问题、指派问题、调度问题等，取得了一系列较好的实验结果。

该算法的核心内容是蚂蚁在运动的过程中依靠一种外激素来同其他的个体进行交流、通信。蚂蚁在经过的地方都会留下一种特殊的激素，并且可以识别这种物质存在，感知该物质浓度的强弱，蚂蚁趋于向这种物质浓度高的路径前进。这种思想实际上也是一种优化搜索策略，这种搜索过程可以用两个基本阶段来描述：自身调整阶段和群体协作阶段。前一阶段中，个体根据积累的信息不断调整自身结构；在后一阶段，个体之间通过信息交流，以期产生性能更好的解。现实中蚁群觅食的特点使蚁群算法能够解决离散优化问题。

2.5.2 蚁群算法的基本原理

为了说明蚁群算法的原理，首先简要介绍蚂蚁搜寻食物的具体过程。在蚁群寻找食物时，它们总能找到一条从食物到巢穴之间的最优路径。这是因为蚂蚁在寻找路径时在它所经过的路径上释放出一种特殊的激素，并以此指导自己的运动方向。当碰到之前从未走过的路段时，就随机地挑选一条路径前行，与此同时释放出相应的激素；路径越长，相同时间经过的蚂蚁数越少，释放的激素浓度越低。当后来的蚂蚁经过这个路口时，选择激素浓度较高路径的概率会相对较大，这样就形成一个正反馈。最优路径上的激素浓度也就越来越大，而其他路径上的激素浓度却会随着时间的流逝而消减。蚂蚁个体之间就是通过这种信息交流达到搜索食物的目的。

图 2.10 的 a ~ d 依次描述了蚂蚁搜寻食物的具体过程。

将图 2.10 显示的蚁群寻食过程进行定量分析，可得到蚂蚁寻食的路线，如图 2.11 所示。蚂蚁从点 A 出发，速度相同，食物在点 D，可随机选择路线 ABD 或 ACD，假设初始时

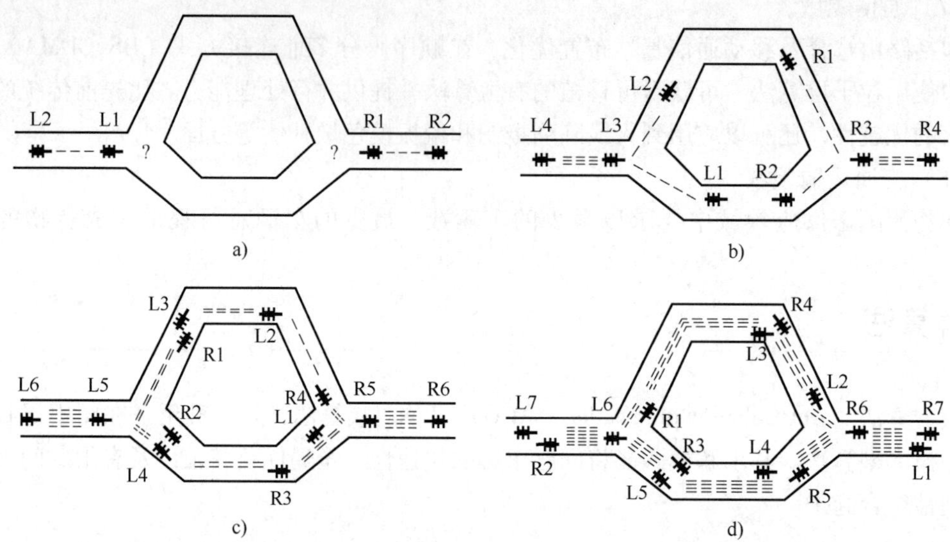

图 2.10　蚂蚁搜寻食物的过程

每条分配路线有一只蚂蚁，每一时间单位行走一步，图 2.11 所示为经过 9 个时间单位的情形：走路线 *ABD* 的蚂蚁到达终点，而走路线 *ACD* 的蚂蚁则走到点 *C*，刚好为一半路程。

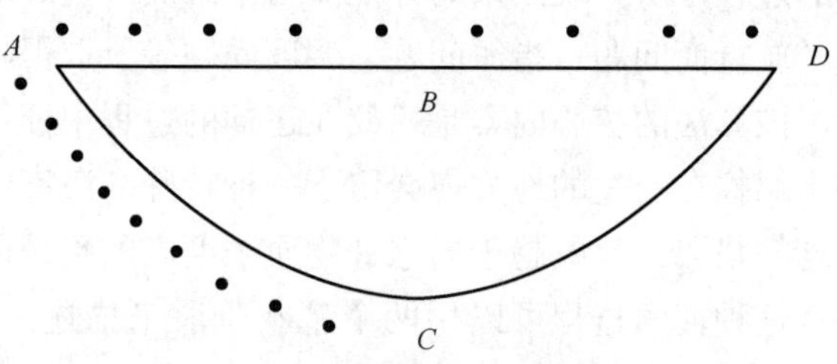

图 2.11　蚂蚁寻食路线图

图 2.12 为从 *A* 点出发，经过 18 个时间单位的情形：走路线 *ABD* 的蚂蚁到达终点后得到食物又返回了起点 *A*，而走路线 *ACD* 的蚂蚁刚好走到点 *D*。

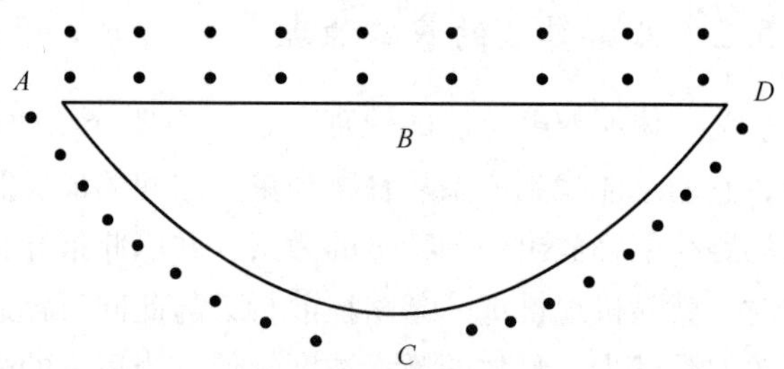

图 2.12　蚂蚁寻食路线图

若按以上规则继续，将有较为多数的蚂蚁选择路线 *ABD*，从而增强了该路线的信息素。随着该过程的继续，两条道路上的信息素数量的差距将越来越大，按信息素的指导，最终所有的蚂蚁会放弃路线 *ACD*，而都选择了最短的路线 *ABD*。正是由于一条道路要比另一条道路短，因此，在相同的时间区间内，短的路线会有更多的机会被选择。这也就是前面所提到的正反馈效应。

基于以上蚁群寻食最优路径选择的分析，可以构造人工蚁群来解决最优化的问题。该过程包含适应阶段和协作阶段两个阶段。在适应阶段，各候选解根据积累的信息不断调整自身结构；在协作阶段，候选解之间通过信息交流，以期产生性能更好的解。

作为与遗传算法同属一类的通用型随机优化方法，蚁群算法不需要任何先验知识，最初只是随机地选择搜索路径，随着对解空间的“了解”，搜索变得有规律，并逐渐逼近直至最终达到全局最优解。蚁群算法对搜索空间的“了解”机制主要包括 3 个方面。

1. 蚂蚁的记忆

一只蚂蚁搜索过的路径在下次搜索时就不会再被选择，由此在蚁群算法中建立禁忌列表来进行模拟。

2. 蚂蚁利用信息素进行相互通信

蚂蚁在所选择的路径上会释放一种叫作信息素的物质，当同伴进行路径选择时，会根据路径上的信息素进行选择，这样信息素就成为蚂蚁之间进行通信的媒介。

3. 蚂蚁的集群活动

通过一只蚂蚁的运动很难到达食物源，但整个蚁群进行搜索就完全不同。当某些路径上通过的蚂蚁越来越多时，在路径上留下的信息素数量也越来越多，导致信息素强度增大，蚂蚁选择该路径的概率随之增加，从而进一步增加该路径的信息素强度；而某些路径上通过的蚂蚁较少时，路径上的信息素就会随时间的推移而蒸发。因此，模拟这种现象即可利用群体智能建立路径选择机制，使蚁群算法的搜索向最优解推进。蚁群算法所利用的搜索机制呈现出一种自催化或正反馈的特征，因此，可将蚁群算法模型理解成增强型学习系统。

综上，将蚁群算法的基本思想概括如下：

1）所有蚂蚁遇到障碍物时按照等概率选择路径，并留下信息素。

2）随着时间的推移，较短路径的信息素浓度升高。

3）蚂蚁再次遇到障碍物时，会选择信息素浓度高的路径。

4）较短路径的信息素浓度继续升高，最终最优路径被选择出来。

蚁群算法流程如图 2.13 所示。

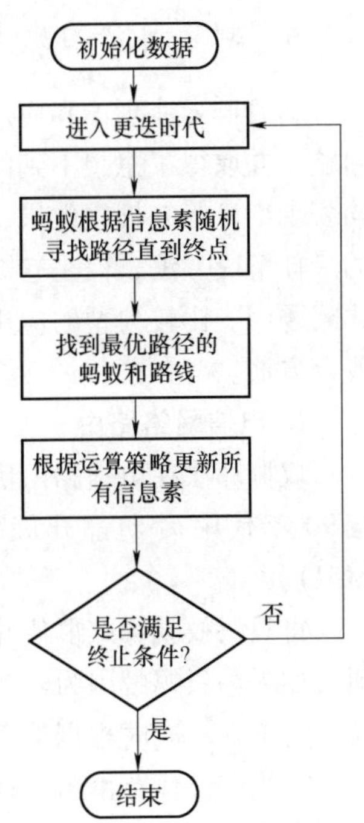

图 2.13 蚁群算法流程图

2.5.3 蚁群算法的特点

（1）蚁群算法是一种自组织的算法

在系统论中，自组织和它组织是组织的两个基本分类，其区别在于组织力或组织指令是来自系统内部还是来自系统外部，来自系统内部的是自组织，来自系统外部的是他组织。如果系统在获得空间的、时间的或者功能结构的过程中，没有外界的特定干预，我们便说系统是自组织的。在抽象意义上讲，自组织就是在没有外界作用下使得系统熵增加的过程（即系统从无序到有序的变化过程）。蚁群算法充分体现了这个过程，以蚁群优化为例子说明：算法开始的初期，单个的人工蚂蚁无序地寻找解，算法经过一段时间的演化，人工蚂蚁间通过信息激素的作用，自发地越来越趋向寻找到接近最优解的一些解，这就是一个无序到有序的过程。

（2）蚁群算法是一种本质上并行的算法

每只蚂蚁搜索的过程彼此独立，仅通过信息激素进行通信。所以蚁群算法则可以看作是一个分布式的多 Agent 系统，它在问题空间的多点同时开始进行独立的解搜索，不仅增加了算法的可靠性，也使得算法具有较强的全局搜索能力。

（3）蚁群算法是一种正反馈的算法

从真实蚂蚁的觅食过程中不难看出，蚂蚁能够最终找到最短路径，直接依赖于最短路径上信息激素的堆积，而信息激素的堆积却是一个正反馈的过程。对蚁群算法来说，初始时刻在环境中存在完全相同的信息激素，给予系统一个微小扰动，使得各边轨迹的浓度不相同，蚂蚁构造的解就存在了优劣，算法采用的反馈方式是在较优的解经过的路径留下更多的信息激素，而更多的信息激素又吸引了更多的蚂蚁，这个正反馈的过程引导整个系统向最优解的方向进化。因此，正反馈是蚁群算法的重要特征，它使得算法演化过程得以进行。

（4）蚁群算法是一种通用性随机方法

它吸收了蚂蚁的行为特点，使用人工蚂蚁仿真来求解问题。但人工蚂蚁不是对实际蚂蚁的一种简单模拟，它融进了人类的智能。具有一定的记忆能力，能够记忆已经访问多的节点。选择路径时不是盲目的，而是按一定规律有意识地寻找最短路径。

（5）蚁群算法具有较强的鲁棒性

相对于其他算法，蚁群算法对初始路线要求不高，即蚁群算法的求解结果不依赖于初始路线的选择，而且在搜索过程中不需要进行人工的调整。其次，蚁群算法的参数数目少，设置简单，易于蚁群算法应用到其他组合优化问题的求解。

2.5.4 蚁群算法的应用

随着群智能理论和应用算法研究的不断发展，研究者已尝试着将其用于各种工程的优化问题，并取得了意想不到的收获。多种研究表明，群智能在离散求解空间和连续求解空间中均表现出良好的搜索效果，并在组合优化问题中表现突出。蚁群优化算法并不是旅行商问题的最佳解决方法，但是它却为解决组合优化问题提供了新思路，并很快被应用到其他组合优化问题中。比较典型的应用研究包括网络路由优化、数据挖掘以及大规模集成电路的综合布线等方面。

1. 电信网络路由

蚁群算法在电信路由优化中已取得了一定的应用成果。HP 公司和英国电信公司在 20 世纪 90 年代中后期都开展了这方面的研究，设计了蚁群路由算法（Ant Colony Routing, ACR）。

每只蚂蚁就像蚁群优化算法中一样，根据它在网络上的经验与性能，动态更新路由表项。如果一只蚂蚁因为经过了网络中堵塞的路由而导致了比较大的延迟，那么就对该表项做较大的增强。同时根据信息素挥发机制实现系统的信息更新，从而抛弃过期的路由信息。

在当前最优路由出现拥堵现象时，ACR 算法就能迅速地搜寻另一条可替代的最优路径，从而提高网络的均衡性、负荷量和利用率。目前这方面的应用研究仍在升温，因为通信网络的分布式信息结构、非稳定随机动态特性以及网络状态的异步演化与蚁群算法本质和特性非常相似。

2. 大规模集成电路综合布线

大规模集成电路中的综合布线问题可以采用蚁群算法的思想来解决。在布线过程中，各个引脚对蚂蚁的引力可根据引力函数计算。各个线网 Agent 根据启发策略，像蚁群一样在开关盒网格上爬行，所经之处便布设上一条金属线，历经一个线网的所有引脚之后，线网便布通了。给定一个开关盒布线问题，问题的计算量是固定不变的，主要由算法的迭代次数决定，而迭代次数由 Agents 的智能和开关盒问题本身的性质确定。蚁群算法本身的并行性，使之比较适合于解决布线问题。

3. 移动机器人路径规划

蚁群算法作为一种启发式算法，具有对更优质路径的搜索能力，在机器人路径规划研究中得到了广泛的应用。机器人广泛用于工业生产、应用服务、协作和安全领域。机器人种类较多，按与环境相关程度分，可分为固定臂机器人和移动机器人。移动机器人是一种由传感器、遥控操作器和自动控制的移动载体组成的具有移动功能的机器人系统，能够替代人从事危险、恶劣环境和人所不及的（如宇宙空间、水下等）环境下作业。由于工作环境的复杂性，路径规划问题一直是移动机器人研究的重要内容和热点问题。移动机器人路径规划目的是在有障碍物的环境中进行建模，并依据一定的评价标准（行走路径最短、消耗能量最少等）寻找一条从起始点到目标点的最优无碰路径。

总之，蚁群算法能将问题求解的快速性、全局优化特征以及有限时间内解的合理性结合起来，并能够与路径问题的求解直接对应。因此对于能够直接转化为路径优化问题的组合类寻优问题求解，应用蚁群算法是十分有效的，如交通、机器人路径寻优、电力系统路径优化配置、制造路径优化、通信路由选择、计算机网络管理等。将其进行一定程度的拓展，蚁群算法也可被用于约束优化和二次配置问题的求解。另外，许多类型的流程调度问题也是典型的组合优化类寻优问题，也是适合用蚁群算法来进行求解的。

2.6 免疫算法

免疫算法基于生物免疫系统基本机制，模仿了人体的免疫系统。人工免疫系统作为人工智能领域的重要分支，同神经网络及遗传算法一样也是智能信息处理的重要手段，已经受到越来越多的关注。

2.6.1 免疫算法概述

生物免疫系统是一个高度进化的生物系统，它旨在区分外部有害抗原和自身组织，从而保持有机体的稳定。从计算角度看，生物免疫系统是一个高度并行、分布自适应和自组织的系统，具有很强的学习、识别和记忆能力。

免疫算法（Immune Algorithm）正是受生物免疫系统启发，在免疫学理论基础上发展起来的一种新兴的智能计算方法。它利用免疫系统的多样性产生和维持机制来保持群体的多样性，克服了一般寻优过程尤其是多峰函数寻优过程中难处理的早熟问题，最终求得全局最优解。与其他智能算法相比，免疫算法的研究起步较晚。研究人员 Farmal 等于 1986 年率先基于免疫网络学说构造了免疫系统的动态模型，并探讨了免疫系统与其他人工智能方法的联系，从而开创了免疫系统的研究。

免疫算法和遗传算法都是采用群体搜索策略，并且强调群体中个体间的信息交换，因此有许多相似之处，比如二者具有大致相同的算法结构，都要经过“初始种群产生——评价标准计算——种群间个体信息交换——新种群产生”这一循环过程，最终以较大的概率获得问题的最优解。

免疫算法和遗传算法之间也存在一些区别，主要表现为对个体的评价、选择及产生的方式不同。遗传算法中个体的评价是通过计算个体适应度得到的，算法选择父代个体的唯一标准是个体适应度；而免疫算法对个体的评价则是通过计算亲和度得到的，个体的选择也是以亲和度为基础进行的。个体的亲和度包括抗体-抗原之间的亲和度（匹配程度）和抗体-抗体之间的亲和度（相似程度），它反映了真实的免疫系统的多样性，因此免疫算法对个体的评价更加全面，其个体选择方式也更合理。此外，遗传算法通过交叉、变异等遗传操作产生新个体，而在免疫算法中，虽然交叉、变异等固有的遗传操作也被广泛应用，但是新抗体的产生还可以借助克隆选择、免疫记忆、疫苗接种等遗传算法中所欠缺的机理，同时免疫算法中还对抗体的产生进行促进或者抑制，体现了免疫反应的自我调节功能，保证了个体的多样性。

2.6.2 免疫算法的基本原理

人工免疫算法是模拟生物免疫系统智能行为而提出的仿生算法，它是一种确定性和随机性选择相结合并具有勘测与开采能力的启发式随机搜索算法。人工免疫算法将优化问题中待优化的问题对应免疫应答中的抗原，可行解对应抗体（B 细胞），可行解质量对应免疫细胞与抗原的亲和度，如此则可以将优化问题的寻优过程与生物免疫系统识别抗原并实现抗体进化的过程对应起来。将生物免疫应答中的进化链（抗体群→免疫选择→细胞克隆→高频变异→克隆抑制→产生新抗体→新抗体群）抽象为数学上的进化寻优过程，形成智能优化算法。

人工免疫算法正是对生物免疫系统机理抽象而得的，算法中的许多概念和算子与免疫系统中的概念和免疫机理存在着对应关系。人工免疫算法与生物免疫系统概念的对应关系见表 2.2。由于抗体是 B 细胞产生的，在人工免疫算法中对抗体和 B 细胞不做区分，都对应为优化问题的可行解。

表 2.2 生物免疫系统概念与人工免疫算法概念的对应关系

生物免疫系统概念	人工免疫算法概念
抗原	要解决的问题
抗体（B 细胞）	最优候选解
抗原识别	确定问题类型
从记忆细胞产生抗体	联想过去成功解
淋巴细胞分化	优化解记忆
细胞抑制	剩余候选解的消除
细胞克隆	利用遗传算子产生新抗体
抗原	优化问题
抗体（B 细胞）	优化问题的可行解
亲和度	可行解质量

一般的免疫算法可分为以下 3 种情况：

1）模仿免疫系统抗体与抗原识别，结合抗体产生过程而抽象出来的免疫算法。

2）基于免疫系统中的其他特殊机制抽象出的算法，例如克隆选择算法。

3）与遗传算法等其他计算智能融合产生的新算法，例如免疫遗传算法。

免疫算法流程如图 2.14 所示。

其主要步骤如下：

（1）抗原识别

输入目标函数和各种约束条件为免疫算法的抗原，并读取记忆库文件，若问题在文件中有所保留（保留的意思是指该文件以前曾计算过，并在记忆库文件中储存过相关的信息），则初始化记忆库。

（2）产生初始解

激活记忆细胞产生抗体，清除以前出现过的抗原。初始解的产生来源有两种：根据上一步对抗原的识别，如问题在记忆库中有所保留，则提取记忆库，不足部分随机生成；若记忆库为空，全部随机生成。

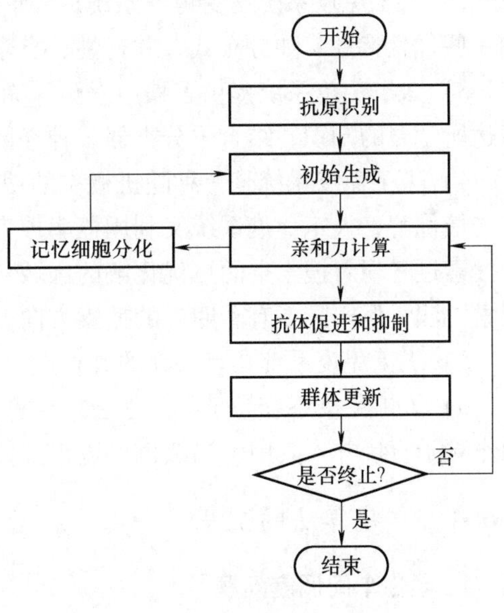

图 2.14　免疫算法流程图

（3）适应度评价（或计算亲和力）

解规模中的各个抗体，按规定的适应度评价函数计算各自适应度。

（4）记忆单元的更新

将适应度（或期望率）高的个体加入记忆库中，由于记忆细胞数目有限，新产生的与抗原具有更高亲和力的抗体替换较低亲和力的抗体。这保证了对优良解的保留，使其能够延续到后代中。

（5）抗体促进和抑制

选入适应度（期望值）较高的个体，及其产生后代，所以适应繁殖低的个体将受到抑制。

（6）产生新抗体

对未知抗原的响应，产生新淋巴细胞。通过交叉、变异、逆转等算子作用，选入的父代将产生新一代抗体。

（7）终止条件

条件满足就终止，不满足就跳转到第（3）步。

目前一般免疫算法中的抗体抗原，即解和问题的编码方式主要有二进制编码、实数编码和字符编码 3 种。其中二进制编码因简单而得到广泛应用。编码后亲和力的计算一般是比较抗体抗原字符串之间的异同，根据上述亲和力计算方法计算。

2.6.3　免疫算法的特点

作为一种新兴的智能计算方法，人工免疫系统具有如下特点：

1）与传统数学方法相比，人工免疫系统在进行问题求解时，其最大特点是不依赖于问题本身的严格数学性质（如连续性和可导性等），不需要建立关于问题本身的精确数学描述或逻辑模型，一般也不依赖于知识表示，而是在信号或数据层直接对输入信息进行处理，适于求解那些难以有效建立形式化模型、使用传统方法难以有效解决或根本不能解决的问题。

2）人工免疫系统是受免疫系统启发形成的一种智能计算方法，它当然也具有免疫系统的一些优良特性，如分布式、并行性、自学习、自适应、自组织、鲁棒性等。

3）人工免疫系统提供了噪声忍耐、无教师学习、自组织等进化学习机理，能够明晰地表达所学习的知识，结合了分类器、神经网络和机器推理等学习系统的一些优点。

4）人工免疫系统是一种随机概率的搜索方法，这种不确定性使其能有更多的机会求得全局最优解；人工免疫系统又利用概率搜索来指导它的搜索方向，概率被作为一种信息来引导搜索过程朝着搜索空间更优化解的区域移动，因此虽然表面上看起来人工免疫系统是盲目搜索方法，但实际上有着明确的搜索方向。

5）人工免疫系统具有潜在的并行性，并且易于并行化。

6）人工免疫系统易于与其他智能计算方法相结合，可以方便地将其他方法特有的一些操作算子直接并入其中，当然也可以很方便地将一些免疫操作加入其他算法中。

2.6.4 免疫算法的应用

1. 柔性车间调度问题

调度就是合理分配各种资源，目的是在一定的时间内完成各种任务。寻找最优调度可能有时很难，有时很容易，这取决于车间配置、要处理的约束和采用的性能评价指标。在调度问题这一研究领域中，一类最困难的问题就是车间调度问题。车间调度问题同时也是生产计划领域的最重要的一类问题，因为这类问题决定着大部分工业企业的生产过程和生产能力。车间调度问题通常需要处理包含多道工序的多个工件在多个机器上的加工，同时还要满足一系列的加工顺序约束。车间调度问题的任务通常是找到工序在这些机器上的适当处理顺序，以此为最优化的性能指标。一个最典型的性能指标就是总完成时间最小化，即完成工件需要的时间最小化。车间调度问题已被证明是 NP-Hard 问题。采用人工免疫算法在初始解产生方面应用多求解策略的组合，多个变异算子应用于工序分配和工序排序以产生新的抗体。

2. 物流配送问题

物流配送是物流活动的重要一环，物流配送成本在物流总成本中占有很大的比例。配送路线的优化能有效降低物流配送成本，因此研究物流配送路线的优化问题具有现实意义。许多物流公司采用多辆运输车从单个配送中心出发，把货物运到销售网点的运行模式。在实际的物流配送优化问题中，每辆车都存在约束能力，可以是车辆的空间容量，也可以是载重量等。目前带约束的物流配送问题已经成为研究的热点，它不仅具有实际的意义，更具有较高的理论价值。采用人工免疫算法，通过引入克隆选择算子，加大变异率增强群体多样性，可有效解决带有能力约束的物流配送问题。

3. 生产批量计划问题

在实施企业制造资源计划成为企业必然趋势的情况下，如何确定生产批量成为决定企业制造资源计划实施效果的关键。生产批量计划问题是确定 N 种不同的项目在给定的计划范

围 T 内规划零件在各个时间段的批量，以满足各个时间段的外部需求。而有能力约束的生产批量计划问题就是研究各时段最大生产能力已确定的条件下，如何制订批量计划。有能力约束的生产批量计划问题是典型的 NP-hard 问题，采用免疫遗传算法，通过多个种群同时进化来增强群体的多样性，通过显隐性操作来避免丢失一些亲和力较低的抗体，可以有效地解决单级多资源约束生产批量计算问题。

2.7 现代智能技术在油田安全中的应用

油气钻井井下情况预测与处理是油气钻井安全工程中一个重要的研究方向，关系到钻头磨损、井涌、井漏、储层位置等诸多问题的判断与处理，直接影响到钻井质量、钻井效率、钻井安全和钻井成本。井下情况的预测与处理对象是一个复杂的体系，由于无法直接观测井下情况，只有通过仪器测量和统计资料并依据经验来判断井下情况，经验的多少与丰富程度以及当前监测的数据质量直接影响预测与处理决策，进而最终影响钻井质量、速度和效益。因此，钻井安全预测和处理的最佳途径是建立汇集多专家知识并结合现场采集数据的实时智能分析系统。

1. 基于遗传算法的地层压力实时监测

地层压力是油气安全钻井的一项重要基础参数。根据地层压力的变化，合理选择钻井液密度将有利于钻井安全及井身结构和套管柱的合理设计。在新探区参照地层压力选择井位对提高探井的成功率有重要意义。由于在不同地区、不同地址和沉积环境下对地层压力的计算结果影响较大，甚至在某些地区地层压力的计算精度小于其常用的经验公式。而遗传算法则可以综合利用欠压实、流体膨胀和源异常引起的异常地层压力参数，利用钻井参数数据，实时地从钻速中分离出井底压力变化信息，实现地层压力的实时计算。根据钻井液密度和地层水的密度可计算出初始的井底压差。如果根据实钻数据提取得到的井底压差系数在异常压力层段比正常压力井段呈现出下降趋势，而且压力越高，下降越大，则可把地层压力信息从钻速中直接分离出来。再用遗传算法可计算得到机械钻速，机械钻速除以实测机械钻速可直接得到压力计算模型。应用遗传算法预测地层压力不受压力形成因素和岩性限制，应用前景广阔。

2. 基于神经网络的钻进过程安全监控专家系统

钻进过程安全监控与事故诊断智能系统是在动态特征分析的基础上对钻进过程进行辨识和控制。由于动态系统的随机干扰比较大，钻进过程的规律很难用数学模型来描述，单一的特征量虽然可以表达钻进过程事故形成与发展的规律，但往往还不能做状态的判别，因此，基于人工智能技术的钻进过程安全监控与事故诊断智能系统的研制开发具有重要的意义。

采用 BP 神经网络作为钻进过程安全监控与事故诊断智能系统知识获取的工具。若钻进过程能够获取的钻井参数有 m 个，则可以构造一个有 m 个输入节点的 BP 神经网络用于监控，钻进过程的运行状况可以通过这 m 个量反映出来，输出节点的输出量分别对应钻进过程中的 n 个事故类型。用若干组特征数据训练网络，训练成功后，就能识别自动送钻过程的正常状态与事故类型。因此，通过 BP 神经网络的学习就可获取所需要的知识。

3. 基于自适应神经网络的油气管道泄漏检测系统

管道在输送流体的过程中，由于管道周围介质的扩散、管道的摩阻以及外输泵的运转特性的影响，使得管道两端测得的压力、流量、温度信号带有很大的噪声。根据流体及管道的特性，可以证明此噪声是平稳随机的，有很大的不可预知性。因此，在不完全了解噪声特性的情况下，采用一种合适的滤波方法滤除噪声而得到真实信号，无论对泄漏的判断还是对泄漏的定位都能提高其可靠性。

自适应神经网络系统具有非线性映射和自学习能力的优点，将其用于噪声信号的非线性建模，不但可以获取信号的最佳估值，并且能够克服信号处理中存在的模型和噪声的不确定性、不完备性，而且能快速、有效地消除流量、压力信号中的各种噪声，有利于神经网络自动缺陷类型识别，提高泄漏检测和定位的精度。

本章小结

智能技术是通过模仿生物界的进化过程、生物的生理构造和身体机能、动物的群体行为或人类的思维特性，借鉴其智能机理解决科学研究和工程实践中遇到的复杂优化问题。

遗传算法是模拟达尔文生物进化论，依据个体的适应度大小选择个体，并借助于遗传学机理的生物进化过程（组合交叉和变异）的计算模型，是一种通过模拟自然进化过程搜索最优解的方法。其中，初代群体、比例选择算子、交叉算子和变异算子的设定直接影响了遗传算法的求解结果和求解效率。

神经网络是通过对人脑神经元建模的连接，模拟人脑神经系统功能的模型，具有学习、联想、记忆和模式识别等智能信息处理功能的人工系统。神经网络的一个重要特性是它能够从环境中学习，具有脑式智能信息处理特征与能力。

粒子群算法和蚁群算法是模拟鸟群和蚂蚁觅食过程中发现路径的行为应运而生的群智能算法。在应急疏散路径规划、智能控制等领域有广泛应用。

免疫算法是生物免疫学与计算机科学结合的产物。利用免疫系统的多样性产生和维持机体的稳定性来保持群体的多样性。与生物免疫系统一样，具有很强的学习、识别和记忆的能力。尽管都是采用群体搜索策略，相较于遗传算法，免疫算法对个体的评价更加全面，个体选择方式也更合理，最终以较大的概率获得问题的最优解。

思考题

1. 什么是计算智能?
2. 简述人工智能与计算智能的区别?
3. 遗传算法的本质是什么?
4. 遗传算法的基本算子有哪些？作用分别是什么?
5. 什么是人工神经网络？它有哪些特征?
6. 神经网络的学习模式有哪些？分别如何学习的?
7. 粒子群算法的基本原理和特点是什么?
8. 粒子群算法主要用于解决哪些类型的问题?

9. 蚁群算法对搜索空间的了解机制主要包括哪几方面?
10. 简述蚁群算法的工作流程。
11. 蚁群算法主要用来解决哪些类型的问题?
12. 什么是人工免疫系统?
13. 目前常用的人工免疫算法有哪些?
14. 简要叙述人工免疫系统的应用领域。
15. 试论述各类智能算法在安全生产中的应用。

第3章 智能传感器

学习目标

- 掌握智能传感器的基本结构、功能及特点
- 了解智能传感器的发展趋势
- 掌握智能传感器实现途径及其结构特征
- 理解MEMS传感器的工作原理、特点
- 理解智能传感器在安全生产中的应用

传感器朝着智能化、大规模集成一体化、多功能化、小型化的方向发展，将传感器和计算机技术做成一个整体，通常称为智能传感器。智能传感器是传感器发展的最新阶段性发展，与传统传感器相比，它有了极大的飞跃。

3.1 概述

3.1.1 传感器与传感技术

1. 传感器

传感器（sensor）是能感受被测量并按照一定的规律转换成可用输出信号的器件或装置，通常由敏感元件和转换元件组成。

1）敏感元件：传感器中能直接感受或响应被测量的部分。

2）转换元件：传感器中能将敏感元件感受或响应的被测量转换成适合传输或测量的电信号部分。

当输出为规定的标准信号时，则称为变送器（transmitter）。

智能传感（intelligent sensor）是具有与外部系统双向通信的手段，用于发送测量、状态信息，接收和处理外部命令的传感器。

最简单的传感器是由一个敏感元件（兼转换元件）组成的，在感受被测量时直接输出电量，如热电阻、热电偶等。

2. 传感技术

传感技术是研究传感器的材料、设计、工艺、性能和应用的综合技术。传感技术是门涉及边缘学科的高新技术，它涉及物理学、数学、化学、材料学、工艺学、统计学和各种现代前沿的学科技术。

3.1.2 智能传感器的概念

智能传感器的概念于 20 世纪 80 年代由美国宇航局首次提出，目前尚无智能传感器标准的科学定义，智能传感器是在传统的传感器基础上发展起来的，它与传统传感器有着密不可分的关系，但绝不是传统概念中的传感器。

在智能传感器的发展过程中，由于对其“智能”定义的不断变化，各个时期给智能传感器的定义也随着时间的推移而变化。

“把传统的传感器与微处理器集成在一块芯片上的传感器称为智能传感器”，这种说法是强调在“工艺”上将传感器与微处理器二者紧密结合。

“智能传感器就是一种带有微处理器，兼有信息检测和处理功能的传感器”，这种说法突破了传感器与微处理器的结合必须在工艺上集成在一块芯片上的框框，而着重强调智能传感器的“信息处理”功能。这时的智能传感器兼有“仪表”功能。

“智能传感器必须具备学习、推理、感知、通信及管理等功能”，这种说法强调了智能传感器的“系统”功能。

目前，在传感器业界通常把智能传感器定义为具有与外部系统双向通信手段，用于发送测量、状态信息，接受和处理外部命令的传感器。对于智能传感器，国外有不同的叫法，有的称为 Intelligent Sensor，也有的称为 Smart Sensor。但是普遍认为，智能传感器是带有微处理器并兼有信息检测和信息处理功能的传感器，它能充分利用微处理器进行数据分析和处理，并能对内部工作过程进行调节和控制，使采集的数据最佳。具体地说，智能传感器通常封装在同一个结构体内，其组成既有传感元件又有微处理器和信号处理电路，输出方式常采用 RS-232 或 RS-422 等串行输出，或采用 IEEE 标准总线并行输出。

智能传感器继承了传感器、智能仪表全部功能及部分控制功能，实际上是把传感技术、计算技术、现代通信技术相互融合成为一个系统。图 3.1 是智能传感器的基本结构图。

微处理器是智能传感器的核心，它包括数据采集模块、数据交换模块、控制模块、D/A 转换、接口模块。它不但能对传感器测量数据进行计算、存储、处理，还可通过反馈回路对传感器进行调节。可以实现对传感器性能的多方面补偿，如零点补偿、增益补偿、温度漂移补偿等。微处理器充分发挥各种软件功能，可以完成硬件难以完成的任务，从而大大降低传感器制造的难度，提高传感器的性能，降低成本。

在智能传感器的构成中，不仅有硬件作为实现测量的基础，还有强大的软件支持来保证测量结果的正确性和高精度。主要通过 A/D 转换器、PROM 可编程存储器、E^2PROM 电可擦除可编程存储器等模块来实现。

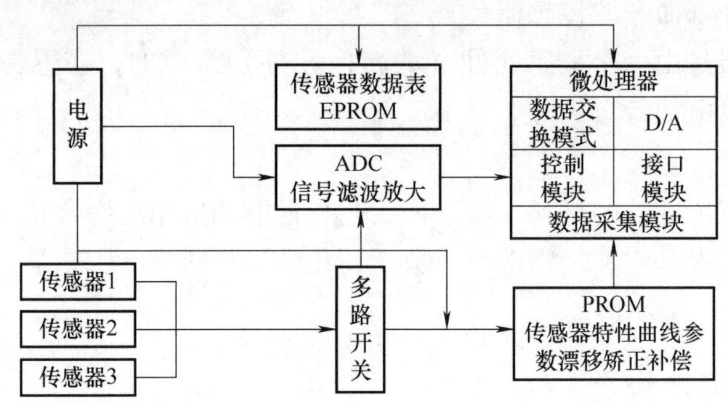

图 3.1　智能传感器的基本结构图

智能传感器的测量控制系统由网络、传感器节点、控制节点和中央控制单元共同构成。传感器节点用来实现参数测量并将数据传送给网络中的其他节点；控制节点根据需要从网络中获取所需要的数据，并根据这些数据制定相应的控制方法和执行控制输出。在整个系统中，每个传感器节点和控制节点都相互独立且能够自治。传感器节点和控制节点的数目可多可少。网络的选择可以是现场总线、因特网、物联网，也可以是企业内部的以太网。

智能传感器的出现是对传统型传感器的一次“革命”，是传统型传感器发展的必然结果和趋势，也是对传统意义上“仪表”概念的升华。智能传感器的出现改变了传统型传感器的设计理念、生产方式和应用模式，特别是在全球兴起的物联网应用中，国内提出的“互联网+”有着广泛的应用前景和巨大的经济效益，应引起业界的充分重视。

智能传感器的设计改变了传统传感器的设计理念。传统型传感器自身存在一些问题，如：输入输出呈非线性，且随时间漂移；参数易受外界环境变化影响；信噪比低，易受电磁场等干扰；灵敏度、分辨率不高；性价比难以提高。设计传统型传感器时，对上面这些问题往往只进行单个参数的考虑和调试，设计技术已经达到了极限，很难再提高，因而达不到理想结果。而设计智能传感器时，可利用 MEMS 技术、IC 技术、计算机技术，通信技术，可充分利用 A/D 转换器、信号处理器、存储器、接口电路、CPU 等硬件技术进行综合考虑和分析，特别是在硬件的基础上，可通过软件开发来实现智能传感器的功能和特点。

智能传感器的生产方式改变了传统传感器的生产方式。传统传感器在组织生产时往往是手工作坊式的，传感器被誉为一件“工艺品”，性能很难一致，成批产量难以扩大，人工成本很高，传统传感器生产的后道工序基本是手工操作。智能传感器由于具有数字存储、记忆与信息处理功能、双向通信、标准化数字输出，因此可用于以上位计算机通信的方式组织批量生产，传感器的补偿可以因个体而异。从理论上讲，只要敏感元件具有重复性，不管其他指标如何，按照智能传感器的设计方法，都能批量制造出高性能传感器。

智能传感器中智能芯片的制备对 IC 工艺和 MEMS 工艺的相融性提出了挑战和机遇，也给非硅基材料的智能传感器的制备工艺提出新课题。

智能传感器的应用改变了传统传感器的应用模式。在许多工业现场，单个传感器独立使用的场合越来越少，更多的是传感器与传感器之间、传感器与执行器之间、传感器与控制系统之间要实现更多的数据交换与共享，传统传感器无法对某些产品的质量指标（如黏度、硬度、表面光洁度、成分、颜色、味道）进行快速直接测量并在线控制。智能传感器由于自身所具有的特点和功能，其工业现场应用就显得游刃有余。往往智能传感器具有“仪表”的功能和属性，而价格又比仪表低廉，未来有代替仪表的趋势和可能。智能传感器在物联网应用、“互联网+”应用中有巨大商机。

智能传感器技术改变了传统传感器技术发展模式，向着虚拟化、网络化和信息融合技术三个方向发展。虚拟化是利用通用的硬件平台，充分利用软件实现智能传感器的特定硬件功能，智能传感器的虚拟化可缩短产品开发周期，降低成本，提高可靠性。网络化是利用各种总线的多个传感器组成系统并配备带有网络接口的微处理器，通过系统和网络处理器，可实现传感器之间、传感器与执行器之间、传感器与系统之间的数据交换与共享。信息融合是指传感器的信息经元素级、特征级和决策级组合，形成更为精确的被测对象的特性和参数。

3.1.3 智能传感器的功能与特点

1. 智能传感器的功能

（1）信息存储和传输

随着全智能集散控制系统的飞速发展，对智能单元要求具备通信功能，用通信网络以数字形式进行双向通信，这也是智能传感器关键标志之一。智能传感器通过测试数据传输或接收指令来实现各项功能。如增益的设置、补偿参数的设置、内检参数设置、测试数据输出等。

（2）自补偿和计算功能

对传统传感器的温度漂移和输出非线性所做的大量补偿工作，都没有从根本上解决问题。而智能传感器的自补偿和计算功能为传感器的温度漂移和非线性补偿开辟了新的道路。这样，放宽传感器加工精密度要求，只要能保证传感器的重复性好，利用微处理器对测试的信号通过软件计算，采用多次拟合和差值计算方法对漂移和非线性进行补偿，从而能获得较精确的测量结果。

（3）自检自校、自诊断功能

普通传感器需要定期检验和标定，以保证它在正常使用时足够准确，这些工作一般要求将传感器从使用现场拆卸到实验室或检验部门进行，对于在线测量传感器出现异常则不能及时诊断。采用智能传感器，情况则大有改观。首先是自诊断功能在电源接通时进行自检，诊断测试以确定组件有无故障。其次，使用时可以在线进行校正，处理器利用存在 E^2PROM 内的计量特性数据进行对比校对。

（4）复合敏感功能

观察周围的自然现象，常见的信号有力、声、光、电、温度和化学等。敏感元件测量这些信号一般通过直接测量和间接测量两种方式。而智能传感器具有复合功能，能够同时测量多种物理量和化学量，给出能够全面反映物质运动规律的信息。如美国加利福尼亚大学研制的复合液体传感器，可同时测量介质的流速、压力和密度。美国 EG & GIC Sensors 公司研制的复合力学传感器，可同时测量物体某一点的三维振动加速度、速度、位移等。

（5）组态功能

智能传感器的另一个主要特性是组态功能。如信号应放大的倍数，温度传感器是以摄氏度还是华氏度输出温度等，对于智能传感器用户可随意选择需要的组态。例如，检测范围、可编程通/断延时、选组计数器、常开/常闭、8/12 位分辨率选择等。这只不过是当今智能传感器无数组态中的几种。灵活的组态功能大大减少了用户需要研制和更换必备的不同传感器类型和数目。利用智能传感器的组态功能可使同一类型的传感器工作在最佳状态，并且能在不同场合从事不同的工作。

（6）数字通信功能

由于智能传感器能产生大量信息和数据，所以用普通传感器的单一连线无法对装置的数据提供必要的输入输出。但也不能对应每个信息各用一根引线，这样会使系统非常的庞大，因此它需要一种灵活的串行通信系统。在过程工业中，通常看到的是点与点串接以及串联网络。由于智能传感器本身带有微控制器，所以它属于数字式的，因此自然能配制与外部连接的数字串行通信。因为串行网络抗环境影响（如电磁干扰）的能力比普通模拟信号强得多，把串行通信接到装置上，可以有效地管理信息的传输，使数据只在需要时才输出。

2. 智能传感器的特点

（1）高精度

智能传感器有多项功能保证其高精度，如通过自校零去除零点误差；与标准参考基准实时对比以自动进行整体系统标定；自动进行整体非线性系统误差校正；通过对采集的大量数据统计处理消除偶然误差的影响。

（2）高可靠性

智能传感器能自动补偿因工作条件与环境参数发生变化后引起系统特性的漂移，如：温度变化时产生的零点和灵敏度漂移；当被测参数变化后能自动改换量程；能实时自动进行系统的自我检验，分析、判断所采集数据的合理性，并给出异常情况下的应急处理（报警或故障提示）。

（3）高信噪比

由于智能传感器具有数据存储、记忆与信息处理功能，通过软件进行数字滤波、相关分析等处理，可以去除输入数据中的噪声，将有用的信号提取出来；通过数据融合、神经网络技术，可以消除多参数状态下交叉灵敏度的影响，从而保证在多参数状态下对特定参数测量的分辨能力，故智能传感器具有高信噪比与高分辨率。

（4）高自适应性

由于智能传感器具有判断、分析和处理功能，它能根据系统工作情况决策各部分的供电情况、与高/上位计算机数据传输速率，使系统工作在最优低功耗状态和优化的传输速率。

（5）高性价比

智能传感器不像传统传感器那样追求传感器本身的完善，而对传感器的各个环节进行精心设计与调试，它是通过微处理器与计算机相结合，采用能大规模生产的集成电路工艺与 MEMS 工艺以及强大的软件功能来实现，因而具有高性价比。

3.1.4 智能传感器的发展趋势

1. 发展趋势

（1）向高精度发展

随着自动化生产程度的提高，对传感器的要求也在不断提高，必须研制出具有灵敏度高、精确度高、响应速度快、互换性好的新型传感器，以确保生产自动化的可靠性。

（2）向高可靠性、宽温度范围发展

传感器的可靠性直接影响到电子设备的抗干扰等性能，研制高可靠性、宽温度范围的传感器将是永久性的方向。发展新兴材料（如陶瓷）传感器将很有前途。

（3）向微型化发展

各种控制仪器设备的功能越来越强，要求各个部件体积越小越好，因而传感器本身体积也是越小越好，这就要求发展新的材料及加工技术，目前利用硅材料制作的传感器体积已经很小。如传统的加速度传感器是由重力块和弹簧等制成的，体积较大、稳定性差、寿命也短，而利用激光等各种微细加工技术制成的硅加速度传感器体积非常小，互换性可靠性都较好。

（4）向微功耗及无源化发展

传感器一般都是非电量向电量的转化，工作时离不开电源，在野外现场或远离电网的地方，往往是用电池供电或用太阳能等供电，开发微功耗的传感器及无源传感器是必然的发展方向，这样既可以节省能源又可以提高系统寿命。目前，低功耗损的芯片发展很快，如T12702运算放大器，静态功耗只有1.5 A，而工作电压只需2～5V。

（5）向智能化数字化发展

随着现代化的发展，传感器的功能已突破传统的功能，其输出不再是单一的模拟信号（如0～10mV），而是经过微型计算机处理好后的数字信号，有的甚至带有控制功能，这就是所说的数字传感器。

（6）向网络化发展

网络化是传感器发展的一个重要方向，网络的作用和优势正逐步显现出来。网络传感器必将促进电子科技的发展。

2. 发展重点

1）应用机器智能进行故障探测和预报。任何系统在出现错误并导致严重后果之前，必须对其可能出现的问题做出探测或预报。目前非正常状态还没有准确定义的模型，非正常探测技术还很欠缺，急需将传感信息与知识结合起来以改进机器的智能。

2）正常状态下能高精度、高敏感性地感知目标的物理参数，而在非常态和误动作的探测方面却进展甚微。因而对故障的探测和预测具有迫切需求，应大力开发与应用。

3）目前传感技术能在单点上准确地传感物理或化学量，然而对多维状态的传感却困难。如环境测量，其特征参数广泛分布且具有时空方面的相关性，也是迫切需要解决的一类难题。因此，要加强多维状态传感的研究与开发。

4）目标成分分析的远程传感。化学成分分析大多基于样本物质，有时目标材料的采样又很困难。如测量同温层中臭氧含量，远程传感不可缺少，光谱测定与雷达或激光探测技术的结合是一种可能的途径。没有样本成分的分析很容易受到传感系统和目标组分之间的各种噪声或介质的干扰，而传感系统的机器智能有望解决该问题。

5）用于资源有效循环的传感器智能。现代制造系统已经实现了从原材料到产品的高效的自动化生产过程，当产品不再使用或被遗弃时，循环过程既非有效，也非自动化。如果再生资源的循环能够有效且自动地进行，可有效地防止环境的污染和能源紧缺，实现生命循环资源的管理。对一个自动化的高效循环过程，利用机器智能去分辨目标成分或某些确定的组分，是智能传感系统一个非常重要的任务。

3. 研究热点

（1）物理转换机理的研究

数字化输出是智能传感器的典型特征之一，它不仅仅是模拟-数字转换实现简单的数字化，而是从机理上实现数字化输出。其中，谐振式传感器具有直接数字输出、高稳定性、高重复性、抗干扰能力强，分辨力和测量精度高等优点。传统传感器的频率信号检测需要较复杂的设计，这限制了其的广泛应用和在工业领域内的发展。而现在只需在同一硅片上集成智能检测电路，就可以迅速提取频率信号，从而使谐振式微机械传感器成为国际上传感器的研究热点。

（2）多数据融合的研究

数据融合是一种数据综合和处理技术，是许多传统学科和新技术的集成和应用，如通信、模式识别、决策论、不确定性理论、信号处理、估计理论、最优化处理、计算机科学、人工智能和神经网络等。目前，数据融合已成为集成智能传感器理论的重要领域和研究热点。即对多个传感器或多源信息进行综合处理、评估，从而得到更为准确、可靠的结论。因此，对于多个传感器组成的阵列，数据融合技术能够充分发挥各个传感器的特点，利用其互补性、冗余性，提高测量信息的精度和可靠性，并延长系统的使用寿命。近年来，数据融合又引入了遗传算法、小波分析技术和虚拟技术。

智能传感器代表着传感器发展总趋势，它已经受到了全世界范围的瞩目和公认，因此，可以说智能传感器是一种发展前景十分看好的新传感器。随着硅微细加工技术的发展，新一代的智能传感器的功能将扩展更多，它将利用人工神经网、人工智能、信息处理技术等，使传感器具有更高级的智能功能。

3.2 智能传感器的实现途径

目前，智能传感器的实现是沿着传感器技术发展的三条途径进行：①利用计算机合成，即智能合成；②利用特殊功能材料，即智能材料；③利用功能化几何结构，即智能结构。智能合成表现为传感器装置与微处理器的结合，这是目前的主要途径。

3.2.1 利用计算机合成

按传感器与计算机的合成方式，目前的传感技术沿用以下三种具体方式实现智能传感器：非集成化实现、集成化实现和混合实现。

1. 非集成化实现

非集成化智能传感器是将传统的基本传感器、信号调理电路、带数字总线接口的微处理器组合为一个整体而构成的智能传感器系统。这种非集成化智能传感器是在现场总线控制系统发展形势的推动下迅速发展起来的。图 3.2 是非集成化智能传感器框图。

图 3.2 中的信号调理电路是用来调理传感器输出信号的，即将传感器输出信号进行放大并转换为数字信号后送入微处理器，再由微处理器通过数字总线接口接在现场数字总线上。

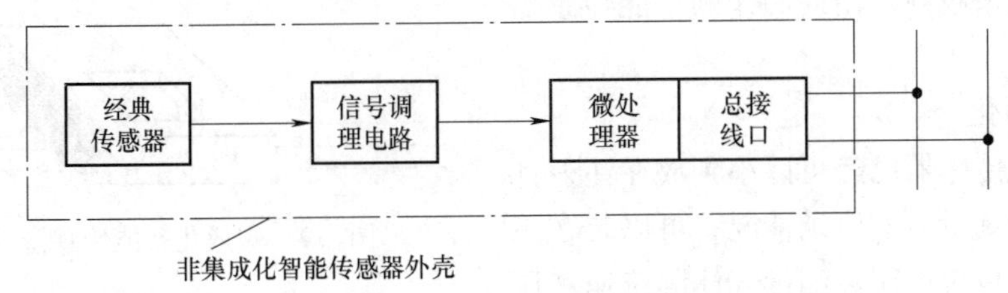

图 3.2 非集成化智能传感器框图

这是一种实现智能传感器系统的最快途径与方式。例如美国罗斯蒙待公司生产的电容式智能压力（差）变送器系列产品，就是在原有传统式非集成电容式变送器的基础上，附加一块带数字总线接口的微处理器插板后组装而成的，并配备可进行通信、控制、自动校正、自动补偿、自动诊断等功能的智能化软件，从而实现智能化。

此外，近些年迅速发展起来的模糊传感器也是一种非集成化的新型智能传感器。模糊传感器的“智能”之处在于它可以模拟人类感知的全过程。模糊传感器不仅具有智能传感器的一般优点和功能，而且具有学习推理的能力和适应测量环境变化的能力，并且能够根据测量任务的要求进行学习推理。此外，模糊传感器还具有与上级系统交换信息、自我管理和调节的能力。

图 3.3 是模糊传感器结构和功能的简单示意图。其中，传统数值测量单元不仅提取传感信号，而且对其进行数值处理，如滤波、恢复信号等。符号产生和处理单元是模糊传感器的核心部分，它利用已有的知识或经验，对已恢复的传感信号进一步处理，得到符合客观对象的拟人语言符号的描述信息。其实现方法是利用数值模糊化方法，得到符号测量结果。符号处理单元则是采用模糊信息处理技术、模糊化后得到的符号形式的传感信号，结合知识库内的知识（主要有模糊判断规则、传感信号特征、传感器特性及测量任务要求等信息），经过模糊推理和运算，得到被测量的符号描述结果及相关知识。当然，模糊传感器可以经过学习新的变化情况来修正和更新知识库内的信息。

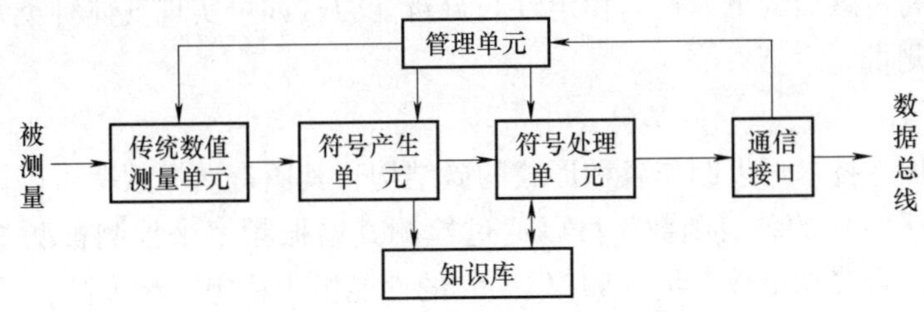

图 3.3 模糊传感器结构和功能框图

2. 集成化实现

集成化智能传感器是采用微机械加工技术和大规模集成电路工艺，将利用硅作为基本材料制作的敏感元件、信号调理电路、微处理器单元等，集成在一块芯片上而构成的，其外形如图 3.4 所示。

随着微电子技术的快速发展和微米/纳米技术的问世，大规模集成电路工艺技术日趋完善，集成度越来越高，由此制作的智能传感器的特点有：

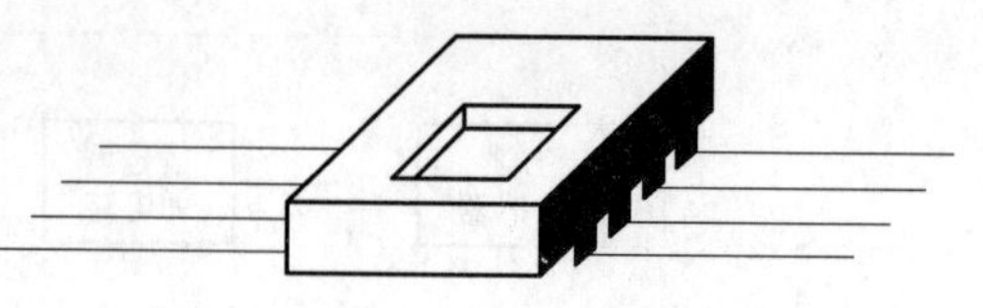

图 3.4　集成化智能传感器示意图

（1）微型化

微型压力传感器已经可以小到放在注射针头内送进血管测量血液流动情况；可以装在飞机或发动机叶片表面用以测量气体的流速和压力。美国研究成功的微型加速度计可以使火箭或飞船的制导系统的质量从几千克下降至几克。

（2）结构一体化

采用微机械加工和集成化工艺，可以使智能传感器一次整体成形。可在非受力区制作调理电路、微处理器单元和微执行器，从而实现不同程度或整个系统的一体化。

（3）精度高

传感器结构一体化后，改善迟滞、重复性指标，减小了时间漂移，提高了精度，大大减小了由引线长度带来的寄生参量的影响。

（4）多功能

微米级敏感元件结构的实现，特别有利于在同一硅片上制作不同功能的多个传感器，如在一块硅片上制作了感受压力、压差及温度 2 个参量，具有 3 种功能（可测压力、压差、温度）的敏感元件结构的传感器，从而实现了多功能化。

（5）阵列式

采用微米技术已经可以在面积为 $1cm^2$ 的硅芯片上制作含有几千个压力传感器阵列，如日本丰田中央研究所半导体研究室用微机械加工技术制作的集成化应变计式面阵触觉传感器，在 8mm×8mm 的硅片上制作了 1024 个（32×32）敏感触点（桥），基片四周制作了信号处理电路，其元件总数约为 16000 个。敏感元件组成阵列后，配合相应的图像处理软件，可以实现图形成像且构成多维图像传感器。敏感元件组成阵列后，通过计算机/微处理器进行解耦运算、模式识别及神经网络技术的应用，有利于消除传感器时变误差和交叉灵敏度的不利影响，可提高传感器的可靠性、稳定性与分辨能力，如可实现气体种类判别、混合体成分分析与浓度的测量。

（6）全数字化

通过微机械加工技术可以制作各种形式的微结构，其固有谐振频率可以设计成某种物理参量（如温度或压力）的单值函数，可以通过检测其谐振频率来检测被测物理量，这是一种谐振式传感器，直接输出数字量（频率）。它的性能极为稳定，精度高，不需 A/D 转换器便能与微处理器方便地接口。去掉 A/D 转换器对于节省芯片面积及简化集成化工艺十分有利。

（7）使用方便，操作简单

智能传感器没有外部连接元件，外接连线数量极少，包括电源线、通信线可以少至 4 条，接线极其简便。智能传感器还可以自动进行整体自校，无须用户长时间地反复多环节调节与校验。智能传感器的智能含量越高，操作使用越简便，用户只需编制简单的使用主程序即可。

3. 混合实现

集成实现智能传感器，技术难度大、成本高、成品率低，在有些场合应用并非必须也非必要，因此，一种更为可行的混合实现智能传感器的方式得到迅速发展。

所谓混合实现智能传感器，是将智能传感器的各个子系统，如敏感单元、信号调理电路、微处理器单元、数字总线接口，以不同的组合方式集成在 2 块或 3 块芯片上，并封装在同一壳体内，实现智能传感器的混合集成，如图 3.5 所示。

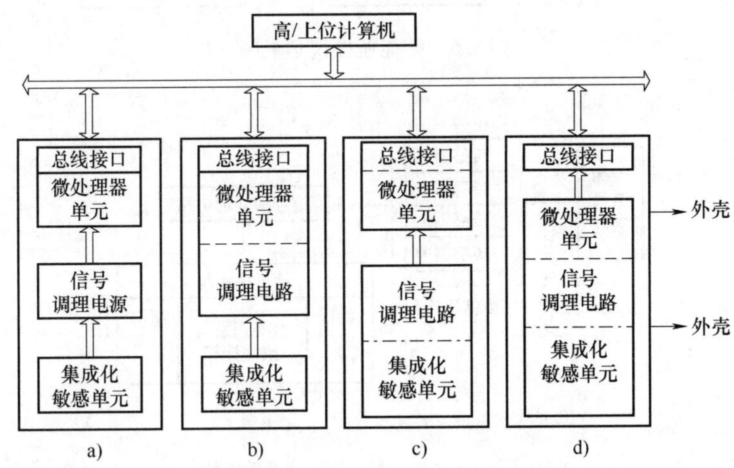

图 3.5 混合集成实现方式

这种方法的优点是技术上容易实现，组合灵活，成品率较高，缺点是子系统之间的匹配不当会引起性能的下降，体积较大，封装结构较复杂。集成化敏感单元包括各种敏感元件，如力敏元件、热敏元件、气敏元件、湿敏元件等，有时还包括变换器。信号调理电路包括多路开关、仪表放大器、基准、A/D 转换器等。微处理器单元包括数字存储器（EPROM、ROM、RAM）、I/O 接口、微处理器、D/A 转换器等。

3.2.2 利用智能材料

利用特殊材料实现的智能传感器一般称为特殊材料型智能传感器。特有的目标材料与传感器材料的结合有利于实现几乎是理想的信号选择性。例如，在生物传感器中酶和微生物对特殊物质具有高选择性，有时甚至能辨别出一个特殊分子，现已广泛使用的血糖传感器（血糖仪）就是酶传感器的一个典型例子，如图 3.6 所示。

另一种化学智能传感器是用具有不同特性和非完全选择性的多重传感器组成。例如“电子鼻”嗅觉系统，由不同的传感材料制成厚膜气体传感器，对各种待测气体有不同的敏感性。这些气体传感器被安装在一个普通的基片上，用于各种气体的传感器的敏感模式辨识。目前还有几种已经发现的对有机和无机气体具有不同敏感性或传导性的材料，都已获得应用。典型的模式被记忆下来，并由专用微处理器辨别。该微处理器采用类似模式识别的分析方法辨别被测气体的类别，然后计算其浓度，再由传感器以不同的幅值显示输出。图 3.7 是“电子鼻”组成原理图。

这种智能气体分析系统可在以下领域中应用：

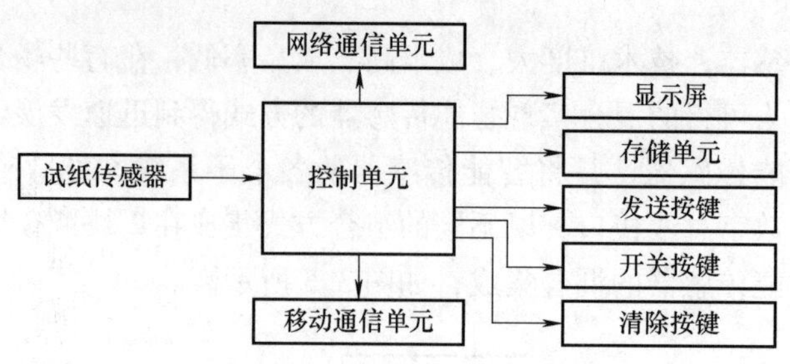

图 3.6 智能血糖仪示意图

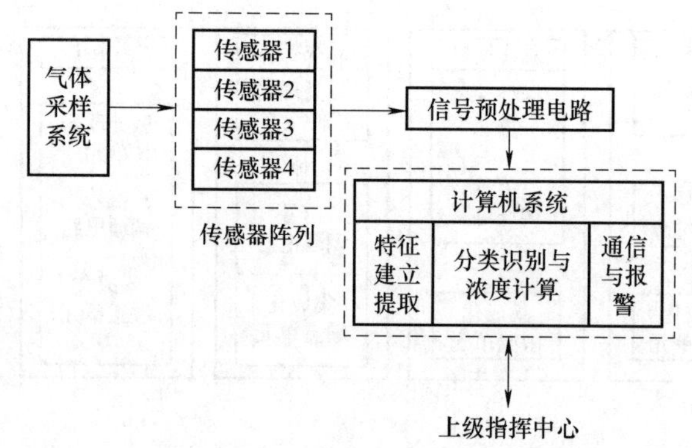

图 3.7 “电子鼻”组成原理图

1）环境监测：现场污染源排放监测、突发事故现场的应急检测、作业场所安全监测和分析、污染气监测和分析。

2）安全防护：毒气检测，公共场所、口岸安全检测，楼宇安全检测，反恐及刑事侦测。

3）石油化工：泄露检测、应急事故快速检测、管道输送及运输检测、油品成分分析。

4）消防领域：发生火灾事故时可以用该仪器快速检测出现场存在的各种有害气体或易燃气体。

5）其他领域：如食品安全、制药行业、疾病预防控制中心、实验室气体分析等多个行业。

3.2.3 利用智能结构

利用智能结构途径实现的智能传感器又称为几何结构型智能传感器。其信号处理功能是通过传感器装置的几何结构或机械结构实现的。比如光波和声波的传播可通过不同媒体间边缘的特殊形状来控制；波的折射和反射可通过反射器的表面形状来控制；望远镜或凹镜就是最简单的应用范例。

摄像头是智能手机中最常见的智能光电转换传感器，拍摄景物时通过镜头，将生成的光学图像投射到感光元件上，然后光学图像被转换成电信号，电信号再经过模数转换变为数字信号，数字信号经过 DSP 加工处理，再被送到手机处理器中进行处理，最终转换成手机屏幕上能够看到的图像。摄像头的成像原理与凸透镜的成像原理相似，当物体在 2 倍焦距以外时可在 1 ~2 倍焦距之间成倒立缩小的实像，所以感光板位于镜头的 1 ~ 2 倍焦距之间。图 3. 8为摄像头光路原理图。

摄像头除了拍照片和视频外还可以结合图像处理技术实现更复杂的功能。例如可使用闪光灯拍摄手指的透光照片用于测量心率。原理是：人的血液中的血氧含量在每次心跳前后是不同的，血氧含量高时血液为鲜红色，氧气被消耗后为暗红色。手机的强光灯照到手指上，摄像头拍到手指颜色周期性的变化，对拍摄到的图像进行处理，从而算出心率。某智能手机测心率软件截图如图 3. 9 所示。

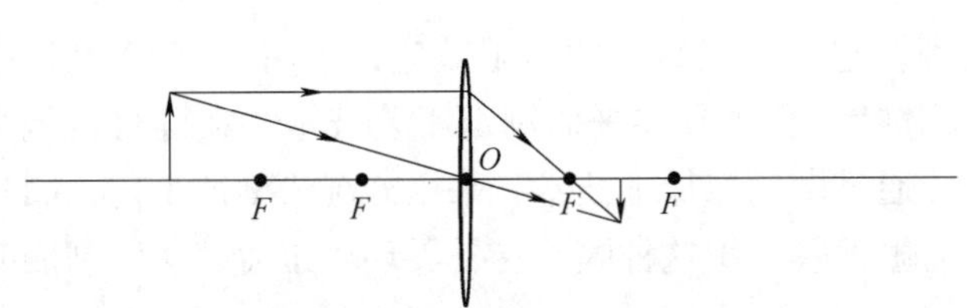

图 3. 8　摄像头光路原理图

图 3. 9　智能手机心率测量软件

3. 3 MEMS 传感器

MEMS 传感器是微机电系统的重要组成部分，是实现微机电系统感知、信号处理的功能器件。如图 3. 10 所示，微机电系统由可感知外部信号（力、光、声、温度、化学等）的敏感元件、传感器、信号转换处理电路、微系统通信接口和执行器几个部分组成。其中传感器、信号转换处理电路、微系统通信接口是 MEMS 传感器的主要功能结构。MEMS 作为智能传感器的代表，是目前智能传感器市场发展的重点。MEMS 将向标准化、柔性化演进。

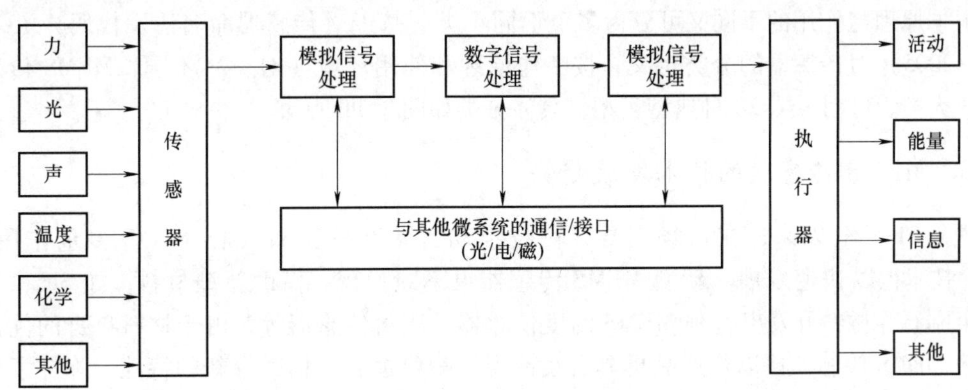

图 3. 10　微机电系统典型结构框图

3.3.1 MEMS 传感器概述

MEMS 传感器是微机电系统的重要组成部分，是采用 MEMS 制造技术，即微电子制造技术和微机械加工技术制造的在材料、制作工艺、基础理论、工作原理、设计方法等方面都完全有别于传统传感器的一种新型微传感器。

MEMS 传感器的工作原理基于 MEMS 传感器制造材料的特殊特性，如半导体硅材料的压阻效应、石英材料的压电效应、磁致伸缩材料的伸缩效应等材料自身的特殊性。MEMS 传感器的制作工艺是结合了当今先进的 IC 微电子加工工艺技术和 MEMS 微机械加工制造工艺实现的。MEMS 传感器的制造是一种源于 IC 半导体平面工艺制作技术并通过对制造材料的微机械加工，制造出可感受压力、温度、磁场、角度、加速度等各种参数的稳定的结构器件（如梁、膜、岛、叉指等单一或复合的结构），从而实现对各环境感知参数进行测试和转换的一种全新的制造方法。

以硅压阻式压力传感器敏感芯片为例，它利用硅材料的压阻效应，采用 IC 平面制造技术，通过氧化扩散、离子注入、蒸镀、刻蚀等 1C 半导体平面制造工艺技术，在硅材料最大压阻效应区内制作应变电阻并组成电桥。通过微机械加工技术，采用硅湿法刻蚀工艺，制备出厚度为微米级的可感受外部压力的压力敏感膜，用这种膜感受外界环境压力，从而制成硅压力传感器核心部件。

硅压阻效应的工作原理如下：当压力敏感膜感受外部压力作用发生形变时，压阻效应区的应变电阻发生变化，在电流的激励下，应变电阻组成的电桥发生输出改变，从而将感受的压力变化转变成可连续输出的电信号，完成压力信号与电信号的转换，从而实现压力测试。在硅压阻式压力传感器敏感芯片制造过程中，电桥的制备采用了 IC 平面制造技术，而感压膜片的形成则采用的 MEMS 硅体微机械加工技术，充分体现了 MEMS 传感器的制造工艺特点。

3.3.2 MEMS 传感器的分类

MEMS 传感器作为传感器大家族中的一分子，虽然门类品种繁多，但分类方式与传统传感器基本相同。根据工作原理，可大致分为物理型、化学型和生物型三类。而在每一类别中，根据原理与作用的不同又可分为多个不同小类。基于《传感器命名法及代码》（GB/T 7666—2005）对传感器的分类定义，按工作原理和使用环境（对象）不同，MEMS 传感器分为 3 大类、11 小类、28 种典型类型，具体分类如图 3.11 所示。

3.3.3 MEMS 传感器的技术发展趋势

进入 21 世纪以来，在市场引导、科技推动、风险投资和政府介入等多重作用下，MEMS 技术得以快速发展。新型 MEMS 传感器也不断涌现。借助新型材料，如 SiC、蓝宝石、金刚石等材料开发出各种 MEMS 温度传感器、压力传感器等。由于材料自身的优良特性，使 MEMS 传感器比以往产品更具有耐高温、耐腐蚀、防辐射等新的特性，弥补了传统 MEMS 传感器在特种环境下工作的不足。纳米管、纳米光纤、光导材料、超导材料和智能材料也将成为制作纳米传感器的材料。以纳米材料制作的新型传感器在光学测量、气体测量、

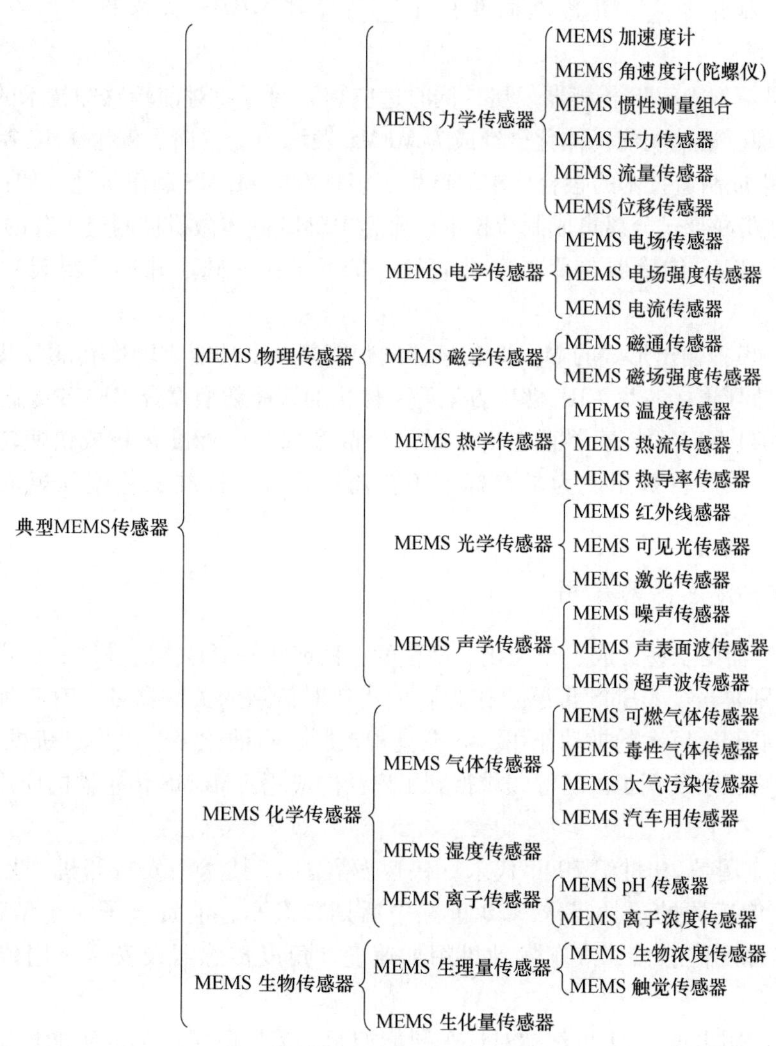

图 3.11 典型 MEMS 传感器分类

生物测量、化学测量等诸多领域填补了传统 MEMS 传感器应用的空白，MEMS 传感器的种类日趋多样化。

借助新的加工技术，使 MEMS 传感器在设计、制作和封装（组装）等多方面实现了体积更小、功耗更低、性能更高、集成度更好。利用专门的 IC 集成设计和工艺，与 CMOS 兼容的 MEMS 传感器芯片制备技术与 CMOS 集成电路控制芯片，制备在同一芯片上的系统集成（SoC）工艺已经实现，从而获得完全集成的带处理信号或通信功能的 MEMS 传感器敏感芯片，即 CMOS + MEMS 集成的 MEMS 传感器敏感芯片。大大降低了 MEMS 传感器制作成本，提高 MEMS 传感器性能。

进入 21 世纪之后，MEMS 传感器已经逐渐形成以下发展趋势：

1）MEMS 已经开始由毫米、微米器件向更微小、更集成方向发展。

2）针对生物医疗、分析仪器等对微流量、微阀门控制等的需求，催生了大量新型非硅 MEMS 制作工艺，并逐渐向非硅工艺与硅基 MEMS 传感器工艺相兼容的方向发展。

3）为满足新型 MEMS 传感器发展，同时适应物联网行业对前端感知技术的要求，感知检测与信号处理、通信功能一体化已经成为 MEMS 发展的主方向。催生了 IC 制造技术与硅 MEMS 传感器集成制造技术的融合要求，产生了多种新的 MEMS 制作工艺，如：MEMS 传感器与 IC 集成电路混合式分离集成制造技术、兼容 MEMS 硅体微机械制造工艺的 POST-CMOS 制造技术、硅 MEMS 传感器芯片与集成电路的 TSV（穿透硅通孔连接封装）堆叠制造技术等。

4）由单一模拟输出形式的 MEMS 传感器向智能复合多功能 MEMS 传感器集成，形成了传感器组合 + 蓝牙连接芯片 + RF 解决方案等一体化的智能新型复合 MEMS 传感器。

5）常规的硅 MEMS 传感器正在由小批量分散型加工向标准化集成快速转换，新兴的 MEMS 传感器代工厂将真正成为具有标准工艺流程设计、标准工艺流程规范的产业化生产线。

3.3.4 MEMS 传感器的应用

MEMS 传感器由于易集成、小型化、高精度、稳定性好等特点，在军、民市场上得到了广泛应用。特别是当今 MEMS 传感器作为新一代获取信息的关键器件，对各种装备的微型化、智能化发展起着巨大的推动作用，并在流程控制、石油化工、电力、机械、航空航天、轨道交通、生物医学及军工国防等领域得到了广泛的应用。MEMS 传感器的应用经历了三个阶段。

第一阶段应用是 20 世纪 70 年代末，快速发展的 IT 技术引发打印机、复印机等电子设备对小型化传感器的迫切需求。20 世纪中后期，汽车、消费电子对小型化、可批产、稳定可靠的温湿度传感器、汽车发动机用加速度、角度传感器及安全车用传感器的大量需求。

第二阶段应用出现在 21 世纪初对汽车智能控制、消费电子产品的智能控制，所需要的小型化、集成度高的 MEMS 传感器以及工业过程控制用高端传感器、变送器的需求，催生了多轴 MEMS 惯性传感器（陀螺仪）、MEMS 加速度计、MEMS 温湿度传感器、MEMS 麦克风等众多用于汽车电子产品和消费电子产品的传感器。如日本横河公司 EJA 系列为代表的工业过程控制用高精度高端 MEMS 传感器，精度优于 ±0.045%，零点可实现 5 年免调校的硅谐振传感器。

第三阶段应用出现在当今，早已融入人们日常生活的物联网、“互联网 +” 对 MEMS 传感器有着极大需求。如网络社会要求的智能交通管理，智慧城市的信息采集与分析控制，人们对智能生活、智能家居、环境检测、生物医疗、可穿戴设备等需求的快速提升，要求大量的可实现人机交流的高集成、高精度、低成本的 MEMS 传感器。

表 3.1 列举了现今在汽车、工业过程控制、生物医疗、信息通信、能源等行业 MEMS 传感器的应用范围和典型器件。

MEMS 传感器的典型应用主要有汽车电子、消费电子和工业过程控制。

表 3.1 典型 MEMS 传感器应用范围及典型器件

应用领域	系统	MEMS 传感器、器件
汽车	安全系统	MEMS 硅加速计，角速度计，微惯性传感器，位移、位置和压力传感器，微阀，硅陀螺仪
	发动机和动力控制系统	硅压阻、硅电容歧管（绝对）压力传感器，胎压计、MEMS 硅胎压监测芯片、ABS 硅压力传感器
	诊断和健康检测系统	压阻型压力传感器，硅微动压力开关
工业过程控制	力学量控制系统	（力学、压力、流体、惯性、角度姿态等）硅压阻、硅电容、硅谐振、陶瓷电容、石英压电、溅射薄膜等压力、压差、绝对压力传感器（变送器）、硅微应变计、多轴硅惯性器件
	环境控制系统	（温湿度、气体等）硅材料、多晶硅材料、薄膜等温湿度、气体传感器（变送器）
	电磁电量控制系统	硅电磁电量、霍尔、多晶硅电磁电量（变送器）
应用领域	系统	MEMS 传感器、器件
生物医疗	临床化验系统	生化分析仪用生物传感器（硅微阀、微通道、微喷管）
	基因分析和遗传诊断系统	硅微镜阵列、电泳微器件
	颅内压力检测系统	硅电容式压力传感器
	微型手术	硅微驱动器
	超声成像系统	微型成像探测器（探头）
	电磁微机电系统	MEMS 硅微磁泳器件、微电磁膜片钳
	人工/仿生器官	电子鼻、植入式微轴血泵
	液体测控系统	微喷、微管路、微腔室、微阀、微泵、微传感器
	药物控释系统	微泵、微注射管阵列、微阀、微针刀、微传感器、微激励器
航空航天	微型惯性导航系统	微陀螺仪、微加速度计、压力微传感器
	空间姿态测定系统	微型太阳和地球传感器、磁强计、推进器
	动力和推进系统	微喷嘴、微喷气发动机、微压力传感器、化学传感器、微推进器、阵列、微开关
	通信和雷达系统	RF（射频）微开关、微镜、微可变电容器、电导谐振器、微光机电系统
	控制和监视系统	热管、微散热器、微热控开关、微磁强计、重力梯度监视器
	微型卫星	微马达、微传感器、微处理器、微型火箭、微控制器等
信息通信	光纤通信系统	光开关、光检测器、光纤耦合器、光调制器、光图像显示器
	无线通信系统	微电感器、微电容器、微开关、微谐振器
能源	微动力系统	微内燃发动机，静电、电磁、超声微电机，微发电机，微涡轮机
	微电池	微燃料电池、微太阳能电池、微锂电池、微核电池

1. 在汽车电子方面的应用

（1）MEMS 压力传感器

MEMS 压力传感器由于体积小、易于集成、稳定性好、可靠性高等特点，同时制作成本低廉，易于大批量生产，成为当今替代传统传感器在汽车上应用最多的微机电产品。大量应用在汽车发动机歧管压力测试及其他压力检测，车用环境尾气检测，车内气体、温湿度检测，汽车气囊安全控制，车用轮胎胎压监控，柴油机共轨油压测试等方面。

（2）MEMS 微加速度计

基于不同的物理效应，MEMS 微加速度计有电容式、压阻式、压电式、隧道电流型、谐振式和热电式等形式。其中电容式 MEMS 微加速度传感器具有灵敏度高、受温度影响极小等特点，主要用于汽车安全气囊系统、防滑系统、汽车导航系统和防盗系统等。在汽车安全气囊系统中，MEMS 加速度计可以安装在不同的地方，用来判断多方位信息，以识别碰撞的方向、类型、重力影响等，并保证气囊系统做出快速反应。在汽车防盗系统中，MEMS 加速度计用来做倾斜计，感测汽车相对地面的倾斜度。当汽车被盗拖动时，加速度计将检测倾斜度的变化从而发出报警。

（3）微机械陀螺

随着各国对汽车安全性能要求越来越高，对汽车稳定性主控系统的监控要求不断提升，汽车微机械陀螺仪的市场增长速度明显高于其他微传感器。微机械陀螺仪主要分为振动式和转子式。振动式微机械陀螺仪利用单晶硅或多晶硅制成的振动质量变化，通过旋转时产生的哥氏效应实现角速度测试；由多晶硅制成的转子式微机械陀螺仪，采用静电悬浮，并通过力再平衡回路测出角速度。振动式微机械陀螺仪在汽车上应用较多，主要用在汽车底盘控制系统、汽车导航的 GPS 信号补偿以及安全主动系统。NEXUS 在 2009 年的市场研究报告就已经指出，在不远的将来，汽车上采用的传感器中大约 1/3 以上都将被 MEMS 传感器所取代，并且汽车越高级，采用的 MEMS 传感器越多。

（4）MEMS 化学传感器

MEMS 化学量传感器现在广泛用于汽车的行驶环境和运行安全参数检测上。常见的 MEMS 化学传感器主要指气体浓度传感器，用来测试汽车系统氧气、二氧化碳、氢气的浓度。其中氧传感器通过检测汽车尾气中的氧含量，根据排气中的氧浓度可以测定汽车燃烧的空气与燃料比值（简称空燃比）。通过测试空燃比并将监测信息向车载微机控制装置发出反馈信号，从而控制汽车空燃比收敛于理论值，使汽车行驶在最佳燃烧控制状态。

（5）MEMS 生物传感器

MEMS 生物传感器包括电化学生物传感器和指纹识别传感器，主要用于系统的个性化舒适控制和防盗系统。考虑到生物传感器具备选择性好、灵敏度高、分析速度快、成本低、能在复杂体系中进行在线连续监测等诸多优点，结合现在的微机电技术以及信息技术，生物传感器朝着智能化、集成化、微型化的方向发展，这些技术特点势必会为生物传感器广泛地应用于汽车产品本身和智能交通管理提供契机。

2. 在消费电子方面的应用

手机是 MEMS 在消费类产品中最大的应用领域。包含 MEMS 麦克风、3D 加速度计、射频（RF）被动与主动组件、相机稳定与 GPS 的陀螺仪、小型燃料电池与生化芯片等，应用最多的传感器是加速度计、陀螺仪与 MEMS 硅麦克风，其中，加速度计是该市场中第一大应用产品，而陀螺仪增长迅速，已经成为继加速度计后的第二大应用产品。

MEMS 麦克风销售额 2015 年已经突破 10 亿美元，美国全球产业资讯关链信息服务供应商 IHS 的研究报告表示，全球 MEMS 麦克风市场仍将连续 5 年维持 18% 的年复合成长率。还有一些 MEMS 传感器是进入市场不久的，如磁力计、指纹传感器、环境传感器、MEMS 手机摄像头等。而 MEMS 传感器在手机应用的数量规模以及多样性仍在快速成长当中。

苹果公司的 iphone6 Plus 手机就使用了加速度计、陀螺仪、电子罗盘、气压计、指纹传感器、接近与环境光传感器、MEMS 麦克风和 Image Sensor 等 MEMS 传感器。

游戏机是运动跟踪和手势识别应用的突出代表，采用了 MEMS 三轴加速度计，能够捕捉到玩家任何细微的动作，使玩家陶醉于真实的游戏体验，通过不同的动作融入游戏中。例如，模仿一场真实的网球赛、一场引人入胜高尔夫球赛、一场紧张的拳击赛或轻松的钓鱼比赛的动作。

高效低价微型 MEMS 传感器彻底改变了人们与移动终端设备的互动方式。在各类移动终端、游戏机、遥控器等设备上，MEMS 传感器可以实现先进的功能，令人心动的界面，用户的手势、碰摸就能够激活相应的功能。加速了电子消费产品的里程碑式的升级换代。

智能穿戴装置是目前最热门的新兴产品，其所使用的感测组件，无论在尺寸、耗电量、感测灵敏度或是组件可靠性上，通常都需要面对更严苛的要求。最成功的组件案例是惯性传感器与 MEMS 麦克风，包括谷歌（Google）、苹果（Apple）、微软（Microsoft）、摩托罗拉（Motorola）等多家知名公司，皆已将此两组件整合在自家的穿戴装置产品内，成为其传感器标准配备。

智能穿戴装置两大功能项目在于量化生活及随身环境安全监测。其所需感测功能大致可包括活动感测、影像感测、环境感测及生理感测四大类别。MEMS 组件在穿戴装置上的应用使系统达到微小化、低功耗、高性能及多功能整合。健身和健康监测是 MEMS 传感器在智能穿戴装置中的代表性的应用。计步表或计步器是利用三轴 MEMS 加速度传感器，在特定的情况下，计步器的传感器能够精确地测定在步行和跑步过程中作用在系统上的加速度，通过处理加速度数据，计步器显示步数和速度，以及在身体运动过程中所消耗掉的热量。

3. 在工业过程控制方面的应用

日本横河（YOKOGAWA）公司研制生产的 EJA 系列压力、差压传感器、变送器，核心敏感元件硅谐振振子采用 MEMS 制造技术在硅材料上制作出两端固支中间悬浮的对称结构——硅材料悬浮振子，并通过单晶硅外延生长技术，在硅材料上将制造好的谐振振子密封在高品质因数的真空腔体内。在外界压力作用下，变形的密封谐振振子在激励源作用时，振子输出频率随外加压力变化导致振子变形，将感受的压力信号转变成频率输出信号，实现压力测试。这种硅谐振体又被称为硅谐振梁敏感元件，如图 3. 12 所示。由于 MEMS 制造技术和半导体外延增长技术可制成完全对称并具有高品质因数的真空密封谐振梁敏感元件，其对外界环境温度影响等可以忽略不计。

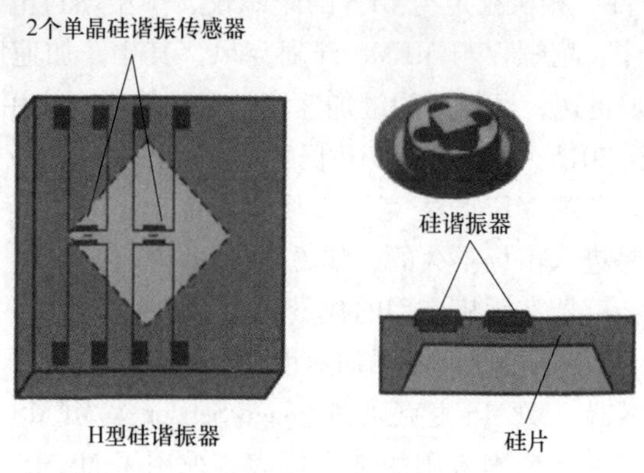

图 3.12　横河 EJA 硅谐振敏感元件

3.4 智能传感器在工业安全中的应用

自智能传感器的概念一提出，就受到了广泛的关注，智能传感器的独特结构与优点吸引着众多研究者不断对其进行开发应用的探索。目前，智能传感器已广泛应用于航天、航空、国防、科技和工农业生产等各个领域。在工业生产中，智能传感器主要应用于生产过程中参数的测控。世界上第一个智能传感器是美国 Honeywell 公司在 1983 年开发的 ST3000 系列智能压力传感器。它具有多参数传感（差压、静压和温度）与智能化的信号调理功能。

3.4.1　智能传感器在汽车电子系统的应用

到目前为止，最成功的智能传感器是规模化生产的为汽车工业开发的智能传感器，它在汽车安全行驶系统、车身系统、智能交通系统等领域的应用已经比较广泛。

1. 汽车超声波智能传感器测距系统

超声波是指振动频率大于 20kHz 的声波。超声和可闻声其实是一样的，它的本质都是机械振动，是能量的一种传播方式。其不同点在于超声频率较高，波长较短，在沿直线传播的特定距离内具有较好的方向性和束射性。超声波智能传感器利用智能传感器、超声波距离模块和单片机一起构成超声波测距系统。汽车运用该系统测量行进方向上障碍物的距离，反馈给控制警报系统，做出报警或自动进行某项预设定操作以保证行车安全。

2. 自动酒精检测传感器系统

新型自动酒精检测传感器主要由半导体处理电路集成而成，该传感器的主体部件为二氧化锡敏感元件构成的微机电系统。在车内环境正常时，传感器检测车内环境氧气的成分并保持特定的阻值。当酒精分子吸附在车内空气中达到一定浓度时，富含酒精的氧气分子会使二氧化锡元件的电阻值特性发生改变，进而引发报警器发出警报。检测电阻的变化情况，就可测出被测者呼气中酒精的浓度，该传感器直径不到 10mm，通过密封可与处理器等元件一起植入汽车方向盘内，可在驾驶员存在酒驾风险时发出安全警报。

3. 智能胎压监测系统

新型智能胎压监测系统主要是在汽车 4 个轮胎上安装智能传感器，实时监测车辆在行驶状态下轮胎的气压状况，并用无线电方式发射到汽车内的接收器中，驾驶员能随时掌握轮胎在行驶中的实时状态，如漏气、温度变化等，在确保汽车行驶安全的同时，还具有降低能源消耗及延长轮胎寿命等功能。

例如，轮胎压力监测系统（TPMS）是用来监测汽车轮胎压力和温度的一种监测系统，TPMS 的组成如图 3. 13 所示。一个 TPMS 有 4 ~ 5 个 RTPM（远程轮胎压力检测）模块；中央监视器接收到 RTPM 模块发射的信号，并将各个轮胎的温度和压力数据显示在屏幕上。如果轮胎的温度或压力出现异常，中央监视器可根据异常情况，发出不同的报警信号，提醒驾驶者采取一定的措施。TPMS 对防止重大交通事故有积极作用，而且随着军队对汽车主动安全性要求的提高，该系统将在民用及军用方面拥有广阔的发展空间。

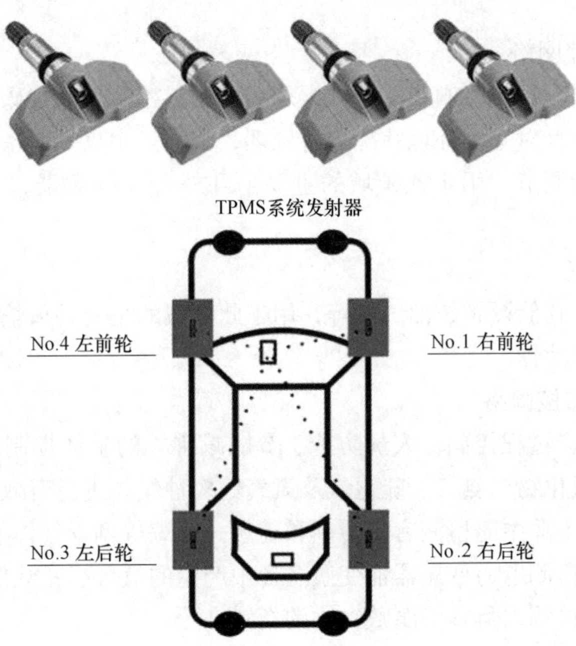

图 3. 13　轮胎压力监测系统

注：每一个系统的发射器上都有标号（No. 1 - No. 4）或位置说明，每个号码都对应一个轮胎位置。

4. 智能雨刷系统

汽车智能雨刷系统是对汽车前挡风玻璃以发光二极管发出感应光束，当有雨滴落入玻璃上的感应区时，感应光束会因玻璃上雨量或湿气含量的变化使其所反射的光线强度发生改变，根据光线强度的变化程度调整雨刷刷动频率；或通过红外线电子雨量传感器感应雨量大小，自动调整雨刷速度使之与汽车车速相适应，减少操作时间，使驾驶更具安全性、方便性。

3. 4. 2　在环境监测方面的应用

在环境监测领域，智能传感器已经有不少典型的应用案例。例如，一种通过微型、快速、超低功耗、芯片级尺度微气体分析仪，能够检测 270 种分析物和干扰物，最低可探测信号小于 1ppt[㊀]，它可实现化学试剂的远程监测，可用于边境预警及传感器网络的构建。据相关报道，美国密歇根大学研究人员正在开发一种便携式可调节的二维微型气体色谱仪，能通过病人呼吸诊断病情。智能气体传感器在环境监测方面的应用主要有以下几种。

1. 民用气体探测网络

（1）家用燃气管网

检测家用天然气、液化石油气和城市煤气等民用燃气在输气管道、家庭厨房中的泄漏，通过联网监控进行整体控制，其控制网络中心分为燃气公司、输气站、居民小区几个层级，并辅以配备有人员定位功能的便携式气体检测仪的巡检人员，组成整体监控网络。用于燃气检测的气体传感器主要有半导体式、催化燃烧式以及用于一氧化碳检测的电化学式气体传感器。

（2）室内环境监控网络

在高档住宅、商务写字楼、酒店和公共娱乐场所用以检测二氧化碳、烟雾、臭氧和挥发性有机物，由控制中心针对室内环境状况进行处理，如通过中央控制室设定控制程序，以空气净化器或排风扇自动调节。用于此领域的主要是红外 CO_2 传感器、电化学传感器和半导体传感器。

（3）火灾报警系统

用于高层建筑物、仓储设施、油气站等，用于此领域的主要是火焰探测器、电化学气体传感器和半导体气体传感器。

2. 工业领域气体监控网络

1）石化工业中生产过程控制、人员防护、节能减排等的整体控制，需要对氧气、二氧化碳、氮氧化物、硫氧化物、氨气、硫化氢及氯气等多种气体进行有效监控。

2）半导体微电子工业中需检测有机溶剂和磷烷、砷烷等剧毒气体。

3）电力工业中需检测电力变压器油变质过程中产生的氢气、乙炔等气体。

4）食品工业中需检测肉类等易腐败食物的新鲜度。

5）汽车和窑炉工业检测空燃比或废气中的氧气，以控制燃烧，实现节能和环保双重目标。

6）公路交通检测驾驶员呼气中乙醇气浓度，防止酒后开车，减少交通事故。

上述各领域均需用到不同种类的气体传感器，并通过智能化处理实现联网，实时监控。

3. 环境检测网络

1）气象部门对于氮的氧化物、硫的氧化物、氢化氢等引起酸雨的气体的检测。

2）环保领域对于二氧化碳、甲烷、一氧化二氮、臭氧、氟利昂等温室效应气体的监测。

3）市政系统对于氨气、硫化氢和其他难闻气体的检测。

上述领域主要是检测低浓度毒性气体，所使用的气体传感器以电化学和红外气体传感器为主。

㊀ $1ppt = 10^{-6}$。

4. 气体传感器在化工、石油、冶金领域的应用

石油化工产业对国民经济有重要影响，整个石化工业领域包括上游的轻油裂解炼油厂、中游的塑料中间原料厂和下游的塑料加工及塑料化工厂等。在上述各类工厂的生产过程中经常会不同程度地产生或排放一些污染性气体，如 H_2S、SO_2、NO_x、VOC、CO、CH_4、NH_3 等。因此，除需使用各种气体传感器来检测这些有害排放气体之外，还将它们用于生产过程的控制、工业安全保障、工艺卫生、环保与污染防治等多个方面，尤其是在生产安全和环境保护方面越来越引起各方面的高度重视。

目前石化工厂已对许多化学物质实施检测，在石化工厂中比较常见的气体传感器有加氢裂解反应工艺过程中检测 H_2 泄漏或 H_2S 排放的气体传感器，锅炉燃烧过程中的 SO_x 和 NO_x 排放及内燃机等的燃烧过程控制中的 O_2 浓度的检测传感器，以及制造工艺所排放的 VOC 的监测等。使用气体传感器可快速准确地检测待测物或排放物的种类与浓度，及时进行生产调控。工业领域里产生的气体主要分为可燃气体和毒性气体两大类，可燃气体检测以催化和红外气体传感器为主，毒性气体检测主要使用电化学传感器。随着气体传感器技术的进步与发展，传感检测法将逐渐取代常规的传统分析方法，并随着检测自动化技术的进步，智能气体传感器的应用必将更加普遍与广泛，使用量也会与日俱增。

冶金行业对气体检测使用最多最广泛的传感器主要集中在钢铁和铝生产方面。我国是全球第一大钢铁生产国。在钢铁、炼铝行业广泛应用的是 CO、SO_2、H_2S、氢化物等气体传感器，主要是监测燃料燃烧状况，提高燃料利用率，节能降耗；监测废气状况，降低污染；同时也检测工业场所气体泄漏，保障生产安全、预防职业病。冶金行业广泛使用的是用于可燃气体检测的智能红外和催化燃烧式传感器，以及用于毒性气体检测的智能电化学气体传感器。

3.4.3 在煤矿安全中的应用

支撑我国经济快速发展的能源产业重点之一的煤炭产业，对各种瓦斯传感器装备的需求数量非常庞大。在煤矿生产中，随着煤层采掘，煤层中往往会涌出矿井瓦斯。它与空气混合，当其体积百分比为3.5%～16%时，遇明火就会发生爆炸，给矿井的安全生产带来巨大的威胁。因此，对瓦斯进行实时监控在矿井通风系统中显得非常重要，要实现瓦斯监控的自动化、智能化，高性能的传感器是不可缺少的。我国是世界最大煤矿安全仪器装备国，也是重要的煤矿安全仪器生产国之一。目前我国重点煤矿各种瓦斯传感器装备数量以百万计，但是安全问题仍然严峻，伤亡人数和财产损失空前巨大。因此国家对煤矿安全要求也越加重视。

在煤矿瓦斯安全监测中，应用基于模糊传感技术的智能传感器不仅可以给出瓦斯量测量结果的测量数值，而且还可以给出测量结构的拟人类语言描述。另外，模糊传感器还可以将领域专家在该测量领域的研究成果与有益经验融入测量过程，从而减少井下复杂环境中非目标参量对测量结果的干扰，提高瓦斯监测系统的可靠性。例如，煤矿井下瓦斯浓度的监测，测得的数值是2%，或是5%，这些数值符号本身是没有意义的，实际上更重要的是确定煤矿井下的瓦斯浓度状态是处于“正常”“危险”还是“很危险”。所以，用模糊的概念就可以比较好的描述这个问题，可以用“危险”“正常”等语言来说明状态，使非专业人士也能明白其含义。将智能模糊传感器应用到煤矿瓦斯监测领域在煤矿安全监测中具有重要的意义。

3.4.4 在航天航空、通信领域的应用

用于制造航天飞机的材料是有使用寿命的，因此 NASA（美国国家航空航天局）经常要检查运载火箭、乘员舱、燃料箱和其他结构件的健康状况。美国斯坦福大学开发了一项专利技术——斯坦福多致动器接收转换（SMART）层。它的工作原理是：传感器产生的电磁波在结构部件中传播电磁波，被其他的传感器接收，最后将数据传输到计算机中进行处理，它提供了一种结构健康监测的实现方法。

智能传感器就像是导弹、火箭、卫星、飞船的神经，遍布于弹、箭、星、船的每一个部位，为航天飞行器的安全飞行和航天员的安全保驾护航。

1. 在航天航空领域的应用

1）监视飞行器各分系统与部件在飞行过程中的工作状态。运载火箭的箭上系统有动力系统（固、液体发动机，燃料储箱，泵，增压系统，管路等）、控制系统、附加系统、推进剂利用系统、遥测系统等。在载人飞行器中则有故障检测与诊断系统、舱内环境控制与生命保障系统、逃逸救生系统、飞船舱外活动（EVA）与再入登陆系统（陆地或水面）。在所有系统中，都离不开仪表传感器对其工作状态进行检测。

2）监视飞行器自身的工作状态与相对位置等运动信息，向载人飞行器的测控系统中的故障检测、环境控制逃逸救生、飞船舱外活动与再入登陆等系统提供有用信息（含生物医学、化学量等）。

2. 在通信领域的应用

智能传感器在通信领域有广泛的应用，如智能手机广泛采用智能图像传感器、指纹识别传感器、智能光电传感器、智能加速度传感器。随着手机向“智能、便利、互联”方向发展，给智能传感器提供了广阔的市场机遇。智能压力传感器与 CAN 控制器和收发器构成智能节点，可实现智能节点通信初始化，实现收发数据程序化。

本章小结

智能传感器是具有信息处理功能的传感器。智能传感器带有微处理机，具有采集、处理、交换信息的能力，传感器集成化与微处理机相结合的产物。与一般传感器相比，智能传感器具有高精度、高可靠性、高信噪比、高自适应性和高性价比的特点。

智能传感器可分别利用计算机合成、特殊功能材料或功能化几何结构三条途径来实现。其中，利用计算合成是目前的主要途径。按传感器与计算机的合成方式，又可将其分为非集成化、集成化和混合实现三种。

MEMS 的全称是微型电子机械系统，它是利用传统的半导体工艺和材料，集微传感器，微执行器、微机械结构、信号处理和控制电路、高性能电子集成器件、接口、通信和电源于一体的机械器件或系统，具有小体积、低成本、集成化等特点。基于 GB/T 7666—2005 对传感器的分类定义，按工作原理和使用环境（对象）不同，可将 MEMS 传感器分为三大类（物理、化学和生物）和 11 小类（力学、电学、磁学、热学、光学、声学、气体、离子、生理量和生化量）。MEMS 让传感器小型化、智能化，在智慧

工业安全时代大有可为，被广泛应用于航天、航空、国防、科技和工农业生产等各个领域。

思 考 题

1. 什么是智能传感器？具有哪些特点？
2. 简述智能传感器的功能。
3. 智能传感器的实现途径有哪些？
4. 简述利用计算机合成智能传感器的途径。
5. 什么是 MEMS 传感器？
6. 例举一些常用的 MEMS 气体传感器。
7. 试论述不同种类智能传感器在安全生产中的应用。

第4章 专家系统

学习目标

- 理解专家系统的内涵及特点
- 了解专家系统的产生及发展
- 掌握专家系统的设计思想与结构
- 掌握专家系统知识获取、表示及推理的方法
- 理解专家系统在保障安全生产中的应用

专家系统（Expert System）是人工智能应用的主要领域。20 世纪 70 年代中期，专家系统的开发获得成功。正如专家系统的先驱费根鲍姆（Feigenbaum）所说：专家系统的力量是从它处理的知识中产生的，而不是从某种形式主义及其使用的参考模式中产生的。这正符合一句名言：知识就是力量。到了 20 世纪 80 年代，专家系统在全世界得到迅速发展和广泛应用。

专家系统实质上是一段计算机程序，它能够以人类专家的水平完成特别困难的某一专业领域的任务。在设计专家系统时，知识工程师的任务就是使计算机尽可能模拟人类专家解决某些实际问题的决策和工作过程，即模仿人类专家如何运用他们的知识和经验来解决所面临问题的方法、技巧和步骤。

4.1 概述

4.1.1 专家系统的概念

专家系统是人工智能应用研究最活跃和最广泛的课题之一。自 1965 年第一个专家系统 DENDRAL 在美国斯坦福大学问世以来，经过 20 年的研究开发，到 80 年代中期，各种专家

系统已遍布各个专业领域，取得很大成功。现在专家系统已得到更为广泛的应用，并在应用开发中得到进一步发展。

专家系统是一个智能计算机程序系统，其内部含有大量的某个领域专家水平的知识与经验，能够利用人类专家的知识和解决问题的方法来处理该领域问题。也就是说，专家系统是一个具有大量的专门知识与经验的程序系统。它应用人工智能技术和计算机技术，根据某领域一个或多个专家提供的知识和经验进行推理和判断，模拟人类专家的决策过程，以解决那些需要人类专家处理的复杂问题。简而言之，专家系统是一种模拟人类专家解决领域问题的计算机程序系统。

4.1.2 专家系统的产生和发展

专家系统是在人工智能的研究过程中产生的一门新兴的学科。

自从 1956 年，人工智能诞生后，研究者们做了大量的工作。人工智能的发展从解决问题方面可以分为三个阶段：一般问题求解、知识表示和搜索、专家系统。在人工智能产生的初期，研究者出于一种朴素的考虑，认为人工智能作为一门学科也应该像数学、物理等学科那样能够有自身的定理定律，这些规律就构成了人类所有智能行为的特点。发现这些规律就可以方便地利用机器模拟人类智能行为，从而解决各种领域的问题。所以，人工智能工作者最初是致力于研究一种通用问题求解区域，试图寻找一般的方法来模仿复杂的思维过程。事实是，尽管取得了一些进展，但没有实质性突破。成果也主要表现在一些具体问题的解决上，如 1956 年美国卡内基梅隆大学教授 A. Newell. J. Shaw 和 H. A. Simon 编制的 LT（Logic Theorist）系统实现定理证明，同年，IBM 公司的 A. L. Samuel 研制的西洋跳棋程序（Checkers）等。到 20 世纪 60 年代初，人工智能的研究便转向较具体的问题上，集中力量开发通用的方法或技术，主要是研究一般的方法来改进知识的表示和搜索，并使用它们来建立专用程序。到 60 年代中期，人工智能工作者已开始认识到，问题求解能力不仅取决于它使用的形式化体系和推理模式，而且取决于它所拥有的知识。1965 年斯坦福大学计算机系的 Feigenbaum 就提出要使程序能够达到很高的性能，以便付诸实际使用，就必须要模仿人类思维规律的解决策略与大量的专门知识相结合。基于这种思想，他与遗传学家 J. Lederberg、物理化学家 C. Djerassi 等人合作研制出了根据化合物的分子式及其质谱数据帮助化学家推断分子结构的计算机程序系统 DENDRAL（1968 年基本完成）。该系统获得极大成功，解决问题的能力已达到专家水平，某些方面甚至超过同领域的化学专家。该系统标志着人工智能研究开始向实际应用阶段过渡，同时也标志着人工智能的一个新的研究领域——专家系统的诞生。

与 DENDRAL 差不多开发的还有数学专家系统 MACSYMA，它是一个帮助人们求解多种数学问题的系统。现在已经能求解包括微积分、解方程和方程组、泰勒级数展开等 600 多种数学问题，因此人们把 DENDRAL、MACSYMA 称为第一代专家系统。总之，第一代专家系统以高度专业化、求解专门问题的能力强为特点，但在体系结构的完整性、可移植性等方面存在缺陷，求解问题的能力弱。

20 世纪 70 年代的中期，MYCIN、PROSPECTOR、HEARSAY 等一批卓有成效的专家系统相继研制成功。人们称这一批专家系统为第二代专家系统。MYCIN 是由美国斯坦福大学

E. H. Shortliffe 等人 1972 年开始研制并于 1974 年完成的一个十分著名的医疗专家系统，其主要任务是帮助内科医生诊断某些传染性血液病并提供治疗方案。MYCIN 的功能较全面，它第一次明确使用了目前在专家系统中较为流行的知识库概念，并使用了不精确推理模型。

PROSPECTOR 系统是一个地质矿床勘探系统，用语义网络表示地质知识，其推理模型采用的是美国斯坦福大学 Duda 等人提出的主观贝叶斯方法，该系统曾于 1982 年发现了美国华盛顿州的一处钼矿，据估计该矿的开采价值超过 1 亿美元。

CASNET 系统是由拉特格尔斯大学的 S. M. Wiss 和 C. A. Kulikowski 等人在 20 世纪 70 年代初期开始研制的，它是一个诊断和治疗青光眼疾病的专家系统。该系统有 3 个独立的模块：观察模块、病例模块和疾病种类模块。CASNET 最早提出把一个专家系统用于多个不同的领域。该系统达到了领域专家的水平。总之，第二代专家系统属单学科专业型、应用型系统，其体系结构较完整，移植性方面也有所改善，而且在系统的人机接口、解释机制、知识获取技术、不确定推理技术、增强专家系统的知识表示和推理方法的启发性、通用性等方面都有所改进。

至 70 年代后期，可以认为专家系统已基本成熟。专家系统的创始人 Fdigenbaum 在 1977 年第五届国际人工智能联合会会议上系统地阐述了专家系统的思想并提出了知识工程的概念，可作为这一时期结束的标志。

1978 年以后，尤其是 80 年代的专家系统突飞猛进、迅速发展的黄金时代。这一时期专家系统发展的特点是：①专家系统应用领域逐渐扩大；②专家系统处理问题的难度也不断加深，并向纵深发展；③知识工程迅速发展；④出现了一批工具系统，大大加快了专家系统建造的速度。总之，第三代专家系统属于多学科综合性系统，采用多种人工智能语言，综合采用各种知识表示方法和多种推理机制及控制策略，并开始运用各种知识工程语言、骨架系统及专家系统开发工具和环境研制大型综合专家系统。

在总结前三代专家系统的设计方法和实现技术基础上，已开始采用大型多专家协作系统、多种知识表示、综合知识库、自组织解题机制、多学科协同解题与并行推理、专家系统工具与环境、人工神经网络知识获取及学习机制等最新人工智能技术来实现具有多知识库、多主体的第四代专家系统。

4.1.3 专家系统的特点和优点

在总体上看，专家系统具有一些共同的特点和优点。

1. 专家系统的特点

（1）启发性

专家系统能运用专家的知识与经验进行推理、判断和决策。世界上的大部分工作和知识都是非数学性的，只有一小部分人类活动是以数学公式或数字计算为核心的（约占 8%）。即使是化学和物理学科，大部分也是靠推理进行思考的，对于生物学、大部分医学和全部法律，情况也是这样。企业管理的思考几乎全靠符号推理而不是数值计算。

（2）透明性

专家系统能够解释本身的推理过程和回答用户提出的问题，以便让用户能够了解推理过程，提高对专家系统的信赖感。例如，一个医疗诊断专家系统诊断某个病人患有肺炎，而且必须用某种抗生素治疗，就像一位医疗专家对病人详细解释病情和治疗方案一样。

(3) 灵活性

专家系统能不断地增长知识，修改原有知识，不断更新。由于这一特点，使得专家系统具有十分广泛的应用领域。

2. 专家系统的优点

近20年来，专家系统获得迅速发展，应用领域越来越广，解决实际问题的能力也越来越强，这是专家系统的优良性能以及对国民经济所起的重大作用所决定的。具体地说，专家系统的优点包括下列几个方面：

1）专家系统能够高效率、准确、周到、迅速和不知疲倦地进行工作。

2）专家系统解决实际问题时不受周围环境的影响，也不可能忘记或遗漏。

3）可以使专家的专长不受时间和空间的限制，以便推广珍贵和稀缺的专家知识与经验。

4）专家系统能够促进各领域的发展，它使各领域专家的专业知识和经验得到总结和精炼，能够广泛而有力地传播专家的知识、经验和能力。

5）专家系统能够汇集和集成多领域专家的知识和经验以及他们协作解决重大问题的能力，拥有更渊博的知识、更丰富的经验和更强的工作能力。

6）军事专家系统的水平是一个国家国防现代化和国防能力的重要标志之一。

7）专家系统的研制和应用，具有巨大的经济效益和社会效益。

8）研究专家系统能够促进整个科学技术的发展。专家系统对人工智能的各个领域的发展起了很大的促进作用，并将对科技、经济、国防、教育、社会和人民生活产生极其深远的影响。

4.2 专家系统的设计思想、结构与类型

4.2.1 专家系统的基本设计思想

人类专家之所以能成为某一领域中的专家，关键就在于他掌握了关于该领域的大量专门知识。在这些知识中，一部分是他从书本上或向他人学来的，但主要的还是他在长期实践中逐渐积累起来的，正是那些在实践中积累起来的经验性知识，才使他在处理问题时比其他人更有效。

计算机要想和专家一样处理问题，首先必须获得知识，然后把它有效地组织和存储起来以便利用。Barr（著名人工智能专家）和 Feigenbaum 就曾精辟地指出："专家系统的性能水平主要是它拥有知识数量和质量的函数。"一个专家系统所知道的知识越多、质量越高，它解决问题的能力就有可能越强。所以专家系统实际上是通过在系统中存储大量与应用领域有关的专门知识来取得高水平的问题求解能力的。这也说明为什么知识在专家系统中才真正占据了主导地位。

一般应用程序是把问题求解的知识隐含地编在程序中，而专家系统则将其应用领域的问题求解中的知识单独分开，组成一个叫知识库的实体。知识库的处理是通过独立于知识库

的、易识别的控制策略来进行的。也就是说，一般的应用程序将其知识组织成两级——数据级和程序级，而大多数专家系统则将知识组织成三级——数据级、知识库级和控制级。

专家系统的主要特征是有一个巨大的知识库，存储着某个专门领域（如医学、化学等）的知识。而系统的控制级，通常表达成某种推理规则。整个系统的工作过程是从知识库出发，通过控制推理，得到所需的结论。

对一般传统的应用程序系统来讲，系统的工作过程是在程序（或数据）的控制下，按规定的步骤逐条执行程序指令的过程。专家系统有所不同，它是在环境控制下的推理过程。它比前者能更及时、更灵活地反映环境的变化。由于专家系统的工作过程是一种推理过程，因此它“理解”自己的行为的目的，“知道”什么是某个步骤的缘由，所以它比传统程序系统具有更高的智能水平。

综合上述，专家系统的基本设计思想就是将知识和控制推理策略分开，形成一个知识库。专家系统在控制推理策略的引导下，利用存储起来的知识分析和处理问题，在解决问题时，用户为系统提供一些已知数据，然后从系统中获得专家水平的结论。

4.2.2 专家系统的结构

专家系统的结构是指专家系统各组成部分的构造方法和组织形式。系统结构的选择是否恰当，与专家系统的适用性和有效性密切相关。选择什么结构最为恰当，要根据系统的应用环境和所执行任务的特点而定。例如，MYCIN 系统的任务是疾病诊断与解释，其问题的特点是需要较小的可能空间、可靠的数据及比较可靠的知识，这就决定了它可以采用穷尽检索解空间和单链推理等较简单的控制方法和系统结构。与此不同，HEARSAY-Ⅱ系统的任务是进行口语理解。这一任务需要检索巨大的可能解空间，数据和知识都不可靠，经常需要猜测才能继续推理等。这些特点决定了 HEARSAY-Ⅱ系统必须采用比 MYCIN 更为复杂的系统结构。

关于专家系统的结构，目前常谈到的有三种：基本结构、一般结构和理想结构。基本结构（图 4.1）比较简单，它只包括知识库和推理机两个主要部分。下面详细介绍后两种结构。

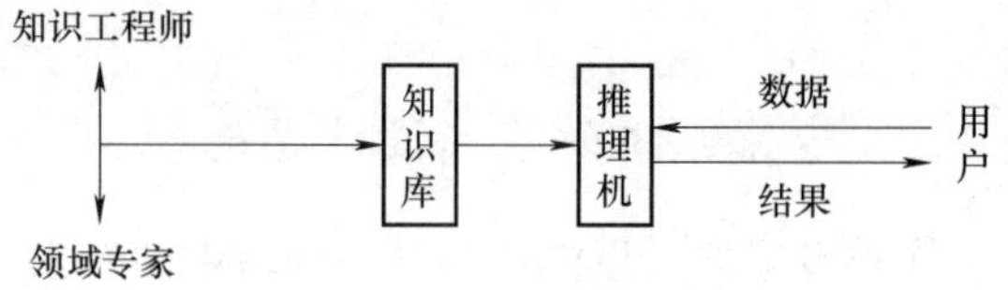

图 4.1　专家系统基本结构

1. 一般结构

专家系统的一般结构是以 MYCIN 系统为代表的基于规则的专家系统结构。它包括六部分：知识库、推理机、综合数据库、人机接口、解释程序和知识获取程序（图 4.2）。基于规则的专家系统是从更一般的计算模型即所谓产生式系统发展起来的。

2. 理想结构

专家系统的理想结构是著名的知识工程和专家系统学者 F. Hayes-Roth、D. A. Waterman 和 D. B. Lenat 等提出的。目前还没有专家系统能包括这个结构的所有部件。此结构的思想是来源于 HEARSAY 系统的黑板控制结构和基本结构的专家系统结构（图 4.3）。

由于每个专家系统所需要完成的任务和特点不同，其系统结构也不尽相同，一般只具有图 4.1 ~ 图 4.3 中的部分模块。

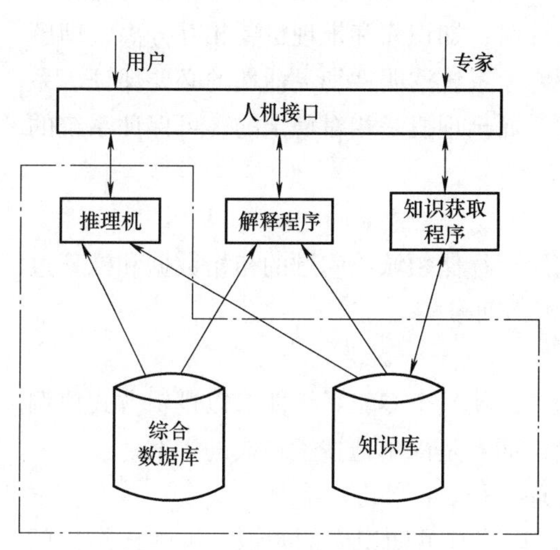

图 4.2　专家系统一般结构

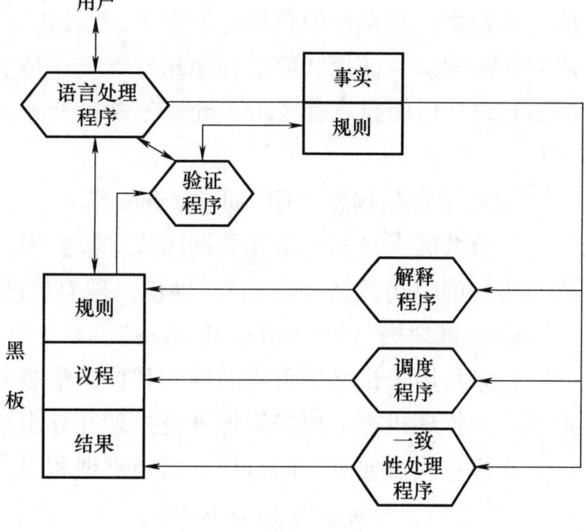

图 4.3　专家系统理想结构

接口是人与系统进行信息交流的媒介，它为用户提供了直观而方便的交互作用手段。接口的功能是识别与解释用户向系统提供的命令、问题和数据等信息，并把这些信息转化为系统的内部表示形式。另一方面，接口也将系统向用户提出的问题、得出的结果和做出的解释以用户易于理解的形式提供给用户。

黑板是用来记录系统推理过程中用到的控制信息、中间假设和中间结果的数据库。它包括计划、议程和中间解三部分。计划记录了当前问题总的处理计划、目标、问题的当前状态和问题背景。议程记录了一些待执行的动作，这些动作大多是由黑板中已有结果与知识库中的规则作用而得到的。中间解区域中存放着当前系统已产生的结果和候选假设。

知识库包括两部分内容。一部分是已知的与当前问题有关的数据信息；另一部分是进行推理时要用到的一般知识和领域知识。这些知识大多以规则、网络和过程等形式表示。

调度器根据系统建造者所给出的控制知识（通常使用优先权办法），从议程中选择一项作为系统下一步要执行的动作。执行器应用知识库中及黑板中记录的信息，执行调度器所选定的动作。协调器的主要作用就是当得到新数据或新假设时，对已得到的结果进行修正，以保持前后结果的一致性。

解释器的功能是向用户解释系统的行为，包括解释结论的正确性及系统输出其他候选解的原因。为完成这一功能通常需要利用黑板中记录的中间结果、中间假设和知识库中的知识。

3. 专家系统的主要组成部分

（1）知识库（knowledge base）

知识库用于存储某领域专家系统的专门知识，包括事实、可行操作与规划等。为了建立知识库，要解决知识获取和知识表示问题。知识获取涉及知识工程师（Knowledge Engineer），要解决如何从领域专家获得专门知识的问题。知识表示则要解决如何让计算机能够理解的形式表达和储存知识的问题。

知识库的建造需要知识工程师和领域专家的密切合作，把领域专家头脑中的知识整理出来，并用专家系统表示知识的方法将其存入知识库。在解决问题时，用户为专家系统提供一些已知数据，从系统中获得专家水平的结论。在设计时，知识库和推理机要相互分离，即解决问题的知识与使用知识的程序相分离，这是实现专家系统透明性和灵活性的必要保证。系统运行时知识库是不稳定的，允许不断扩充知识库；而推理机是相对稳定的，可保证系统的运行。

（2）综合数据库（Global Database）

综合数据库又称为全局数据库或总数据库，它用于存储领域或问题的初始数据和推理过程中得到的中间数据（信息），即被处理对象的一些当前事实。

（3）推理机（Reasoning Machine）

推理机用于记忆所采用的规则和控制策略的程序，使整个专家系统能够以逻辑方式协调地工作。推理机能够根据知识进行推理并导出结论，而不是简单地搜索现成的答案。

推理方式主要有正向推理、反向推理和混合推理三种。

1）正向推理是由原始数据出发，按一定策略，运用有关知识库的知识，推断出结论的方法。由于这种推理方式是从数据到结论，所以也叫数据驱动策略，又叫由底向上策略。

2）反向推理又叫逆向推理，是先提出结论或假设，然后去寻找支持这个结论的证据，证据也称条件。这种由结论到数据的策略，称为目标驱动策略，也叫由顶向下策略。反向推理实现简单，可提高系统的运行效率。

3）混合推理是根据数据库中的原始数据，通过正向推理帮助系统提出假设，然后结合进一步搜集的数据用逆向推理寻找支持假设的证据，如此反复这个过程，就是正反向混合推理。

（4）解释器（Explanator）

解释器能够向用户解释专家系统的行为，包括解释推理结论的正确性以及系统输出其他候选解的原因。

（5）接口（Interface）

接口又称为界面，它能够使系统与用户进行对话，使用户能够输入必要的数据、提出问题和了解推理过程及推理结果等。系统则通过接口，要求用户回答提问，并回答用户提出的问题，进行必要的解释。

4.2.3 专家系统的类型

按照专家系统所求解问题的性质，大致可把它分为下列几种类型。

1. 解释专家系统（Expert System For Interpretation）

解释专家系统的任务是通过对已知信息和数据的分析与解释，确定它们的含义。解释专家系统具有下列特点：

1）系统处理的数据量很大，而且往往是不准确的、有错误的或不完全的。

2）系统能够从不完全的信息中得出解释，并能对数据做出某些假设。

3）系统的推理过程可能很长、很复杂，因而要求系统具有对自身的推理过程做出解释的能力。

作为解释专家系统的例子有语音理解、图像分析、系统监视、化学结构分析和信号解释等。例如，卫星图像（云图等）分析、集成电路分析、DENDRAL 化学结构分析、ELAS 石油测井数据分析、染色体分类、PROSPECTOR 地质勘探数据解释和丘陵找水等实用系统。

2. 预测专家系统（Expert System For Prediction）

预测专家系统的任务是通过对过去和现在已知状况的分析，推断未来可能发生的情况。预测专家系统具有下列特点：

1）系统处理的数据随时间变化，而且可能是不准确和不完全的。

2）系统需要有适应时间变化的动态模型，能够从不完全和不准确的信息中得出预报，并达到快速响应的要求。

预测专家系统的例子有气象预报、军事预测、人口预测、交通预测、经济预测和谷物产量等。例如，恶劣气候（包括暴雨、飓风、冰雹等）预报、战场前景预测和农作物病虫害预报等专家系统。

3. 诊断专家系统（Expert System For Diagnosis）

诊断专家系统的任务是根据观察到的情况（数据）来推断出某个对象机能失常（即故障）的原因。诊断专家系统具有下列特点：

1）能够了解被诊断对象或客体各组成部分的特性以及它们之间的联系。

2）能够区分一种现象及其所掩盖的另一种现象。

3）能够向用户提出测量的数据，并从不确切信息中得出尽可能正确的诊断。

诊断专家系统的例子非常多，有医疗诊断、电子机械和软件故障诊断以及材料失效诊断等。用于抗生素治疗的 MYCIN、肝功能检验的 PUFF、青光眼治疗的 CASNET、内科疾病诊断的 INTERNIST-Ⅰ和血清蛋白诊断等医疗诊断专家系统、计算机故障诊断系统 DART/DASD、火电厂锅炉给水系统故障检测与诊断系统、雷达故障诊断系统以及太空站热力控制系统的故障检测和诊断系统等，都是国内外颇有名气的实例。

4. 设计专家系统（Expert System For Design）

设计专家系统的任务是根据设计要求，求出满足设计问题约束的目标配置。设计专家系统具有如下特点：

1）善于从多方面的约束中得到符合要求的设计结果。

2）系统需要检索较大的可能解空间。

3）善于分析各种子问题，并处理好子问题之间的相互作用。

4）能够试验性地构造出可能设计，并易于对所设计方案进行修改。

5）能够使用已被证明是正确的设计来解释当前新的设计。

设计专家系统涉及电路（如数字电路和集成电路）设计、土木建筑工程设计、计算机结构设计、机械产品设计和生产工艺设计等。比较有影响的设计专家系统有 VAX 计算机结构设计专家系统 R1（XCOM）、花布立体感图案设计和花布印染专家系统、大规模集成电路设计专家系统以及齿轮加工工艺设计专家系统等。

5. 规划专家系统（Expert System For Planning）

规划专家系统的任务在于寻找出某个能够达到给定目标的动作序列或步骤。规划专家系统的特点如下：

1）所要规划的目标可能是动态的或静态的，因而需要对未来动作做出预测。

2）所涉及的问题可能很复杂，因而要求系统能抓住重点，处理好各子目标之间的关系和不确定的数据信息，并通过试验性动作得出可行规划。

规划专家系统可用于机器人规划、交通运输调度、工程项目论证、通信与军事指挥以及农作物施肥方案规划等。比较典型的规划专家系统的例子有军事指挥调度系统、ROPES 机器人规划专家系统、汽车与火车运行调度专家系统以及小麦和水稻施肥专家系统等。

6. 监视专家系统（Expert System For Monitoring）

监视专家系统的任务在于对系统、对象或过程的行为进行不断观察，并把观察到的行为与其应当具有的行为进行比较，以发现异常情况，发出警报。监视专家系统具有下列特点：

1）系统应具有快速反应能力，应在造成事故之前及时发出警报。

2）系统发出的警报要有很高的准确性。只在需要时发警报。

3）系统能够随时间和条件的变化而动态地处理其输入信息。

监视专家系统可用于核电站的安全监视、防空监视与预警、国家财政的监控、传染病疫情监视及农作物病虫害监视与警报等。黏虫测报专家系统是监视专家系统的一个实例。

7. 控制专家系统（Expert System For Control）

控制专家系统的任务是自适应地管理一个受控对象或客体的全面行为，使之满足预期要求。

控制专家系统的特点为：能够解释当前情况，预测未来可能发生的情况，诊断可能发生的问题及其原因，不断修正计划，并控制计划的执行。也就是说，控制专家系统具有解释、预报、诊断、规划和执行等多种功能。

空中交通管制、商业管理、自主机器人控制、作战管理、生产过程控制和生产质量控制等都是控制专家系统的潜在应用方面。例如，已经对海陆空无人驾驶车、生产线调度和产品质量控制等课题进行控制专家系统的研究。

8. 调试专家系统（Expert System For Debugging）

调试专家系统的任务是对失灵的对象给出处理意见和方法。

调试专家系统的特点是同时具有规划、设计、预报和诊断等专家系统的功能。调试专家系统可用于新产品或新系统的调试，也可用于维修及针对被修设备的调整、测量与试验等，在这方面的实例还比较少见。

9. 教学专家系统（Expert System For Instruction）

教学专家系统的任务是根据学生的特点、弱点和基础知识，以最适当的教案和教学方法对学生进行教学和辅导。

教学专家系统的特点为：

1）同时具有诊断和调试等功能。

2）具有良好的人机界面。

已经开发和应用的教学专家系统有 MACSYMA 符号积分与定理证明系统、计算机程序设计语言和物理智能计算机辅助教学系统以及聋哑人语言训练专家系统等。

10. 修理专家系统（Expert System For Repair）

修理专家系统的任务是对发生故障的对象（系统或设备）进行处理，使其恢复正常工作。修理专家系统具有诊断、调试、计划和执行等功能。ACI 电话和有线电视维护修理系统是修理专家系统的一个应用实例。

此外，还有决策专家系统和咨询专家系统等。

4.3 专家系统相关知识

4.3.1 知识表示

知识表示是专家系统研究的一个最基本的问题。为了使计算机具有智能，使它能模拟人类的智能行为，就必须使它具有知识。但是，需要把人类拥有的知识采用适当的模式表示出来，才能存储到计算机中去，这就是用知识表示要解决的问题。正如可以用不同方式来描述同一事物一样，对于同一知识也可以采用不同的表示方法。专家系统中的知识表示就是研究表示知识的原则和有效的表示方法或模式，使知识能够合理地存储在机器中，以便于对知识使用、修改、增加、删除及变换。

目前使用较多的知识表示方法主要有逻辑表示法、产生式表示法、框架表示法、语义网络表示法、本体表示法、过程表示法及面向对象表示法等。

1. 逻辑表示法

逻辑表示法以谓词形式来表示动作的主体、客体，是一种叙述性知识表示方式。利用逻辑公式，人们能描述对象、性质、状况和关系。主要分为命题逻辑和谓词逻辑。

用逻辑表示法主要用于自动定理的证明，而其中谓词逻辑的表示方式与人类自然语言比较接近，适用于自然而精确地表达人类思维和推理的有关知识，是最基本的知识表达方法。

举例：用谓词逻辑表示知识“所有教师都有自己的学生”。

首先定位谓词：TEACHER（x）：表示 x 是教师。

STUDENT（y）：表示 y 是学生。

TEACHES（x，y）：表示 x 是 y 的老师。

此时，该知识可用谓词表示：

该谓词公式可读作：对所有 x，如果 x 是一个教师，那么一定存在一个个体 y，x 是 y 的老师，且 y 是一个学生。

---

2. 产生式表示法

产生式表示法又称规则表示法，表示一种条件-结果形式，是目前应用最多的一种知识表示方法，也是一种比较成熟的表示方法。

产生式表示法适用于表示具有因果关系的知识，其一般形式为：前件→后件，前件为条件，后件为结果，由逻辑运算符 AND、OR、NOT 组成表达式。

3. 框架表示法

框架表示法是以框架理论为基础发展起来的一种结构化的知识表示法。该理论认为人们对现实世界中各种事物的认识都是以一种类似于框架的结构存储在记忆当中的，当面临一个新事物时，就从记忆中找出一个适合的框架，并根据实际情况对其细节加以修改补充，从而形成对当前事物的认识。

框架表示法适用于表达结构性的知识，概念、对象等知识最适用于框架表示。框架还可以表示行为（动作），有些过程性事件或情节也可用框架网络来表示。这是框架系统的表达能力。

举例：

框架名：<诊断规则>

症状1：咳嗽

症状2：发烧

症状3：打喷嚏

infer：<结论>

可信度：0.8

框架名：<结论>

病名：感冒

用药：口服感冒清

服法：每日3次，每次2粒

4. 语义网络表示法

语义网络表示法是通过概念及其语义关系来表示知识的一种网络图，利用节点和“带标记的有向图”，描述时间、概念、状况、动作以及客体之间的关系。语义网络通常由语法、结构、过程和语义4部分组成。

语义网络表示法适用于描述客体之间的关系，如图4.4所示。

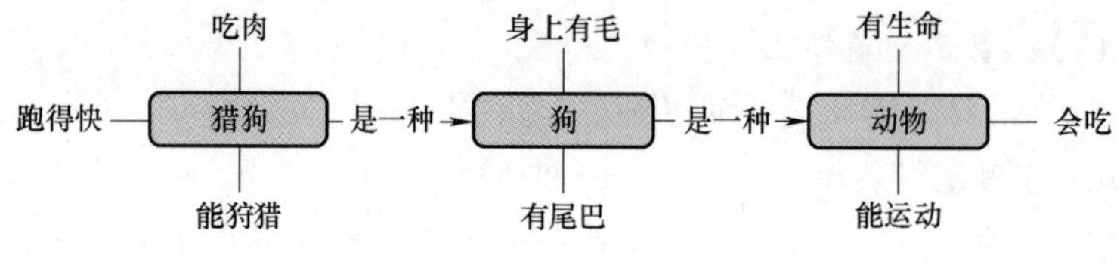

图4.4　语义联系

5. 本体表示法

本体论能够以一种显式、形式化的方式来表示语义，提高异结构系统之间的互操作性，促进知识共享，因而被广泛用于知识表示领域。用本体来表示知识的目的是统一应用领域的概念，构建本体层级体系表示概念之间的语义关系，实现人类、计算机对知识的共享和重用。

本体表示法适用于知识库的知识建模，建立领域本体知识库，用概念对知识进行表示，解释知识之间内在的关系。

6. 过程表示法

过程表示方法将知识的控制性策略均表述为求解问题的过程，称这种观点表示知识的方法为过程性表示方法，或过程表示法。

过程表示法可通过子程序或模块实现。过程表示是将知识包含在若干过程之中。过程是一小段程序，它处理某些特殊事件或特殊状况。每个过程都包含说明客体和事件的知识，以及在说明完好的情况下的运行知识等。

7. 面向对象表示法

面向对象表示法是按照面向对象的程序设计原则组成一种混合知识表示形式，以对象为中心，把对象的属性、动态行为、领域知识和处理方法的有关知识封装在表达对象的结构中。

面向对象表示法适用于按类以一定层次形式进行组织，按类之间通过链实现联系，主要特点表现为继承性、灵活、易于维护，可重用性好等。

举例：

```
Class <类名> [：<超类名>]
    [<类变量名表>]
    Structure
    <对象的静态结构描述>
    Method
    <关于对象的操作定义>
    Restraint
    <限制条件>
End
```

4.3.2 推理技术

为了使计算机具有智能，仅仅使它拥有知识还是不够的，还必须使它具有思维能力，即能运用知识进行推理来求解问题。严格地说，所谓推理就是按某种策略由已知判断推出另一判断的思维过程。实现推理的程序称为推理机。

推理的基本任务是从一种判断推出另一种判断，从新判断出的途径来分类，推理可分为演绎推理、归纳推理及默认推理。

1. 演绎推理

演绎推理是从一般性的前提出发，通过推导即"演绎"，得出具体陈述或个别结论的过程，即由一般性知识推理适合于某一具体情况的结论。这是一种从一般到个别的推理。演绎推理有多种形式，经常用的是三段论式，包括：①大前提，这是已知的一般性知识或假设；②小前提，这是关于所研究的具体情况或个别事实的判断；③结论，这是由大前提推出的适合于小前提的新判断。

举例：①足球运动员的身体都是强壮的；②刘波是一名足球运动员；③所以刘波的身体是强壮的。

这就是一个三段论推理。其中，①是大前提；②是小前提；③是经演绎推出的结论。结论“刘波的身体是强壮的”是蕴含于“足球运动员的身体都是强壮的”这一大前提中的，它没有超出大前提所断定的范围。在任何情况下，由演绎推理导出的结论都是蕴含在大前提的一般性知识之中的。只要大前提和小前提是正确的，由它们推出的结论也必然是正确的。演绎推理是人工智能中的一种重要图例方式，在目前研制成功的各类智能系统中，大多是用演绎推理实现的。

2. 归纳推理

归纳推理是从足够多的实例中归纳出一般性结论的推理过程，是一种从个别到一般的推理。若从归纳时所选事例的广泛性来划分，归纳推理又可分为完全归纳推理与不完全归纳推理。完全归纳推理是指在进行归纳时考察了相应事物的全部对象，并根据这些对象是否都具有某种属性，从而推出这个事物是否具有这个属性。例如，某厂进行产品质量检查，如果对每一件产品都进行了严格检查，并且都是合格的，则推导出结论“该厂生产的产品是合格的”，这就是一个完全归纳推理。不完全归纳推理是指只考察了相应事物的部分对象就得出了结论。例如，检查产品质量时，只是随机地抽查了部分产品，只要它们都合格，就得出“该厂生产的产品是合格的”结论，这就是一个不完全归纳推理。不完全归纳推理推出的结论不具有必然性，属于非必然性推理，而完全归纳推理是必然推理。由于要考察事物的所有对象通常比较困难，因而大多数归纳推理都是不完全归纳推理。归纳推理是人类思维活动中最基本、最常用的一种推理形式，人们在由个别到一般的思维过程中经常要用到它。

3. 默认推理

默认推理又称为缺省推理，它是在知识不完全的情况下假设某些条件已经具备所进行的推理。例如，在条件 A 已成立的情况下，如果没有足够的证据能证明条件 B 不成立，则就默认 B 是成立的，并在此默认的前提下进行推理，推导出某个结论。由于这种推理允许默认某些条件是成立的，这就摆脱了需要知道全部有关事实才能进行推理的要求，使得在知识不完全的情况下也能进行推理。在默认推理过程中，如果某一时刻发现原先所做的默认不正确，则要撤销所做的默认以及由此默认推出的结论，重新按新情况进行推理。

4.3.3 机器知识获取

机器知识获取，也称知识获取或机器学习。知识获取是专家系统、知识工程研究的三个基本的领域之一。由于知识获取是解决机器的知识拥有量的问题，所以它直接影响着问题求解系统或专家的求解水平。

知识获取的途径可以分为两种：一是先由知识工程师通过和领域专家交谈，以及阅读、分析各种资料得到相关领域的各种知识；然后再借助于知识编辑系统把知识输入到计算机中。这种途径实际上就是由知识工程师代替机器去获取知识，然后“传授”给机器，也是最早研制专家系统时知识获取的途径。另一种途径是通过机器自己学习，从处理问题的过程中获得知识、积累知识。有时为了明显起见，也常把第一种途径称为知识获取，而把第二种途径称为机器学习。

知识不仅可从领域专家处获得，而且可以靠知识工程师提供，还可以从程序的动态执行中得到。

1. 领域专家提供

领域专家在提供领域知识的同时，也能够提供某种类型的关于邻域知识的知识，如用于选择规则的策略元知识、用于论证规则的元知识等。

2. 知识工程师提供

知识工程师从两方面提供元知识：

1）通过分析获取领域知识，使得知识工程师熟悉了领域背景，并逐步提出了该领域专家系统的设计方法，包括系统结构、推理机以及知识表示方法。在这个建造专家系统的过程中，知识工程师同时也获得了关于系统的知识，即关于系统结构的知识，关于知识库中领域知识表示特点的知识等。

2）从有长期经验的知识工程师或书本中获取元知识。这些专家能够提供大量的关于建造高性能专家系统方面的元知识。

3. 机器自动归纳

专家系统在运行过程中，可以不断地积累一些关于系统的特性，知识库中知识所具有的特性等元知识。此外，随着机器自动学习功能的深入研究，高级的机器归纳技术将逐步地被应用到专家系统中，是系统本身能够从成功的和失败的决策过程实例分析中自动归纳出关于领域知识的元知识。

机器学习的系统模型可以简单地表示为图 4.5 所示形式。其中，环境向系统提供学习信息；学习元对这些信息进行整理、分析、归纳或类比，生产新的知识元或改进知识库的组织结构；执行元以学习后得到的新知识库为基础，执行一系列任务，并将执行结果报告学习元，以完成对新知识库的评价，指导进一步的学习工作。

目前，机器学习已有许多不同的方法。各种新思想、新方法和新技术不断涌现。这里仅列举一些比较重要的学习方法。

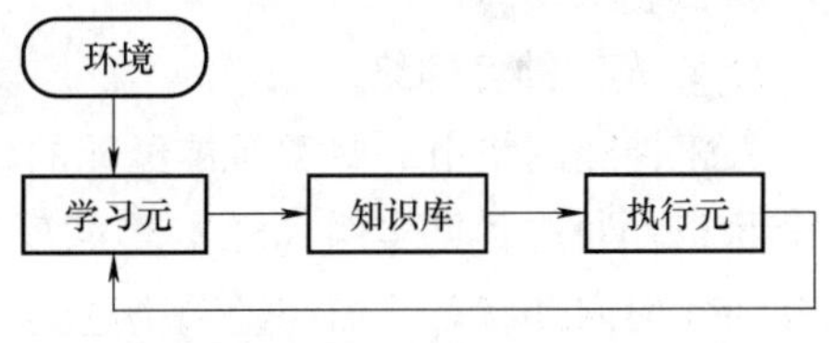

图 4.5 机器学习系统框图

（1）归纳学习

归纳学习旨在从大量的经验数据中归纳抽取出一般的判定规则和模式，是从特殊情况推导出一般规则的学习方法。归纳学习的目标是形成合理的能解释已知事实和预见新事实的一般性结论。例如，通过“麻雀会飞”“燕子会飞”等观察事实，可以归纳得到“鸟会飞”这样的一般结论。归纳学习由于依赖于经验数据，因此又称为经验学习（Empirical Learning），由于归纳依赖于数据间的相似性，所以也称为基于相似性的学习（Similarity Based Learning）。

在机器学习领域，一般将归纳学习问题描述为使用训练实例以引导一般规则的搜索问题。全体可能实例构成实例空间，全体可能的一般规则构成规则空间。基于规则空间和实例空间的学习就是在规则空间中搜索要求的规则，并从实例空间中选出一些示教的例子，以便解决规则空间中某些规则的二义性问题。学习的过程就是完成实例空间和规则空间之间同时、协调的搜索，最终找到要求的规则。

（2）类比学习

类比学习是利用两个不同领域（源域、目标域）中的知识相似性，可以通过类比，从源域的知识（包括相似的特征和其他性质）推导出目标域的相应知识，从而实现学习。类比学习系统可以使一个已有的计算机应用系统转变为适应新的领域，来完成原设计没有的相类似的功能。类比学习需要比上述 3 种学习方式更多的推理。它一般要求先从知识源（源域）中检索出可用的知识，再将其转换成新的形式，用到新的状况（目标域）中去。类比学习在人类科学技术发展史上起着重要作用，许多科学发现就是通过类比得到的。例如著名的卢瑟福类比就是通过将原子结构（目标域）同太阳系（源域）做类比，揭示了原子结构的奥秘。

（3）基于解释的学习

基于解释的学习简称解释学习，是指已知理论和这一理论的一个实例，通过解释为什么这一实例可以用这一理论来求解，从而产生关于待学概念的一个解释。在这一过程中，系统得到启发，从而建立一套求解类似问题的规范。这种先通过演绎解释，然后通过归纳来构造一般原则的学习方法称为基于解释的学习方法。解释学习需要给定目标概念、训练实例、领域知识库、操作准则，来求解训练实例的一般化概念，使之满足目标概念与操作准则。

解释学习的一个重要前提就是领域知识。在领域知识完备的情况下，无须学习便可推理出目标概念，但求出所有情况是困难的，因此通过训练学习可以获取有用知识；在领域知识不完备的情况下，通过训练学习获得近似解释。

（4）遗传算法

遗传算法是借鉴生物遗传机制的一种随机化非线性计算算法。它通过对对象系统第一代群体中的个体不断地进行优胜劣汰的选择与随机性遗传变异来获得对象系统的一个非线性映射模型。这个映射模型就是采用遗传算法对对象系统的第一代群体学习的结果，也是对象系统的知识表示。

（5）人工神经网络

人工神经网络由一些类似神经元的单元及单元间带权的连接弧构成，其中每个单元具有一个状态。通过各类实例（样本）的反复训练，人工神经网络不断调整各连接弧上的权值及神经元的内部状态，当神经网络达到一定的稳定状态后，神经网络就能恰当地反映网络输入模式对输出模式的映射关系，从而达到学习的目的。一个对象系统通过实例训练获得一个稳定权值分布的神经网络，就是这个对象系统的知识表示。

4.3.4 专家系统开发工具

专家系统开发工具很多，但从专家系统的实现途径看大致可划分为四类：即用人工智能系统开发的通用程序设计语言、专用知识表示和处理语言、专家系统外壳和专家系统开发工具箱（环境）。

1. 通用人工智能语言

目前最流行的人工智能语言是 LISP、PROLOG 和 Smalltalk。它们都是适用于实现专家系统的程序设计语言。

LISP 是函数型程序设计语言，具有很强的符号和数据处理能力，其程序有可能随着执行而不断被改进和完善，因而具有一定的自学能力和智能性。

PROLOG 是一种用逻辑来进行程序设计的计算机语言，具有很强的逻辑推理能力，很适合于表达人类的思维和推理规则。这是 PROLOG 语言在人工智能领域与 LISP 一样被广泛应用的原因。

Smalltalk 语言是最有代表性的一种面向对象的程序设计语言，它对知识的描述方式的最大特点是具有很好的模块性，并且接口清晰，便于分工开发和调试。由于面向对象的方法具有众多的优点，近年来越来越受到软件界的重视。

2. 专用知识表示和处理语言

知识的处理虽然也包含着对数据的处理，但主要是符号处理和逻辑处理，使用通用的人工智能程序设计语言来表示知识和处理知识，编程工作量大，需要较高的编程技巧。为解决这些困难和减少工作量，人工智能学者又开发了更专用的知识表示和处理语言，如有代表性的 FRL、OPSS 和 KEE 等，它们为知识表示提供了固定模式，应用很方便。

3. 专家系统外壳

为了减少建造专家系统时的编程工作量，在知识表达、推理或执行方式、解释机构以及学习机构等方面预先形成基本固定的模式，类似于有了一个“空架子”，这个“空架子”就叫作专家系统外壳。专家系统外壳的出现使专家系统的开发经费大幅度降低，开发速度大为提高。

专家系统外壳按其用途可分为 3 类：基于规则的外壳系统、归纳型外壳系统和基于混合知识表示的外壳系统。

4. 专家系统开发工具箱

为了克服上述 3 种开发工具的缺点，软件专家又设计了专家系统开发工具箱。该工具箱给开发者提供的既不仅仅是一个专家系统外壳，也不仅仅是简单的一种开发语言，而是方便灵活、集成组织的、完整的一套工具。在专家系统的整个开发过程中都有较方便使用的工具可供用户选择。

4.4 金属非金属矿山安全评价专家系统

当前金属非金属地下矿山安全现状恶劣，且各金属非金属地下矿山安全生产条件、矿山企业的生产特点不尽相同，而用于安全检查的法律法规与技术标准经常更新，从而导致各矿山安全管理水平参差不齐，金属非金属地下矿山安全技术人员的专业基础差别大，因此，需要借助专业人员的经验与技术来保障矿山生产的安全性，目前矿山安全监管的重要手段之一就是安全评价。

专家系统在金属非金属地下矿山安全评价中的应用具有巨大的发展前景，该专家系统集成了金属非金属地下矿山领域的安全专家的安全技术经验、金属非金属地下矿山安全生产的法律法规、金属非金属地下矿山安全生产的技术标准等信息；集结了人类安全专家从事金属非金属矿山安全评价指标，形成了一个金属非金属地下矿山安全的知识库；模仿人类安全评价专家的评价工作，依据推理机指导金属非金属地下矿山安全生产，使金属非金属地下矿山的安全水平不断提高。该专家系统为金属非金属地下矿山安全监管的智能化发展奠定了重要基础，为直接提高金属非金属地下矿山安全生产能力，减少安全事故的新需求，提供了有力的技术支持。

4.4.1 系统总体设计

金属非金属地下矿山安全评价专家系统的总体设计思路是，采用模糊综合评价原理，运用专家系统的相关技术，以计算机软硬件为实现平台，设计出可用金属非金属地下矿山安全监管的专家系统软件，使其可以逐步取代人类专家从事矿山安全的相关工作。为此，把初始的数据和经过计算生成的中间数据等作为全局数据库，把专家系统进行现场评价所用的法律法规、技术标准等集合成一体作为专家系统的知识库，把完成专家系统进行分析评判和控制整个推导过程的规则等作为推理机，再结合从事金属非金属矿山安全评价的人类专家的经验和习惯，设计出方便智能的人机界面。

1. 知识库设计思路

知识库的内容包括安全法律法规、技术标准、规范性文件、技术措施、安全评价案例等。知识主要来源：国内外有造诣、有威望的安全评价专家从事金属非金属地下矿山安全评价工作的技术经验。

该知识库中，存储了大量的安全规则、用于计算的数据以及安全措施等，为有效实现推理过程存放了大量的逻辑结构。根据地下矿山的安全标准化管理系统的文献资料分析，可将知识库分为以下几个组成部分：金属非金属地下矿山安全评价指标模块知识、金属非金属地下矿山安全评价评语模块知识、金属非金属地下矿山安全评价指标权重模块知识、金属非金属地下矿山安全评价指标隶属度模块知识等。

而且，知识库还可以运用自学习功能对金属非金属矿山的安全知识进行管理，这是数据库所不具备的能力。知识库中的每条规则都是一个推理模式，更新知识库的安全知识，就会唤起对推理模式的“记忆”，如果匹配相应的推理模式，知识库就会按照某个推理模式存储知识，使得知识具有已存在知识的对应关系，这样便完成一个自学习过程。

随着金属非金属矿山安全评价技术的不断更新和发展，会不断改变安全评价指标体系，以使该专家系统的功能增强，效率得到提高。可以不断更新安全指标的权重值、隶属度值、安全整改措施等。

2. 推理机设计思路

推理机是专家系统的核心组成之一。推理机作为专家系统的控制机构，主要是利用知识库的安全规则进行一系列的推理，最终得出安全评价结论。所以推理机的成功与否直接关系到专家系统的性能，在设计推理机时，始终抓住尽可能地模拟人类专家在进行安全评价时的一些推理方式、推理的思维过程等。为此，以金属非金属地下矿山安全评价工作的特点和模糊综合评价原理作为该推理机的设计主线，形成一个高效的模拟人类专家从事金属非金属矿山安全评价工作机制的推理机。该专家系统推理机的推理网络可做如图 4.6 所示的设计。

图 4.6 显示的推理机网络为三层推理结构：

（1）方案层推理

方案层推理就是该推理机的最底层，是利用该专家系统知识库的三级安全评价知识，也就是金属非金属矿山安全评价指标的三级安全评价指标，获取该层安全评价指标的相关数据，如安全评价指标权重值、安全评价指标隶属度等。

(2) 中间层推理

中间层推理主要利用该专家系统知识库的二级安全评价知识，也就是金属非金属矿山安全评价指标的二级安全评价指标，结合方案层通过推理计算获取的二级安全评价指标的隶属度值，来获取金属非金属矿山一级安全评价指标的隶属度值。

(3) 目标层推理

目标层推理也是金属非金属地下矿山安全专家系统推理机的顶层推理，通过知识库搜索并获取该专家系统一级安全评价指标的权重值，并结合有二级、三级安全评价指标，通过逐层推理计算所获取的一级安全评价指标的隶属度值。此层采用正向推理，逐步搜索推理所用证据，最终提出金属非金属地下矿山安全评价方案和整改措施等。

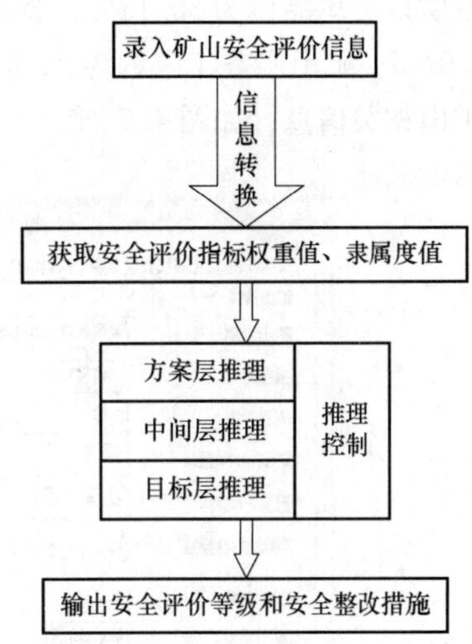

图 4.6　金属非金属地下矿山安全评价专家系统推理机推理网络

4.4.2　系统模型建立

结合金属非金属地下矿山特点，图 4.7 是金属非金属地下矿山安全评价专家系统安全评价的全过程结构。

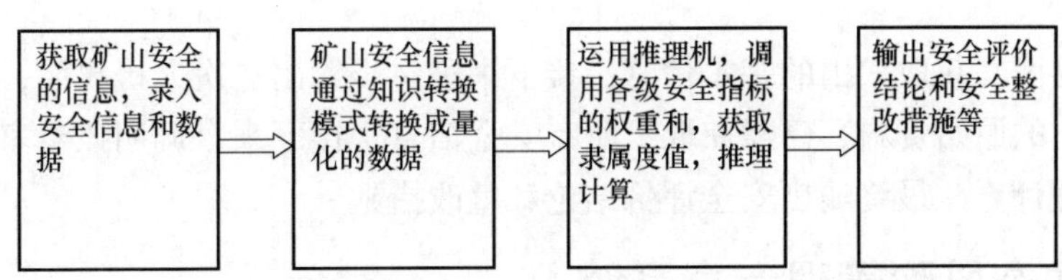

图 4.7　金属非金属地下矿山专家系统安全评价全过程

该专家系统的安全评价过程中，每个步骤都包括各种各样的相关操作，如参数的获取、规则的调用、数据的匹配、数值的计算等。

根据金属非金属地下矿山安全生产的特点，以及评价的目的、任务和要求以及模糊综合评价原理，共同决定了金属非金属地下矿山安全评价专家系统的主要模块由 6 个主要模块构成：安全知识获取模块、安全知识库模块、推理机、解释模块、全局数据库和人机界面模块，模块间的关系如图 4.8 所示。

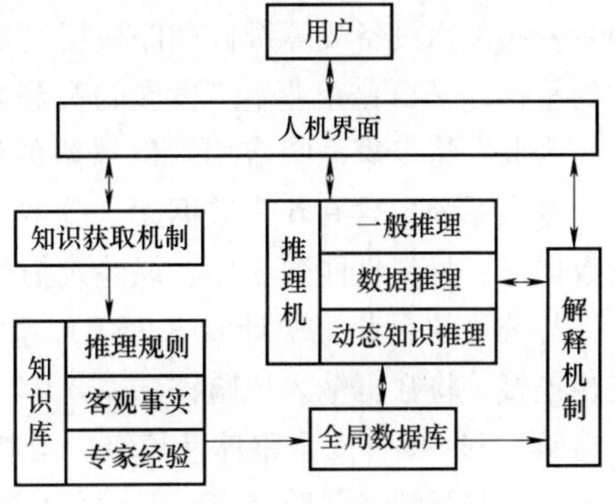

图 4.8　金属非金属地下矿山安全评价系统总体结构图

4.4.3　实例应用

应用金属非金属地下矿山安全评价专家系统对某矿业公司矿石开采过程进行安全评价。开采矿山矿石质量平均品位为30.18%；探明资源储量为999.4万t；规定生产规模为30万t/年，即821.9t/d；矿山服务年限约为22年；矿山每年工作日为300d，每天3班，每班8h。首先获取矿山相关信息，如图4.9所示。

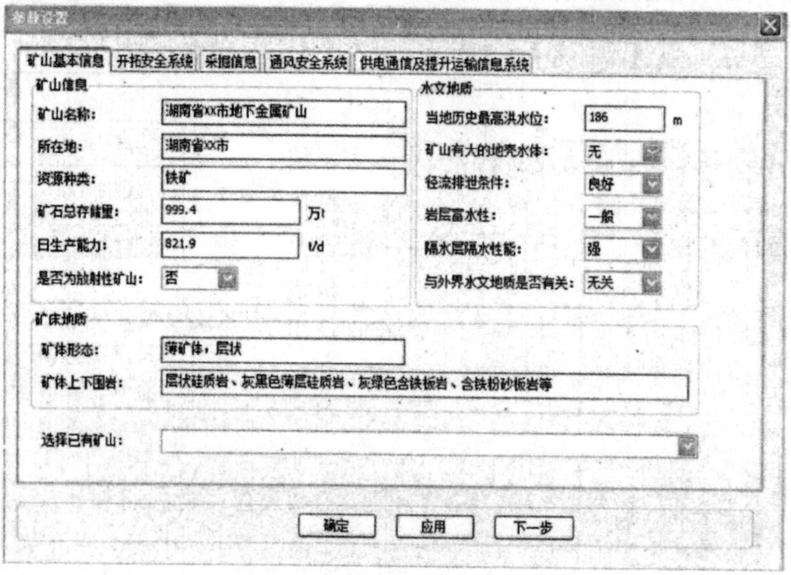

图4.9　矿山基本信息获取界面

通过初次界面，获取矿山的基本信息，接下来进一步输出二次人机界面，获取更多矿山信息。根据矿山的原始资料，已经获取了所有安全信息，接下来，调用该专家系统的数据推理模型进行推理计算，最终输出安全评价结论和整改措施。

4.5　成套装置动态风险管理专家系统

成套装置普遍应用于石油、化工等行业，这些行业在我国国民经济发展中起着举足轻重的作用。传统的设备管理模式造成设备非计划停机次数较多、故障频繁、可靠性和可用性不高等问题，对石化工业安全、环境和经济损失等影响较大。据统计，石化企业中生产成本的30%～40%为设备故障维修和停机损失费。因此如何确保设备本质安全，实现安全性与经济性的平衡，是石化企业生产发展的头等重要的问题。

为此，将专家系统应用到以风险的识别、评价、控制为目的的设备系统安全保障系统中。专家系统包含有6个数据库，分别为检维修历史数据库、设备基本信息数据库、腐蚀监测数据库、材料性能数据库、风险及损伤机理数据库、冲蚀图库。各数据库中的数据通过接口，与公司的企业资源计划（ERP）系统、设备管理（EM）、状态监测系统、腐蚀监测系统相连接。将数据输入风险评估系统中，对静设备、动设备和仪表分别进行RBI（基于风险的检验）和SIL（安全整体性等级）分析，得到它们的风险等级。各级人员能够通过该管理系统实时掌握设备风险状态，及时优化维修任务，为设备维修与安全管理提供决策支持，确保设备运行安全。

4.5.1 系统总体设计

专家系统的框架如图 4.10 所示。成套装置动态风险管理专家系统分为动态风险监控、数据存储、失效模式及损伤机理判别、动态风险评估、风险辅助分析 5 个流程。

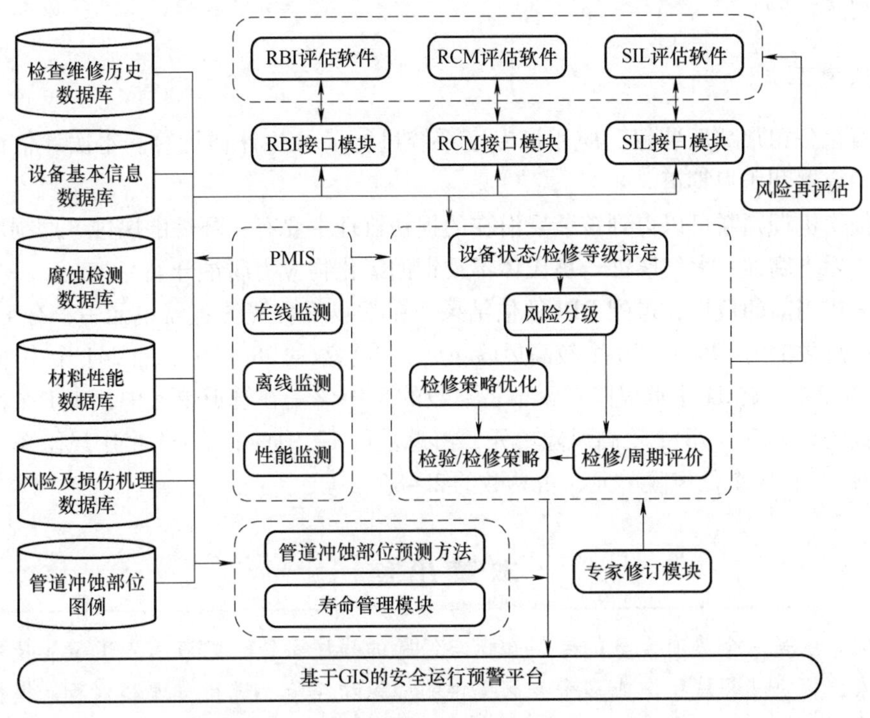

图 4.10 成套装置动态风险管理专家系统框架

1. 流程一：动态风险监控流程

动态风险监控流程主要包括对承压设备的运行数据、工艺数据和腐蚀监测数据等进行监控的一系列过程。

2. 流程二：数据存储流程

数据存储流程用于对系统的各种数据进行存储的一系列过程，主要由静态数据存储单元和动态数据存储单元构成。

3. 流程三：失效模式及损伤机理判别流程

失效模式及损伤机理判别流程主要通过从静态数据存储单元获取历史数据和通过所述动态数据存储单元获取监测数据，并基于获取的承压设备的历史数据和监测数据对承压设备的失效模式及损伤机理进行判别，生成承压设备的失效模式及损伤机理数据，并将所述失效模式及损伤机理数据发送给动态风险评估模块。

4. 流程四：动态风险评估流程

动态风险评估流程基于接收的承压设备的失效模式及损伤机理数据自动计算获得承压设备的风险等级，并将包含承压设备的风险等级的数据发送给动态风险辅助分析模块进行处理，以及发送给动态风险 GIS 展示模块进行展示。

5. 流程五：动态风险辅助分析流程

动态风险辅助分析流程通过数据存储模块获取历史数据、监测数据，并结合承压设备的风险等级数据，对高风险承压设备的剩余寿命进行预测，并对管道冲蚀风险严重部位进行分析，最后将处理后的承压设备剩余寿命数据和冲蚀风险严重的部位发送给动态风险 GIS 模块进行预警展示。

4.5.2 实例应用

对某石化公司常减压装置，应用该专家系统进行了 RBI 评估计算。本次评估计算的对象包括压力容器和压力管道。

通过损伤机理判断可以得到该装置潜在的损伤机理主要有：环烷酸腐蚀、磨损腐蚀、高温硫腐蚀、垢下腐蚀、大气腐蚀、奥氏体不锈钢的氯化物应力腐蚀开裂。

通过采集当前的数据，得到 RBI 评估结果。在常减压装置的容器单元中，有 11 个高风险单元，占总数的 1.82%；170 个较高风险单元，占总数的 28.15%；有 241 个中风险单元，占总数的 39.9%；有 54 个低风险单元，占总数的 8.94%。在管道单元中，有 1 个高风险单元，占总数的 0.17%；78 个较高风险单元，占总数的 12.91%；有 34 个中风险单元，占总数的 5.63%；有 15 个低风险单元，占总数的 2.48%。

本章小结

专家系统是一个具有大量的专门知识与经验的程序系统，它应用人工智能技术和计算机技术，根据某领域一个或多个专家提供的知识和经验，进行推理和判断，模拟人类专家的决策过程，以解决那些需要人类专家处理的复杂问题。简而言之，专家系统是一种模拟人类专家解决领域问题的计算机程序系统。

专家系统的主要特征是一个巨大的知识库，存储着某个专门领域的知识。整个系统的工作过程从知识库出发，在推理规则策略的引导下，利用存储的知识分析和处理问题，然后从系统中获得专家水平的结论。专家系统主要由知识库、综合数据库、推理机、解释器和接口五部分组成。按照所求解问题的性质，专家系统具有多种类型，并已形成商业化软件。

专家系统研究的最基本问题就是知识表示和推理。将人类拥有的知识用适当的模式表示出来，存储到计算机中是知识表示要解决的问题。目前使用较多的知识表示方法主要有：逻辑表示法、产生式表示法、框架表示法、语义网络表示法、本体表示法、过程表示法及面向对象表示法等。所谓推理就是按某种策略由已知判断推出另一判断的思维过程，推理可分为演绎推理、归纳推理和默认推理。

本章最后以金属非金属矿山安全评价专家系统及成套装置动态分析管理专家系统为例说明专家系统是如何在安全生产智能保障中发挥作用的。

思考题

1. 什么是专家系统？

2. 按照专家系统处理问题的类型，专家系统可分为哪几种类型？
3. 简述专家系统的一般特点。
4. 画出专家系统的一般组成框图，说明各组成部分的主要功能。
5. 简述一般的知识表示方法有哪些？
6. 何为推理技术？常用的推理技术有哪些？
7. 简述知识获得途径有哪些？各有什么特点？
8. 何为机器学习？
9. 机器学习有哪些主要的学习方法？简述它们之间的区别。
10. 试论述专家系统如何在各行业实现安全生产保障。

第5章 智能控制

学习目标

- 了解智能控制的发展、特点、三种结构形式及主要应用领域
- 理解智能控制的定义、构成原理及功能
- 掌握模糊控制系统原理、分类、结构及特征
- 掌握专家控制系统概念、原理与结构
- 掌握神经网络控制的基本思想及分类
- 理解智能控制在安全生产中的应用

5.1 概述

智能控制系统是当今国内外自动化学科中一个十分活跃和具有挑战性的领域，又是一门新兴的交叉学科。它与人工智能、自动控制、运筹学、计算机科学、模糊数学、神经网络、进化论、模式识别、信息论、仿生学和认识心理学等有着密切的关系，是相关学科相互结合与渗透的产物。具有广阔的应用前景。目前已用于各种工业自动化、冶金和化工过程控制、电力系统与核电安全运行、航空航天飞行器对接、智能机器人、智能通信网络、智能化仪器仪表及家电行业等领域，并形成一门新的智能自动化学科。

5.1.1 智能控制的基本概念

“智能控制”包含“智能”与“控制”两个关键词。控制一般是自动控制的简称，而自动控制通常指反馈控制。因此，“智能控制”即为“智能反馈控制”。因此，智能控制遵循着反馈制的基本原理，它是基于智能反馈的自动控制。智能控制系统是自动控制系统与智能系统的融合。“智能控制”中的“智能”从何而来？这里的“智能”是“人工智能”的

简称。因此智能只能从计算机模拟人的智能行为中而来。

人脑是一部不寻常的智能机，它能以惊人的高速度解释感觉器官传来的含糊不清的信息。它能感觉到喧闹房间内的窃窃耳语，能够识别出光线暗淡的胡同中的一张面孔，也能识别某项声明中某种隐含意图的内容。最令人佩服的是人脑不需要任何明白的讲授，便能学会创造，使这些技能成为可能的内部表示。

从上面这段对人脑及其感官智能行为的生动描述不难看出，人的智能来自于人脑和人的智能（感觉）——视觉、听觉、嗅觉和触觉。因此，人的智能是通过智能器官在从外界环境及要解决的问题中获取信息、传递信息、综合处理信息、运用知识和经验进行推理决策解决问题过程中表现出来的区别于其他生物的高超的智慧和才能的总和。

人的智能主要集中在大脑，但大脑又是靠眼、耳、鼻、皮肤等智能感觉器官从外界获取信息并传递给大脑，供其记忆、联想、判断、推理、决策等。为了模拟人的智能控制决策行为，就必须通过智能传感器获取被控对象输出的信息，并通过反馈给智能控制器，做出智能控制决策。

研究表明，人脑左半球主要同抽象思维有关，体现有意识的行为，表现为顺序、分析、语言、局部、线性等特点；人脑右半球主要同形象思维有关，具有知觉、直觉，和空间有关，表现为并行、综合、总体、立体等特点。

人类高级行为首先是基于大脑功能的左右分工，随后才能通过分析取得结果，即先由大脑右半球进行形象思维，然后通过左半球进行逻辑思维，再通过胼胝联系并协调两半球思维活动。维纳在研究人与外界相互作用的关系时曾指出，人通过感觉器官感知周围世界，在脑和神经系统中调整获得的信息，经过适当的存储、校正、归纳和选择（处理）等过程进入感应器官反作用于外部世界（输出），同时也通过像运动传感器末梢这类传感器再作用于中枢神经系统，将新接受的信息与原储存的信息结合在一起，影响并指挥将来的行动。

智能控制是一门交叉学科，著名美籍华人傅京逊教授 1971 年首先提出智能控制是人工智能与自动控制的交叉，即二元论。美国普渡大学学者 G. N. Saridis1977 年在此基础上引入运筹学，提出了三元论的智能控制概念，即：

$$IC = AC \cap AI \cap OR$$

式中各子集的含义为：IC 为智能控制（Intelligent Control）；AI 为人工智能（Artificial Intelligence）；AC 为自动控制（Automatic Control）；OR 为运筹学（Operational Research）。图 5.1 所示为基于三元论的智能控制理论。

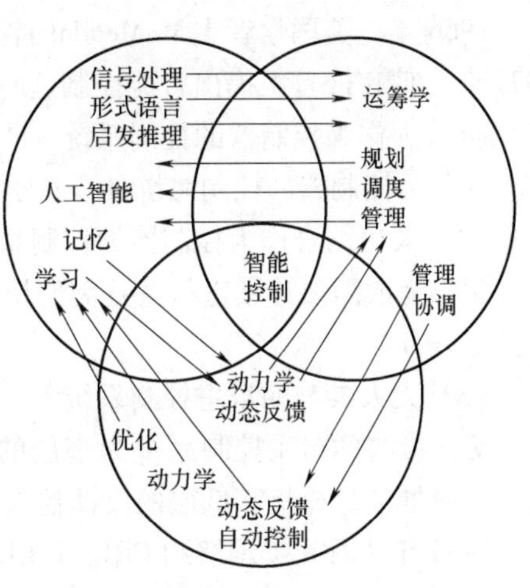

图 5.1 基于三元论的智能控制理论

人工智能（AI）是一个用来模拟人的思维和知识处理的系统，具有记忆、学习、信息处理、形式语言、启发推理等功能。

自动控制（AC）描述系统的动力学特性，是一种动态反馈。

运筹学（OR）是一种定量优化方法，如线性规划、网络规划、调度、管理、优化决策和多目标优化方法等。

三元论除了“智能”与“控制”外，还强调了更高层次控制中调度、规划和管理的作用，为递阶智能控制提供了理论依据。

所谓智能控制，即设计一个控制器（或系统），使之具有学习、抽象、推理、决策等功能，并能根据环境（包括被控对象或被控过程）信息的变化做出适应性反映，从而实现由人来完成的任务。

5.1.2 智能控制的发展过程

自动控制理论是与人类社会发展密切联系的一门学科。自从19世纪英国著名物理学家麦克斯韦（J. C. Maxwell）对具有调速器的蒸汽发动机系统进行线性常微分方程描述及稳定性分析以来，经过20世纪初美国贝尔实验室的Bode、Taylor仪器公司的Nichols以及著名物理学家Nyquist等人的杰出贡献，才形成经典反馈控制的理论基础。二次大战间军事上的需要以及随后工业大发展的要求又使自动控制理论取得了重大进展。这期间的控制理论主要是采用频率法对控制系统进行描述、分析和设计。其中有很多有效的设计方法，如Nyquist图法和根轨迹法等。经典控制理论目前仍然在工业过程控制中发挥着重要的作用，解决了许多控制问题。但对于解决大规模的复杂控制问题仍远远不够。智能控制是自动控制发展的最新阶段，主要用于解决传统控制难以解决的复杂系统的控制问题。控制学科的发展过程如图5.2所示。

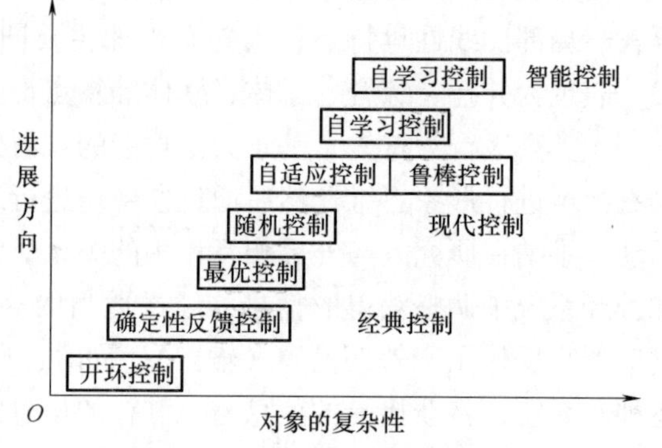

图5.2 控制学科的发展过程

从20世纪60年代起，由于空间技术、计算机技术及人工智能技术的发展，控制学者在研究自组织、自学习控制的基础上，为了提高控制系统的自学习能力，开始注意将人工智能技术与方法应用于控制中。

1966年，美国学者J. M. Mendal首先提出将人工智能技术应用于飞船控制系统的设计；1971年，傅京逊首次提出智能控制这一概念，并归纳了3种类型的智能控制系统。

（1）人作为控制器的控制系统

人作为控制器的控制系统具有自学习、自适应和自组织的功能。

（2）人机结合作为控制器的控制系统

机器完成需要连续进行并且需要快速计算的常规控制任务，人则完成任务分配、决策、监控等任务。

（3）无人参与的自主控制系统

无人参与的自主控制系统为多层的智能控制系统，需要完成问题求解和规划、环境建模、传感器信息分析和低层的反馈控制任务，如自主机器人。

1985年8月在美国纽约PRI、IEEE（电气和电子工程师协会）召开的智能控制专题讨论会，标志着智能控制作为一个新的学科分支正式被控制界公认。从1987年开始，每年都举行一次智能控制国际研讨会，形成智能控制的研究热潮。

20 世纪 80 年代以来，微计算机的高速发展为实用的智能控制器的研制及智能控制系统的开发提供了技术基础。人工智能技术中关于知识表达、推理技术以及专家系统的设计与建造方面的技术进展也为智能控制系统的研究和开发准备了新的条件和途径，出现了专家控制系统并在工业过程控制、航空航天技术和军事决策等方面实际应用，取得了引人注目的应用成果。

5.1.3 智能控制的特点

智能控制系统具有以下基本特点：

1）智能控制系统一般具有以知识表示的非数学广义模型和以数学模型表示的混合控制过程。它适用于含有复杂性、不完全性、模糊性、不确定和不存在已知算法的生产过程。它根据被控动态过程特征辨识，采用开闭环控制和定性与定量控制结合的多模态控制方式。

2）智能控制器具有分层信息处理和决策的结构。它实际上是对人神经结构或专家决策机构的一种模仿。复杂的大系统中，通常采用任务分块、控制分散方式。智能控制核心在高层控制，它对环境或过程进行组织、决策和规划，实现广义求解。要实现此任务需要采用符号信息处理、启发式程序设计、知识表示及自动推理和决策的相关技术，这些问题求解与人脑思维接近。低层控制也属于智能控制系统不可缺少的一部分，一般采用常规控制。

3）智能控制器具有非线性。这是因为人的思维具有非线性，作为模仿人的思维进行决策的智能控制也具有非线性特点。

4）智能控制器具有变结构特点。在控制过程中，根据当前的偏差及偏差变化率的大小和方向，在调整参数得不到满足时，以跃变方式改变控制器的结构，以改善系统的性能。

5）智能控制器具有总体自寻优特点。由于智能控制器具有在线特征辨识、特征记忆和拟人特点，在整个控制过程中计算机在线获取信息和实时处理并给出控制决策，通过不断优化参数和寻找控制器的最佳结构形式，以获取整体最优控制性能。

5.2 智能控制的内涵及系统结构

5.2.1 智能控制的基本原理

为了说明智能控制的基本原理，先来回顾一下经典控制与现代控制系统设计的基本思想。

经典控制理论在设计控制器时，需要根据被控对象的精确数学模型来设计控制器的参数，当不满足控制性能指标时，通过设计校正环节改善系统的性能。因此，经典控制理论适用于单变量，线性时不变或慢时变系统，当被控对象的非线性、时变性严重时，经典控制理论的应用受到了限制。

现代控制理论的控制对象已拓宽为多输入多输出、非线性、时变系统，但它还需要建立精确描述被控对象的状态模型，当对象的动态模型难以建立时，往往采取在线辨识的方法，由于在线辨识复杂非线性对象模型，存在难以实时实现及难以收敛等问题，面对复杂非线性对象的控制难题，现代控制理论也受到了挑战。

上述传统的经典控制、现代控制理论，它们都是基于被控对象精确模型来设计控制器，当模型难以建立或建立起来复杂得难以实现时，这样的传控制理论就无能为力。传统控制系统设计研究的重点是被控对象的精确建模，而智能控制系统设计思想将研究重点由被控对象建模转移为智能控制器。用智能控制器实时逼近被控对象的动态模型，从而实现对复杂对象的控制。实质上，智能控制器是一个万能逼近器，它能以任意精度去逼近任意的非线性函数。或者说，智能控制器是一个通用非线性映射器，它能够实现从输入到输出的任意线性映射。实际上，模糊系统、神经网格和专家系统就是实现万能逼近器（任意非线性映射器）的三种基本形式。

图 5.3 是经典控制和现代控制与智能控制的原理对比示意图，其中经典控制以 PID 控制为例，现代控制以自校正控制为例，智能控制以模糊控制或神经控制为例。

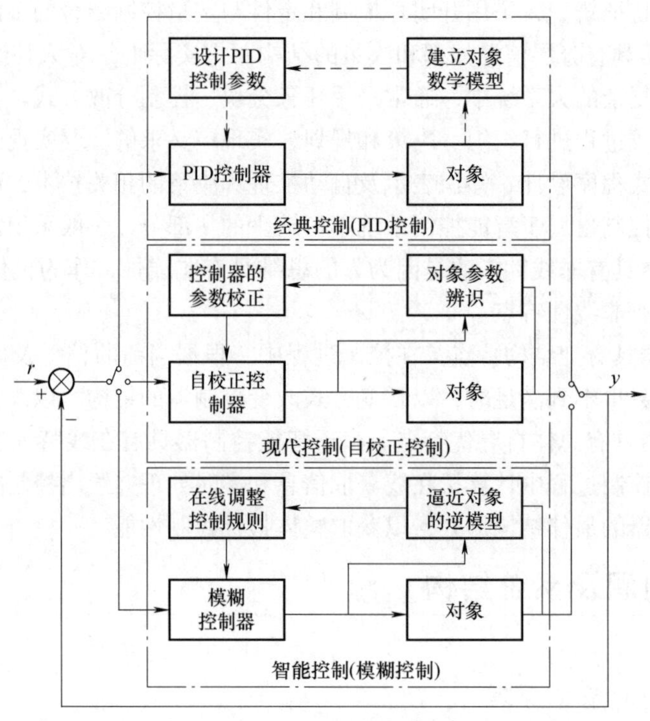

图 5.3　经典控制和现代控制与智能控制的原理对比示意图

5.2.2　智能控制系统的基本功能

智能控制系统的基本功能可概括为以下三点：

(1) 学习功能

系统对一个过程或未知环境所提供的信息进行识别、记忆、学习，并利用积累的经验进一步改善系统的性能，这种功能与人的学习过程相类似。

(2) 适应功能

这种适应能力包括更高层次的含意，除了包括对输入输出自适应估计，还包括故障情况下自修复等功能。

(3) 组织功能

对于复杂任务和分散的传感信息具有自组织和协调功能，使系统具有主动性和灵活性，控制器可在任务要求范围内进行自行决策，主动采取行动。当出现多目标冲突时，在一定限制下，各控制器可以在一定范围内协调自行解决。

根据智能控制系统的上述功能，可以给出智能控制的下述定义：一种控制方式或一个控制系统，如果它具有学习功能，适应功能和组织功能，能够有效地克服被控对象和环境所具有的难以精确建模的高度复杂性和不确定性，并且能够达到所期望的控制目标，那么称这种控制方式为智能控制，称这种控制系统为智能控制系统。

5.2.3　智能控制的基本要素

智能控制应该称为智能信息反馈控制，按照这样的观点，智能控制中的基本要素是智能信息、智能反馈、智能决策。为什么在传统控制的信息、反馈和控制（决策）三要素的前面都冠以“智能”二字，这不是简单的修饰，而是有其深刻的内涵。

信息在智能控制中占有十分重要的地位，信息虽然既不是物质也不是能量，但是它的本质特征是知识的内涵：在这个意义上可以说信息是知识的载体，智能控制系统中专家的直觉、经验等也间接地反映了人的智能，所以可以把智能控制中的有用信息理解为“智能”的载体，这样就比较容易理解智能信息的含义了。

为了获得智能信息，必须进行信息特征的识别，并进行加工和处理，以便获得有用的信息去克服系统的不确定性。

根据获得的智能信息进行控制决策，反馈是不可缺少的重要环节，智能反馈比传统反馈更加灵活机动。它是根据控制系统动态过程的需要，实施加反馈或不加反馈、加负反馈或加正反馈、反馈增强或反馈减弱等措施。这些特征都具有仿人工智能的特点，因此称为智能反馈。

智能决策即指智能控制决策，这种决策方式不限于定性的，还包括定量的，更重要的是采用定性和定量综合集成进行决策，这是一种模仿人脑右半球形象思维和左半球抽象思维综合决策方式，做决策的过程也就是智能推理的过程。此外，从广义上讲，智能决策还包括智能规划等内容。

5.2.4　智能控制系统的结构

智能控制系统的结构可以根据被控对象及环境复杂性和不确定性程度、性能指标要求等具有不同的结构。这里主要介绍三种结构形式，一是基本结构形式；二是从信息角度出发的信息结构形式；三是 Saridis 提出的分级递阶结构形式。

1. 智能控制系统的基本结构

智能控制系统分为智能控制器和外部环境两大部分，如图 5.4 所示。其中智能控制器由六部分组成：智能信息处理识别、数据库、智能规划智能决策、认知学习、控制知识库、智能推理；外部环境由广义被控对象、传感器和执行器组成，还包括外部各种干扰等不确定性因素。

智能控制系统结构比传统控制系统的结构复杂，主要是增加了智能信息获取、智能推理、智能决策等功能，目的在于更有效地克服被控对象及外部环境存在的多种不确定性。

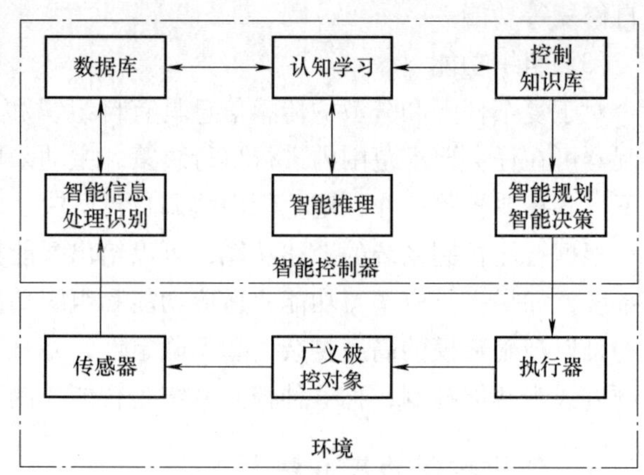

图 5.4　智能控制系统的基本结构

2. 基于广义信息的智能控制系统结构

这种系统的结构主要由语用规划、信息加工策略、语义关系等构成。

语用规划强调信息的效用，通过引入人的经验判断可以大大缩小搜索空间，提高效率。信息加工策略是依据启发式信息推出控制信息，方法是提问系统。首先从推理网络中所有的顶层假设中选出恰当的一个，原则是按照最小熵做出决策，然后提出系统用评价函数为所有以这个假设为结论的规则打分，按最小熵原则确定最优原则。语义关系将推理得到的信息翻译成外部可接受的信息，在根据语法信息转换成符合执行机构量值要求的信息，起到接口的作用。

基于广义信息的智能控制能处理确定性信息并运用人的经验知识进行启发式推理，体现了解析运算与知识推理的统一。

3. 基于信息论的递阶智能控制结构

智能控制对象（过程）一般都比较复杂，尤其是对于大的复杂系统，通常采用分级递阶结构形式。

1977 年 Saridis 以机器人控制问题为背景提出了智能控制系统的三级递阶的结构形式，如图 5.5 所示，三级递阶结构分别是组织级、协调级和执行级。

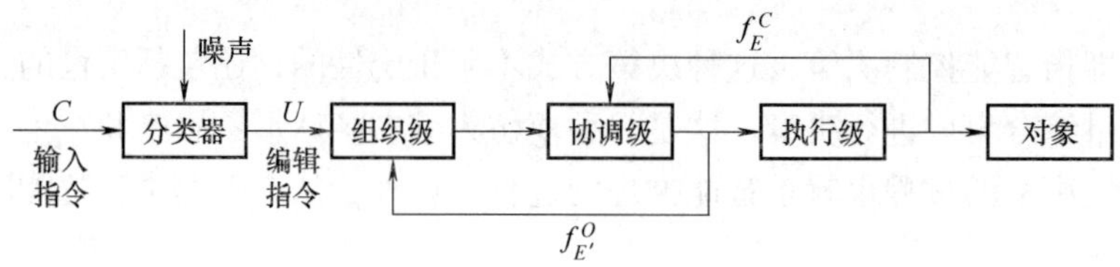

图 5.5　智能控制的递阶系统

（1）组织级

组织级是智能控制系统的最高智能级，其功能为推理、规划、决策和长期记忆信息的交换，以及通过外界环境信息和下级反馈信息进行学习等。实际上组织级也可以认为是知识推理和管理，其主要步骤是由论域构成，按照组织级中的顺序定义。给每个活动指定概率函数，并计算相应的熵，决定动作序列。

（2）协调级

协调级是作为组织级和执行之间的接口，其功能是根据组织级提供的指令信息进行任务协调。协调级是将组织级信息分配到下面的执行级，它基于短期存储器完成子任务协调、学习和决策，为控制级指定结束条件和函数，并将反馈通信给组织级。

（3）执行级

执行级是系统的最低一级。本级由多个硬件控制器构成，要求具有很高的精度，通常使用传统的控制理论与方法。

5.3 典型智能控制系统设计方法

下面依据智能控制的三种基本形式，介绍其系统的设计方法。

5.3.1 基于模糊推理计算的智能控制系统

模糊控制是模拟大脑左半球模糊逻辑推理功能的智能控制形式，它通过“若…则…”等规则形式表现人的经验、知识，在符号水平上模拟智能，这样符号的最基本形式就是描述模糊概念的模糊集合。

模糊控制在一定程度上模仿了人的控制，不需要有准确的控制对象模型。例如，一个操作员通过观察仪表显示对过程进行控制，仪表显示反映了过程的输出量。当操作员通过仪表观察到输出量发生变化时，他根据所积累的知识和操作经验做出决策，并采取相应的控制动作。这是一个从过程变化到控制行动之间的映射关系。这个映射是通过操作员的决策来实现的，这个决策过程并不是通过精确的定量计算，而是依靠定性或模糊的知识。例如，若控制的过程是水箱中的水温，检测仪表给出的是精确量，譬如 80℃，操作员将这个精确量转化为头脑中的概念量，比方说“温度偏高”，他使用这个概念与头脑中已有的控制经验和模式相匹配，得到“温度偏高应该加入较多冷却水”的推断，进而操作员需将“加入较多冷却水”这个模糊概念给出定量解释，譬如说加入冷却水的流量应为 $10m^3/h$，然后按此定量值控制执行装置，从而完成了整个控制过程的一个循环，这里采用了一种模糊的控制方法，其中包括了人的智能行为。显然人不是按照某种控制算法加以精确的计算。本节所介绍的模糊控制就是模仿上述人的控制过程。

1. 模糊控制的诞生与发展

1965 年美国的伯克利加州大学教授扎德发表了著名的论文《模糊集合论》，提出了模糊性问题，给出了其定量的描述方法，从而模糊数学诞生了。模糊数学不是使数学变得模模糊糊，而是让数学进入模糊现象这个客观的世界，用数学的方法去描述模糊现象，揭示模糊现象的本质和规律，模糊数学在经典数学和充满模糊的现实世界之间架起了一座桥梁。

美国著名学者教授 L. A. Zadeh 于 1965 年首先提出模糊控制理论，它是以模糊数学为基础，用语言规则表示方法和先进的计算机技术，运用模糊推理进行决策的一种高级控制策略。1974 年，英国伦敦大学教授 E. H. Mamdani 研制出第一个模糊控制器，并将其应用于锅炉和蒸汽机的控制，在实验室获得成功。这一开拓性的工作标志着模糊控制论的诞生，也充分展示了模糊控制技术的良好应用前景。

E. H. Mamdani 成功实现对发动机组模糊控制之后，模糊控制如雨后春笋般迅速发展起来。1980 年，丹麦对水泥生产炉进行模糊控制获得成功。1983 年，美国加州决策产业公司推出模糊处理的决策支持系统，并在饭店管理和 VAX 超级小型机管理方面取得成功。1985

年有关学者开始研究自动导航的模糊控制器，并取得了良好的性能。在宇航领域，NASA 的约翰逊宇航中心在控制无人飞行器对接的原型系统利用了模糊控制器，经过仿真试验表明，利用模糊控制器比利用库里斯普控制规则控制器的性能高出 20% 以上。1989 年 4 月，日本成立了国际模糊工程演技所，作为政府、工业界与高等学校协同合作科研的机构。从 1989 年开始，投资 50 亿日元，进行模糊控制产品系列开发，参加的企业有 48 家。1990 年松下公司制造出模糊控制全自动洗衣机产品。1992 年三菱公司开发了汽车模糊控制多用途系统。21 世纪以来，模糊控制在空调、电冰箱等家电产品、炉窑等工业过程控制以及运载工具等方面都获得了广泛的应用。

2. 模糊控制的原理

模糊控制的基本思想是把人类专家对特定的被控对象或过程的控制策略总结成一系列以“if（条件）then（作用）”产生式形式表示的控制规则，通过模糊推理得到控制作用集，作用于被控对象或过程。控制作用集为一组条件语句，状态条件和控制作用均为一组被量化了的模糊语言集，如“正大”“负大”“高”“低”“正常”等。它们共同构成控制过程的模糊算法。

图 5.6 为模糊控制的基本原理框图。它的核心部分为模糊控制器，模糊控制器的控制律由计算机的程序实现。实现一步模糊控制算法的过程描述如下：计算机经中断采样获取被控制量的精确值，然后将此量与给定值比较，得到误差信号 E，一般选误差信号 E 作为模糊控制器的一个输入量。把误差信号 E 的精确量进行模糊化，变成模糊量。误差 E 的模糊量可用相应的模糊语言表示，得到误差 E 的模糊语言集合的一个子集 e（e 是一个模糊矢量），再由 e 和模糊关系 R 根据推理的合成规则进行模糊决策，得到模糊控制量 u，即：

$$u = eR$$

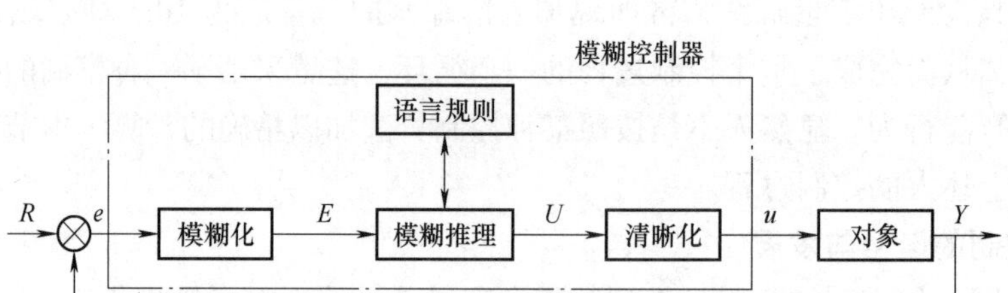

图 5.6　模糊控制基本原理框图

由图 5.6 可知，模糊控制系统与通常的计算机数字控制系统的主要差别是采用了模糊控制器。模糊控制器是模糊控制系统的核心，一个模糊控制系统的性能优劣，主要取决于模糊控制器的结构、所采用的模糊规则、合成推理算法及模糊决策的方法等因素。模糊控制器的基本组成如图 5.7 所示，包括模糊化接口、规则库、模糊推理、清晰化接口等部分。各部分具体工作原理介绍如下：

(1) 模糊化接口

模糊化是将模糊控制器输入量的确定值转换为相应模糊语言变量值的过程，此相应语言变量均有对应的隶属度来定义。

若以偏差 e 为输入，通过模糊化处理，用模糊语言变量来描述偏差，若以 $T(E)$ 记做语言的集合，则有：

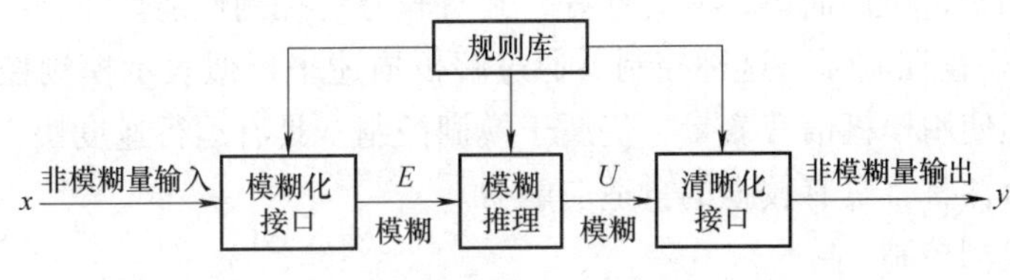

图 5.7 模糊控制器组成

$$T(E)=\{负大,负中,负小,零,正小,正中,正大\}$$

模糊化的第二个任务是输入对应语言变量的隶属度。语言变量的隶属函数有两种表示方式：离散方式和连续方式。离散方式是只取论域中的离散点（整数值）及这些点的隶属度来描述一个语言变量。连续方式将隶属度表示成论域变量的连续函数，最常见的函数形式有三角形、正态型、梯形等。

（2）规则库

规则库是由若干条模糊语言控制规则组成的，这些控制规则可以来自于现场操作人员或专家等，是对过程操作的经验性总结，规则库中的控制规则可以以语言规则形式给出。用语言规则形式描述的规则库的格式为："if（条件）then（作用）"。条件可以是多个条件的组合，作用也可以不唯一。

（3）模糊推理

利用模糊推理，可以由输入的模糊集合得到输出的模糊集合。推理是从一些模糊前提条件推导出某一结论，这种结论可能存在模糊和确定两种情况。目前模糊推理有十几种方法，大致分为直接法和间接法两大类。通常把隶属函数的隶属度值视为真值进行推理的方法是直接推理法。其中最常用的是 Mamdani 和 Max-Min 的合成法。

（4）清晰化接口

清晰化又称去模糊和解模糊。根据规则经过推理得到的是模糊集合（单点集合除外）。它仍然无法被执行机构识别和执行。因此需要将模糊集合变成清晰值，这个过程称为清晰化。清晰化的方法很多，其中最简单的一种是最大隶属度法。

3. 模糊控制的特点及其分类

模糊控制与常规控制方法相比具有以下优点：

1）模糊控制完全是在操作人员控制经验的基础上实现对系统的控制，无须建立数学模型，是解决不确定性系统的一种有效途径。

2）模糊控制具有较强的鲁棒性，被控对象参数的变化对模糊控制的影响不明显，可用于非线性、时变、时滞系统的控制。

3）由离线计算得到控制查询表，提高了控制系统的实时性。

4）控制的机理符合人们对过程控制作用的直观描述和思维逻辑。

根据模糊控制器的原理、结构及其应用情况，可归纳为四类：

（1）Mamdani 型经典模糊控制器

1）在线推理式模糊控制。在控制过程中直接记型模糊推理，模糊控制规则，隶属函数等参数设计灵活，但在线推理速度一般难以满足实时控制的需要。

2）查询式模糊控制器。采用离线模糊推理获得控制表，供在线控制实时查询，这种模糊控制规则不易调整，使用简单，实时性好，具有较好的控制性能。

3）解析形式模糊控制器。这种控制器通过解析描述来近似表示模糊控制规则，虽然规则是解析描述，但使用模糊语言变量，仍属于模糊控制。具有运行速度快，控制规则通过引入加权因子便于自调整，具有较强的自适应能力。

（2）T-S 型模糊控制

T-S 型模糊控制是由 T-S 模糊模型构成的一种描述动态系统的模糊关系模型。这种 T-S 型模糊关系模型既可以作为被控动态的过程模型，又可以作为 T-S 型模糊控制器。

（3）模糊 PID 控制

PID 控制是控制领域应用最广泛的控制形式，为提高传统 PID 控制的适应能力，采用模糊逻辑推理优化 PID 控制参数，即所谓的模糊 PID 控制。这类复合控制形式是模糊控制与经典控制相结合的典型代表。

（4）自适应模糊控制

自适应模糊控制是在基本模糊控制器基础上增加了自适应机构，该机构实现对基本模糊控制自身控制性能的负反馈控制，自适应地调整和改善控制器的性能。自适应模糊控制分为直接自适应模糊控制和间接自适应模糊控制两种形式。

5.3.2 专家智能控制系统

1. 专家控制系统介绍

专家系统是人工智能应用领域最成功的分支之一，始于20世纪60年代中期。随着应用的不断成功，专家系统技术越来越受到人们的重视。80年代，专家系统的概念和方法被引入控制领域，促进了专家控制系统的研究和应用，它在控制领域的应用已涉及控制系统辅助设计、分析和专家控制等方法。这实际上可以视为利用计算机通过模拟人的经验来实现对复杂系统的控制。

专家控制作为智能控制的一个重要分支，最早由海斯-罗思（Hayes Roth）等在1983年提出。他们指出，专家控制系统的全部行为能被自适应支配，为此该控制系统必须能够重复解释当前状况，预测未来行为，诊断出现问题的原因，制定补救规则，并监控规划的执行，确保成功。研究专家控制系统的突出代表首推瑞典学者 K. J. Astrom，他于1983年发表论文，明确建立了将专家系统引入自动控制的思想，随后开展了原型系统的实验。1986年，他在另一篇论文中以实例说明智能控制，正式提出了“专家控制”的概念，标志着“专家控制”作为一个学科的正式创立。

2. 专家控制系统的结构

专家控制器是构成专家控制系统的核心单元，这里讲的专家控制器指的是狭义的专家控制器，是构成直接专家系统的控制器或间接专家控制系统的控制器的专家控制部分。专家控制器主要包括信息获取、知识库、推理机、数据库、学习机以及解释环节等，如图5.8所示。

（1）数据库

数据库由事实、经验数据、经验公式等构成。事实包括被控对象的有关知识，如结构、类型以及特征等。经验数据，包括被控对象的参数变化范围、传感元件的特征数据、执行机构的参数、报警阈值，以及控制系统的静、动性能指标。

(2) 知识库

知识库是专家控制器的重要组成部分，基于产生式规则的控制系统，知识库可以称为控制规则库。控制专家根据对控制对象的特点及其控制调试的经验，用产生式规则、模糊关系式及解析形式等多种方法来描述被控对象的特征，形成若干行之有效的控制规则集。

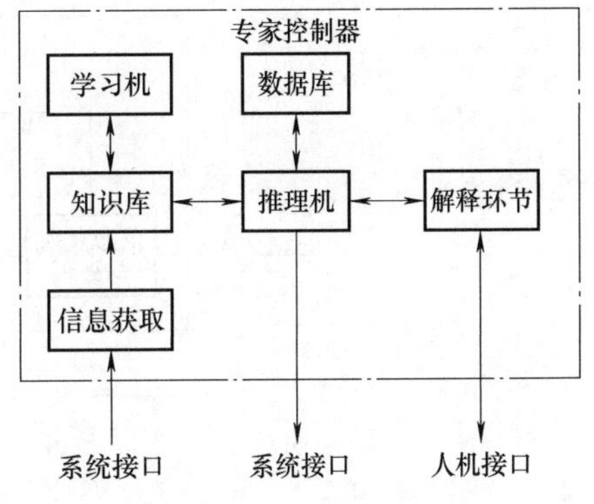

图5.8 专家控制器的组成

(3) 推理机

推理机是专家控制器的核心环节，用来指挥、调度、协调专家控制器的各个环节工作，并根据当前系统的数据信息，采用一定的搜索策略算法，基于知识库中的事实或规则，推理得到专家确定的控制方案和控制结果。推理机的程序编写，推理机的推理方式和搜索策略的效率直接影响专家控制系统的实时性和控制领域专家的控制思想的体现。

(4) 解释机制

解释机制环节是专家控制系统的辅助环节，是为了实现控制系统与用户的对话，使用户了解推理过程，或者进行系统控制的方式设定或系统初值设定，以及在系统运行过程中加入离线式的控制专家干预，通常解释环节中只保留初始设定部分。

(5) 接口部分

接口部分包括系统与专家控制器的信息交换的输入输出通道和运行系统时控制器与用户交互对话的接口，以及更新知识库时进行编辑和修改的应用程序的接口。

(6) 信息获取环节

信息获取环节是通过传感器元件，采集现场的工业生产中的某些可以识别系统状态的控制量或者状态量，作为推理环节的输入信息，其实质是触发知识库中控制规则前件，也是学习机对知识库进行修正和补充的主要依据。

(7) 学习机

学习机是更能体现专家控制器的智能化的环节。在系统运行过程中，可能出现控制专家经验范围之外的情况，超出了知识库规则的限制，这时需要对控制系统进行干涉或对知识库中的规则进行修正和补充，此过程称为自学习过程。

3. 专家控制系统的分类

按专家控制在控制系统中的作用和功能，可将专家控制器分为以下两种类型：

(1) 直接型专家控制器

直接型专家控制器用于取代常规控制器。直接控制生产过程或被控对象，具有模拟(或延伸、扩展)操作工人智能的功能。该控制器的任务和功能相对比较简单，但需要在线、实时控制。因此，其知识表达和知识库也较简单，通常由几十条产生式规则构成，以便于增删和修改。直接型专家控制器的结构如图5.9中虚线所示。

(2) 间接型专家控制器

间接型专家控制器用于和常规控制器相结合，组成对生产过程或被控对象进行间接控制

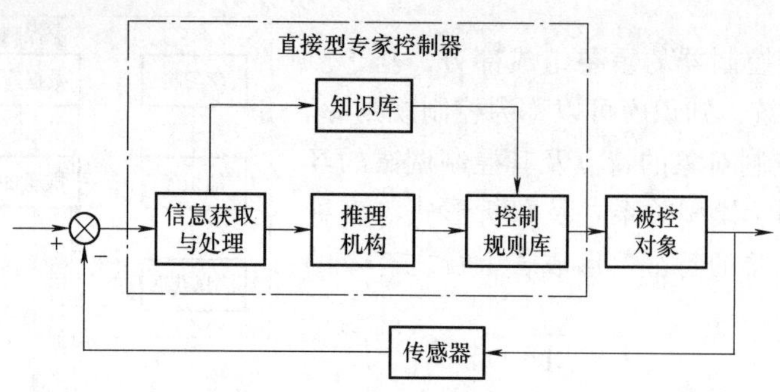

图 5.9　直接型专家控制器结构

的智能控制系统。具有模拟（或延伸、扩展）控制工程师智能的功能，该控制器能够实现优化适应、协调、组织等高层决策的智能控制。按照高层决策功能的性质，间接型专家控制器可分为以下几种类型：

1）优化型专家控制器：它是基于最优控制专家知识和经验的总结和运用。通过设置整定值、优化控制参数或控制器，实现控制器的静态或动态优化。

2）适应型专家控制器：它是基于自适应控制专家的知识和经验的总结和运用。根据现场运行状态和测试数据，相应地调整控制律，校正控制参数，修改整定值或控制器，适应生产过程、对象特性或环境条件的漂移和变化。

3）协调型专家控制器：它是基于协调控制专家和调度工程师的知识和经验的总结和运用，用以协调局部控制器或各子控制系统的运行，实现大系统的全局稳定和优化。

4）组织型专家控制器：它是基于控制工程组织管理专家或总设计师的知识和经验的总结和运用，用以组织各种常规控制器，根据控制任务的目标和要求，构成所需要的控制系统。

间接型专家控制器可以在线或离线运行。通常，优化型、适应型需要在线、实时、联机运行；协调型、组织型可以离线、非实时运行，作为相应的计算机辅助系统。间接型专家控制器的结构如图 5.10 所示。

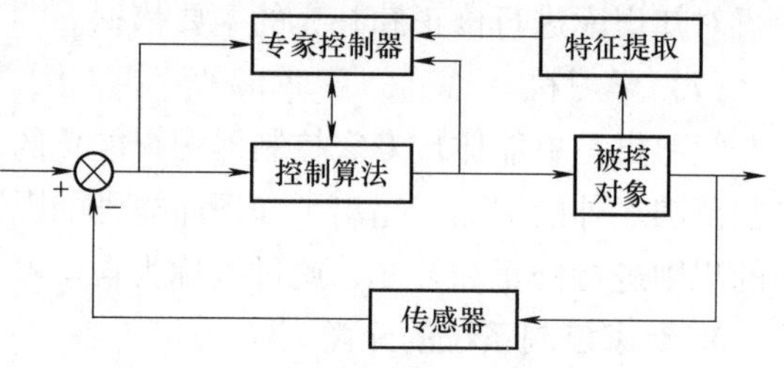

图 5.10　间接型专家控制器结构

4. 与专家系统的区别

专家控制引入了专家系统的思想，但与专家系统存在以下区别：

1）专家系统能完成专门领域的功能，辅助用户决策；专家控制能进行独立的、实时的自动决策。专家控制比专家系统对可靠性和抗干扰性有更高的要求。

2）专家系统处于离线工作方式，而专家控制要求在线获取反馈信息，即要求在线工作方式。

5.3.3　基于神经网络的智能控制

基于神经网络的控制称为神经网络控制（NNC），简称神经控制（NC—Neurocontrol）。

这一词汇是在国际自控联杂志《自动化》（*Automatica*）1994 年首次使用的，最早源于 1992 年托尔（H. Tolle）和埃尔苏 E. Ersu 的专著《神经控制》（*Neurocontrol*）。基于神经网络的智能模拟用于控制，是实现智能控制的一种重要形式，近年来获得了迅速发展。

经过过去 30 多年的研究，已揭示出人脑的结构和功能特征，实际表现为一个控制器。事实上，神经中枢系统对手臂、双足及体态的控制，其表现是如此完美，不管需要完成的任务多么复杂，如高难度的体操动作，人脑并不需要操作对象与环境的定量数学模型，也无须求解任何微分方程。生物神经网络控制系统这种对不确定、复杂、不精确和近似问题的控制能力，是大多数传统控制方法所难以达到的。

尽管目前的人工神经网络控制方法，距上述目标仍很遥远，然而，相对于一般的控制方法，神经网络控制系统所特有的学习能力、潜在的分布并行计算特点，以及对多传感信息的处理性能等，仍使其具有许多潜在的优势。由于目前使用的人工神经网络，不论是网型、学习算法和网络规模等，相比真实的生物神经系统仍极其原始、简单，这就使相应的控制方法出现了许多暂时难以克服的困难。如前所述，单纯使用神经网络的控制方法的研究，目前甚至有停滞不前的趋势。原因很多，除人们一开始对它寄予的期望过高外，主要是因为：

1）近年来，神经网络本身的研究，如网型等未再有根本的突破，专门适合于控制问题的动态神经网络仍待进一步发展。

2）神经网络的泛化能力不足，制约了控制系统的鲁棒性。

3）网络本身的黑箱式内部知识表达方式，使其不能利用初始经验进行学习，易于陷入局部极小值。

4）分布并行计算的潜力还有赖于硬件实现技术的进步等。

1. 神经控制的基本思想

传统的基于模型的控制方式，是根据被控对象的数学模型及对控制系统要求的性能指标来设计控制器，并对控制规律加以数学解析描述；模糊控制是基于专家经验和领域知识总结出若干条模糊控制规则，构成描述具有不确定性复杂对象的模糊关系，通过被控系统输出误差及误差变化和模糊关系的推理合成获得控制量，从而对系统进行控制。这两种控制方式都具有显式表达知识的特点。而神经网络不善于显式表达知识，但是它具有很强的逼近非线性函数的能力，即非线性映射能力。把神经网络用于控制正是利用它的这个独特优点。

众所周知，控制系统的目的在于通过确定适当的控制量输入，使得系统获得期望的输出特性。图 5.11a 给出了一般反馈控制系统的原理图，其中，图 b 采用神经网络替代图 a 中的控制器，为了完成同样的控制任务，下面来分析一下神经网络是如何工作的。

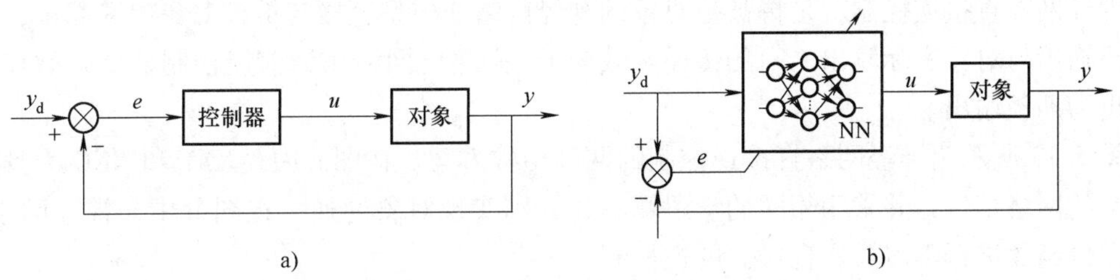

图 5.11　反馈控制与神经控制

设被控制对象的输入 u 和系统输出 y 之间满足如下非线性函数关系：

$$y = g(u)$$

控制的目的是确定最佳的控制量输入 u，使系统的实际输出 y 等于期望的输出 y_d。在该系统中，可把神经网络的功能看作输入输出的某种映射，或称函数变换，并设它的函数关系如下：

$$u = f(y_d)$$

那么有：

$$y = g[f(y_d)]$$

显然，当 $f(\cdot) = g^{-1}(\cdot)$ 时，满足 $y = y_d$ 的要求。

由于要采用神经网络控制的被控对象一般是复杂的，且多具有不确定性，因此非线性函数 $g(\cdot)$ 是难以建立的，可以利用神经网络具有逼近非线性函数的能力来模拟 $g^{-1}(\cdot)$，尽管 $g(\cdot)$ 的形式未知，但通过系统的实际输出 y 与期望输出 y_d 之间的误差来调整神经网络中的连接权重，即让神经网络学习，直至误差 $e = y_d - y \to 0$ 的过程，这就是神经网络模拟 $g^{-1}(\cdot)$ 的过程，它实际上是对被控对象的一种求逆过程，由神经网络的学习算法实现这一求逆过程，就是神经网络实现直接控制的基本思想。

2. 神经网络控制的分类

（1）神经网络监督控制

通过对传统控制器进行学习，然后用神经网络控制器逐渐取代传统控制器的方法，称为神经网络监督控制。神经网络监督控制的结构如图 5.12 所示。神经网络控制器实际上是一个前馈控制器，它建立的是被控对象的逆模型。神经网络控制器通过对传统控制器的输出进行学习，在线调整网络的权值，使反馈控制输入 $u_p(t)$ 趋近于零，从而使神经网络控制器逐渐在控制作用中占据主导地位，最终取消反馈控制器的作用。一旦系统出现干扰，反馈控制器重新起作用。因此，这种前馈加反馈的监督控制方法，不仅可以确保控制系统的稳定性和鲁棒性，而且可有效地提高系统的精度和自适应能力。

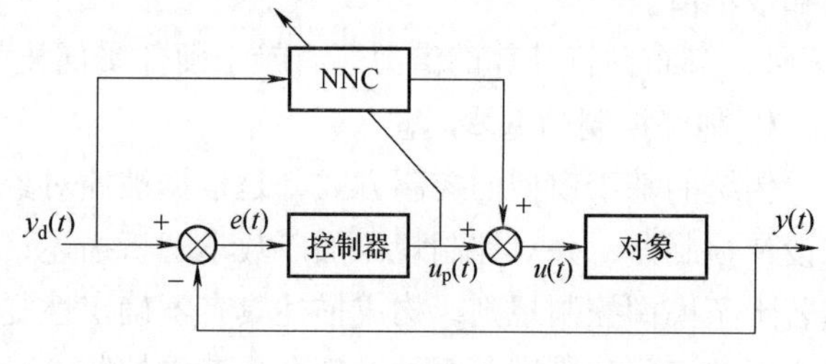

图 5.12　神经网络监督控制

（2）神经网络直接逆控制

神经网络直接逆控制就是将被控对象的神经网络逆模型直接与被控对象串联起来，以便使期望输出与对象实际输出之间的传递函数为 1。则将此网络作为前馈控制器后，被控对象的输出为期望输出。

图 5.13 所示为神经网络直接逆控制的两种结构方案。在图 a 中，NN1 和 NNC 为具有完全相同的网络结构，并采用相同的学习算法、分别实现对象的逆。在图 b 中，神经网络 NN 通过评价函数进行学习，实现对象的逆控制。

（3）神经网络模糊逻辑控制

模糊逻辑具有模拟人脑抽象思维的特点，而神经网络具有模拟人脑形象思维的特点，将

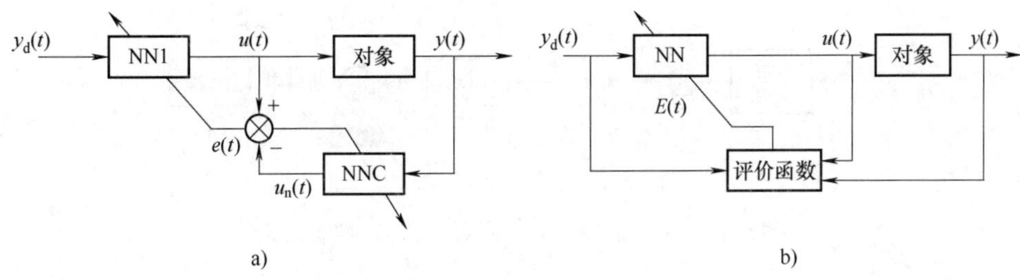

图 5.13 神经网络直接逆控制的两种结构方案

二者相结合将有助于从抽象和形象思维两方面模拟人脑的思维特点，是目前实现智能控制的重要形式。

模糊系统善于直接表示逻辑，适于直接表示知识；神经网络善于学习，通过数据隐含表达知识。前者适于自上而下的表达，后者适于自下而上的学习过程，二者存在一定的互补、关联性。因此，它们的融合可以取长补短，可以更好地提高控制系统的智能性。

神经网络和模糊逻辑相结合有以下几种方式：

1）用神经网络驱动模糊推理的模糊控制：这种方法是利用神经网络直接设计多元的隶属函数，把 NN 作为隶属函数生成器组合在模糊控制系统中。

2）用神经网络记忆模糊规则的控制：通过一组神经元不同程度的兴奋表达一个抽象的概念值，由此将抽象的经验规则转化成多层神经网络的输入-输出样本，通过神经网络（如 BP 网络记忆）这些样本，控制器以联想记忆方式使用这些经验，在一定意义上与人的联想记忆思维方式接近。

3）用神经网络优化模糊控制器的参数：在模糊控制系统中对控制性能影响的因素除上述的隶属函数、模糊规则外，还有控制参数，如误差、误差变化的量化因子及输出的比例因子，都可以调整，利用神经网络的优化计算功能可优化这些参数，改善模糊控制系统的性能。

4）神经网络滑模控制。变结构控制从本质上应该看作是一种智能控制，将神经网络和滑模控制相结合就构成神经网络滑模控制。这种方法将系统的控制或状态分类，根据系统和环境的变化进行切换和选择，利用神经网络具有的学习能力，在不确定的环境下通过自学习来改进滑模开关曲线，进而改善滑模控制的效果。

5.4 智能控制在安全工程中的应用

5.4.1 在工业机器人中的应用

从开发目的出发，可将机器人分为工业机器人、操纵型机器人和智能机器人。工业机器人的“示教-再现”控制系统如图 5.14 所示。这种系统的控制过程是：示教→存储→再现→操作。示教是人向机器人传授操作信息的过程；存储是指保存示教信息；再现是指根据需要读出存储的信息并向执行机构发出指令；操作是指根据再现的指令完成相应的动作。

操纵型机器人是指由人操纵进行工作的机器人，这种控制方式实际上是用“操纵”代

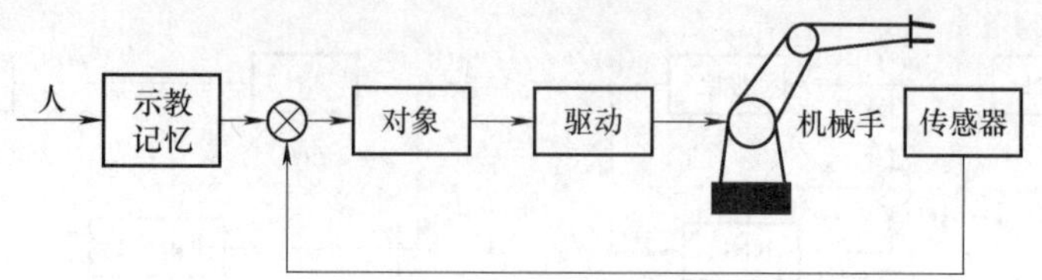

图 5.14　工业机器人的“示教-再现”控制系统

替工业机器人的“示教”方式。遥控机器人，特别是远距离操纵的机器人，比工业机器人的控制要复杂得多，复杂的操纵型机器人具有适应控制方式，它能根据自身的认识，学习机能自动适应作业情况，因此，这种操纵型机器人接近于智能机器人。

智能机器人的本质特征在于它具有与对象、环境及人相协调的工作机能和拟人的智能。从控制方式看，由于智能机器人的智能特征决定了它不同于工业机器人的“示教-再现”方式，也不同于操纵型机器人的“操纵”方式，而是一种“认识，适应”的方式。因此要发展智能机器人的控制，应该向人脑学习。

传统工业生产线主要依靠人工操作，受控制技术的限制，这种传统生产方式效率低下而且成本高，无法满足现代工业生产的要求。近些年来，随着计算机技术、通信技术、控制理论的不断发展，自动化程度已经成为评定一个国家工业化水平的标准，智能机器人正在逐步取代人工成为生产线上的主导。通过给机器人预先设定程序算法，控制其执行所指定的工作。

1. 机器人视觉伺服控制

从当前实际情况来看，智能控制已经是控制理论发展的高级阶段，将智能控制技术与机器人视觉伺服系统相结合是该领域的重要课题之一。研究人员韦尔（Well）将四点特征、傅里叶算子与几何矩阵作为机器人神经网络的输入参数，并在六自由度机器中进行了全面定位实验。从实验结果来看，机器人能够进行全局图像分析，更好地适应实际工业生产环境，提高整个工作过程中的定位精度。学者休（Sun）采用 Kohonen 网络和 BP 网络来实现机器人视觉控制。Kohonen 网络通过两个摄像机实时记录周围环境变化，并将这些信息转换为视觉信号来进行全局控制；BP 网络则是通过安装在机器人手臂上的两个末端摄像机来采集视觉信号，实现机器人的局部控制。路易斯（F. L. Lewis）基于无源理论进行了函数链神经网络（Functional Link Neural Network）研究，从机器人动力学的角度出发，深入谈论了该网络的自适应控制算法。这种算法能够从根本上逼近实际误差，进而避免机器人在工作中可能出现的控制振颤。国内唐润宏等研究人员在视觉伺服系统中加入了模糊小脑模型关节控制器（FCMAC）控制算法，这种算法的主要特点就是能够对动态目标进行可靠跟踪，对静态目标进行准确定位。谢冬梅等研究人员采用 BP 神经网络来代替图像雅克比矩阵和机器人雅克比矩阵，进而简化机器人控制系统中的冗余变量，更好地实现机器人操作定位与跟踪效果。

2. 机器人运动规划控制

实际工业生产过程中需要多个不同功能的机器人相互协作，这就需要对机器人的运动进行规划设置。现阶段主要采用集中与分布相结合的方法来控制路径和速度分解。机器人运动规划系统分为上下两级，上级系统主要是用来对机器人运动路径进行集中规划，下级系统主要是对机器人运动路径进行分布控制。所谓集中规划，就是只为生产过程中所使用的每一个机器人制定相应的路径规则，规划其运动的起点位置和终点目标。但集中规划控制需要设定一个前提，即假定机器人运动路线上没有任何障碍。同时机器人运动规划控制还需要一套完整的交通规则，在运动范围内要制定优先级策略，就是说不同功能机器人在运动过程中相遇哪一个优先通过，这种规则还可以协调和规划机器人的运动速度，避免相互之间形成干扰。

5.4.2 在消防系统中的应用

随着我国建筑行业的快速发展，大型建筑物不断增加，人口基数不断扩大。如果不具备安全、可靠的消防系统，当这些大型建筑物发生火灾时，由于火势向四周扩散极快，导致火灾现场的人们安全及时逃离火场和消防工作人员完成灭火任务困难重重。

在传统的消防中，人起着至关重要的作用，火灾通过人们的视觉和嗅觉来发现，然后告知并组织相关人员完成灭火任务，很容易错过消防的最佳时机，导致火灾扑救不及时。随着电子技术、自动控制技术、网络技术、人工智能、计算机技术等相关先进技术的引入，硬件技术和软件技术的不断升级和完善，基于智能控制的消防技术也随之浮出水面。火灾自动探测技术能够对初期的火灾进行有效的探测，并且能够对真假火灾信息进行辨别，一旦检测到火灾信息，便传输给中心监控主机，结合先进的智能算法对检测到的数据信息进行处理。从而辨别出是否发生火灾，若发生火情则发出报警信号和控制指令控制消防设备联动。通过中心监控主机实现报警判断和实时监控，使得整个消防系统误报率、漏报率低，消防效率高，智能化程度高。此外，智能控制消防系统可作为智能楼宇系统的一部分，具有既能受控于主系统，又能独立工作的特点，而且可以与智能楼宇的其余系统实现组网，从而使整个智能楼宇系统实现网络化、智能化。图 5. 15 所示为智能控制消防系统框架。

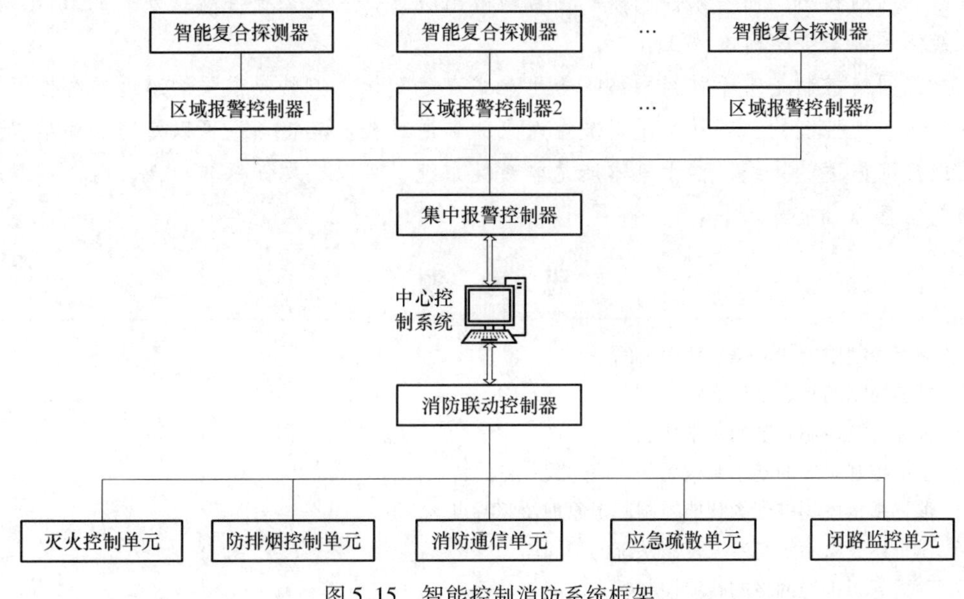

图 5. 15　智能控制消防系统框架

首先，通过智能复合探测器将火灾现场的温度、烟雾浓度、CO 浓度等火灾特征信息传输给中心监控主机，通过神经网络算法和智能控制进行处理并判断火情；当火灾探测器探测到火灾发生时，中心监控主机发出报警信号并控制自动灭火系统联动；同时，防排烟控制单元与闭路监控单元共同启动，应急疏散单元通过智能算法规划最佳疏散路径，据此控制应急照明灯开启和疏散指示灯开启，引导人群进行疏散。

本章小结

智能控制是具有智能信息处理、智能信息反馈和智能控制决策的控制方式，是控制理论发展的高级阶段，主要用来解决那些用传统方法难以解决的复杂系统的控制问题。智能控制研究对象的主要特点是具有不确定性的数学模型、高度的非线性和复杂的任务要求。

智能控制系统的结构可以根据被控对象及环境的复杂性和不确定性程度、性能指标要求等具有不同的结构。一是基本结构形式；二是从信息角度出发的信息结构形式，主要由语用规划、信息加工策略、语义关系等构成；三是 Saridis 提出的分级递阶结构形式，主要由三个控制级组成，按智能控制的高低分为组织级、协调级、执行级，并且这三级遵循智能递降精度递增的原则。

模糊控制是以模糊集理论、模糊语言变量和模糊逻辑推理为基础的一种智能控制方法。它是从行为上模仿人的模糊推理和决策过程的一种智能控制方法，具有鲁棒性强，易控制、不依赖于精确数学模型的特点。常见的模糊控制器有：Mamdani 型、T-S 型、PID 控制和自适应模糊控制四类。

专家控制是智能控制的一个重要分支。专家控制系统主要包括：数据获取环节、知识库、推理机、数据库、学习机以及解释等环节，能自适应解释当前状况，诊断、制定规则并监控规划的执行。专家控制系统与专家系统的区别在于：在决策时，专家系统起到参考辅助的作用，而专家控制系统则自动做出决策；专家系统在离线方式下工作，而专家控制系统需要实时在线工作。

神经网络控制是基于神经网络不善于显式表达知识，但具有很强的逼近非线性函数的特点来实现控制的，实际上是对被控对象的求逆过程。其特点是可以处理那些难以用模型或规则描述的系统，由于其本质是非线性系统，可以实现任意非线性映射，并具有很强的信息综合能力。

思考题

1. 智能控制中的智能是从何而来的？
2. 智能控制的特点是什么？
3. 简述智能控制系统的基本功能。
4. 智能控制系统的基本结构哪些？简述其各自的特点。
5. 简述基于模糊推理的智能控制基本原理及其特点。
6. 试论述专家系统与专家控制系统的不同。
7. 简述基于神经网络的智能控制基本原理。
8. 简述智能控制适合于控制哪些被控对象来保障安全安全生产？或者说这些对象具有哪些对使用传统控制不利的特性？

第6章 智能仪器与安全监测

学习目标

- 了解智能仪器的结构、特点与功能
- 理解智能检测技术的内涵，智能检测系统的组成及应用方式
- 掌握智能安全检测及监测的任务、特点及分类
- 理解智能安全监测系统在安全生产中的应用

随着微电子技术和计算机技术的不断发展，传感器和计算机系统结合构成智能化仪器仪表，为智能检测及监测技术的应用和发展提供了广阔的发展前景，是检测技术的重要发展方向之一。其应用范围已深入国民经济的各个领域，尤其在安全检测领域。近年来，随着智能技术的蓬勃发展，智能检测及监测技术被逐步引入安全检测中，通过建立智能监测系统，可充分融合系统设备的监测数据、对设备运行状态进行分析与预测，为现场设备的智能化分析预测提供保障。此外通过智能化的监测系统可以整理出各种故障数据、设备运行状态信息，为制定应急协同指挥方案提供可靠依据。

6.1 概述

6.1.1 从传统仪器到智能仪器

仪器仪表是监测系统信息获取的源头，是重要的测量工具。仪器仪表通过测量获取数据，定量准确地描述被测对象的特性，并实现对测量数据的存储、显示、处理和传输。仪器仪表是人类认识世界的重要工具，假如没有仪器仪表，就不能定量地认识工业生产过程、环境和产品，就不可能进行检验、控制或处理。

智能仪器是一类新型的电子仪器，它由传统电子仪器发展而来，但又同传统的电子仪器有很大区别。特别是微处理器的应用，使电子仪器发生了重大的变革。

回顾电子仪器的发展过程，从使用的元器件来看，它经历了真空管时代—晶体管时代—集成电路时代三个阶段。从工作原理和检测精度来看，电子仪器的发展过程经历了三代，如图6.1所示。

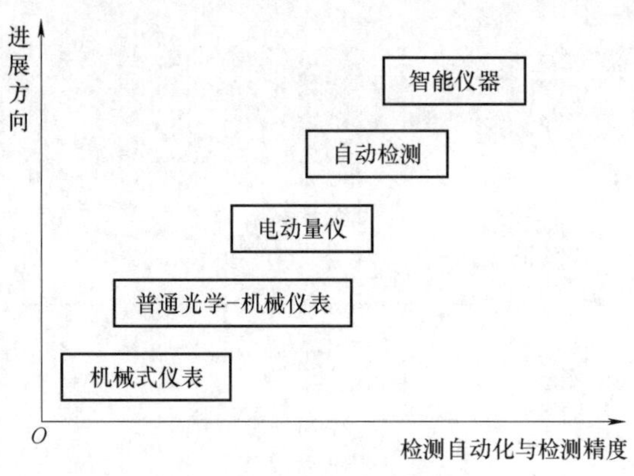

图6.1　电子仪器的发展过程

（1）第一代：模拟式电子仪器

模拟式电子仪器基于电磁测量原理，基本结构是电磁式的，利用指针来显示最终的测量结果。传统的指针式的电压表、电流表、功率表等，均是典型的模拟式仪器。这一代仪器功能单一、精度低、响应速度慢。

（2）第二代：数字式电子仪器

数字式电子仪器的基本原理是利用A/D转换器将待测的模拟信号转换为数字信号，测量结果以数字形式输出显示。它的精度高、速度快、读数清晰、直观，测量结果可打印输出，也容易与计算机技术相结合。因为数字信号便于远距离传输，所以数字式电子仪器可用于遥测和遥控。

（3）第三代：智能仪器

智能仪器是计算机技术与电测技术相结合的产物。它是在数字化的基础上利用微处理器进行测量过程管理和数据处理，使仪器具有运算、逻辑判断、数据存储能力，并能根据被测参数的变化自选量程；可自动校正、自动补偿、自寻故障等，具备了一定的初级智能，因此被称为智能仪器。有的智能仪器还能辅助专家进行推理、分析或决策。在性能和功能方面，智能仪器全面优于第二代的数字式仪器。

6.1.2　安全监测与仪器

由于基础科学的发展和科学技术的进步，在石油、化工、制药、冶金、煤炭等工业生产中，陆续出现了利用光学原理、热岛效应、热催化原理、热电效应、弹性形变、半导体器件、气敏原件等多种工作原理和不同性能的各类检测仪器，对影响生产安全的各种因素实现了不同程度的监测，并逐渐形成了不同种类的检测仪器仪表。20世纪50年代之后，由于电子通信和自动化技术的发展，出现了能够把工业生产过程中不同部位的测量信息远距离传输并集中监视、集中控制和报警的生产控制装置，初步实现了由“间断”“就地”检测到“连续”“远地”检测的飞跃，由单体检测仪表发展到监测系统。早期的监测系统，其监测功能少、精度低、可靠性差、信息传递速度慢。20世纪80年代以来，电子技术和微电子技术的发展，特别是计算机技术的应用，实现了化工生产过程控制最优化和管理调度自动化相结合的分级计算机控制、检测仪器仪表和监测系统。无论其功能、可靠性和实用性都产生了重大的飞跃，使安全监测技术与现代化的生产过程控制紧密地联系在一起。目前，大型化工企业中的安全监测系统，已可使监测的模拟量和开关量达上千个，巡检周期短，能同时完成信号的自动处理、记录、报警、联锁动作、打印、计算等；监测参数除可燃气体成分、浓度、可燃粉尘浓度、可燃液体泄漏量之外，还有温度、压力、压差、风速、火灾特征等环境参数和生产过程参数。同时，由于及时掌握生产设备和机械的工作状态，可以分析设备的配置情况和利用率，发现生产薄弱环节，改善管理，提高生产效率。

改革开放以来，我国的工业生产发展很快，国家十分重视安全，在安全检测仪表的研究和生产制造方面投入了很大的力量，使安全仪表生产具备了相当的规模，形成了以北京、抚顺、重庆、西安、常州、上海等为中心的生产基地，可以生产多种型号环境参数、工业过程参数及安全参数的监测、遥测仪器。但必须指出，我国安全监测传感器目前种类还较少，质量尚不稳定；监测数据处理、计算机应用与一些发达国家有一定差距，这些都需要在今后重点解决。

6.1.3 智能安全监测

20 世纪 70 年代，过程系统的在线故障监测与安全诊断技术发展迅速。这是动态系统的故障监测与诊断问题，是应用现代控制理论、数理统计等方法来分析处理非正常工况下系统特性的结果。所谓故障监测、诊断和预报系统，通常有两种含义：一种是指某些专用的仪器，如对于汽轮发电机组等旋转机械设备，就有转速测量仪、旋转机械振动检测仪和频谱分析仪等，可以检测出这类机械设备的运转是否正常。另一种是指计算机数据采集分析系统，它可以采集生产过程的有关数据，完成工况分析，对设备运行是否正常，引起故障的原因是什么，故障的程度有多大，工况的趋势是否安全等问题进行分析、判断并得出结论。近年来，在线故障监测与安全诊断技术的研究十分活跃，现代安全诊断技术和方法取得了长足发展，如红外诊断技术、声发射监测技术、智能安全监测系统等，其工程应用也日益广泛。

发达国家在智能监测技术领域起步较早，研究投入较多，智能监测技术这一领域的理论、方法、技术和装备等已遍及诸多行业，如航天、航空、核工业、石油、化工、林业等各种社会支柱产业中。我国的智能监测技术在国家经济建设中发挥着越来越大的作用，也取得了十分明显的社会经济效益。

6.2 智能仪器的结构、特点及典型功能

6.2.1 智能仪器的基本结构

智能仪器主要由硬件和软件两部分组成。

1. 硬件

硬件主要包括主机电路、模拟量输入输出通道、人机接口和标准通信接口电路等，如图 6.2 所示。

由于智能仪器采用了嵌入式微处理器，从而使人们可以依靠软件解决以前采用硬件逻辑很难解决的问题，同时由于具有数据处理、存储等能力，智能仪器可以进一步提高仪器的性能指标，另外由于整个测量过程都可以用微处理器控制操作，如键盘扫描，量程选择，数据采集、传输、处理，以及显示打印等，从而实现测量过程的全部自动化。与此同时，智能仪器还通过显示屏将仪器的运行情况、工作状态以及对测量数据的处理结果及时告诉操作人

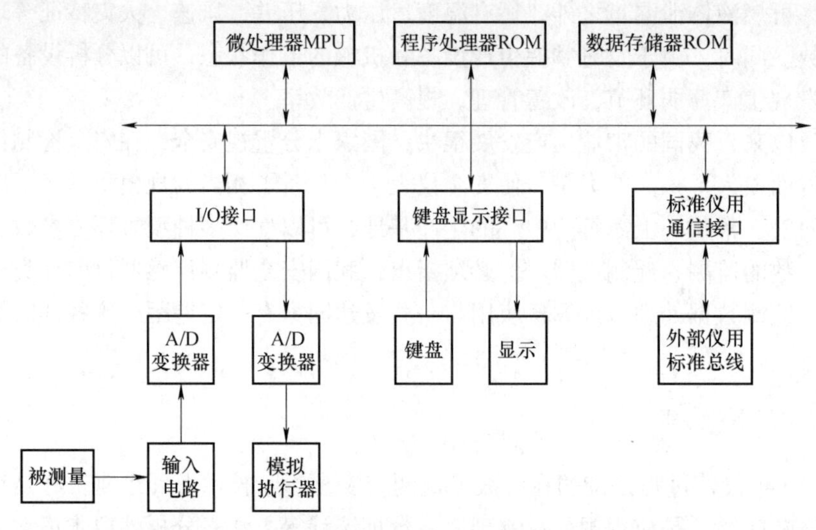

图 6.2　智能仪器硬件结构

员，使仪器的操作更加方便、直观，智能仪器由于配有标准的对外接口总线，如仪器专用接口总线 GPIB（IEEE-488 标准接口）、RS-232 接口等，这样使得仪器不仅可以实现本地输入/输出，而且还具有可程控能力，实现远程输入/输出。

2. 软件

软件即程序，主要包括监控程序、接口管理程序和数据处理程序三大部分。

监控程序面向仪器面板和显示器，负责完成如下工作：通过键盘操作，输入并存储所设置的功能、操作方式与工作参数；通过控制 I/O 接口电路进行数据采集，对仪器进行预定的设置；对数据存储器所记录的数据和状态进行各种处理；以数字、字符、图形等形式显示各种状态信息以及测量数据的处理结果。

接口管理程序主要面向通信接口，负责接收并分析来自通信接口总线的各种有关功能、操作方式与工作参数的程控操作码，并根据通信接口输出仪器的现行工作状态及测量数据的处理结果响应计算机远程控制命令。

数据处理程序主要完成数据的滤波、运算和分析等任务。

6.2.2　智能仪器的特点

1. 测量过程软件化

整个测量过程在软件控制下进行，实现了自动化。系统在 CPU 的指挥下，按照软件程序不断取值、寻址，进行各种转换、逻辑判断、驱动某一执行元件完成某一动作，使系统工作按一定的顺序进行下去。如键盘扫描、量程选择、开关启动闭合、数据的采集、传输与处理以及显示打印等，都是用单片机或微控制器来控制操作。软件控制可以简化系统的硬件结构，缩小体积，降低功耗，提高测试系统的可靠性和自动化程度。

2. 数据处理功能强

能够对测量数据进行存储和处理是智能测试系统的主要优点之一。相比于传统测试系统事后进行数据分析和处理来讲，智能测试系统采用软件对测量结果进行实时处理和修正，这不仅将人们从繁重的手工数据处理工作中解脱出来，大大提高了测量精度，而且可以对采集的信号进行数字滤波、时域和频域分析，从而获取更为丰富的信息。另外，由于智能仪器采用了单片机或微控制器，这使得许多原来用硬件逻辑难以解决或根本无法解决的问题，用软件非常灵活地加以解决。例如，传统的数字万用表只能测量电阻、交直流电压、电流等，而智能型的数字万用表不仅能进行上述测量，而且还具有对测量结果进行诸如零点平移、取平均值、求极值、统计分析等复杂的数据处理功能，有效地提高了仪器的测量精度。

3. 测量速度快、精度高

测量速度是指系统从测量开始，经过信号放大、整流、滤波、非线性补偿、A/D 转换、数据处理和结果输出的全过程所需的时间，高速测量一直是测试系统追求的目标之一。目前，32 位 PC 机的时钟频率可达 1GHz 以上，高速 A/D 转换的采样速度也可达 200MHz 以上，另外，高速显示、高速打印以及高速绘图设备的日臻完善，所有这些都为智能仪器的快速检测提供了条件。

此外，微处理器具有强大的数据运算、数据处理和逻辑判断功能，这使得智能仪器能够有效地消除由于漂移、增益变化和干扰等因素所引起的误差，从而提高仪器的测量精度，进一步简化电路结构。

4. 多功能化

智能仪器具有测量过程软件控制和数据处理功能，这使得一机多用成为可能。例如在电力系统使用的智能电力需求分析仪，不仅可以测量电源的各种功率、电能、各相电压、电流、功率因数和频率，还可以统计电能的利用峰值、峰时、谷值、谷时以及各项超界时间，预置电量需求计划，并兼有自动测量、打印、报警等多项功能。

5. 面板控制简单灵活，人机界面友好

智能仪器使用键盘代替传统仪器中旋转式或琴键式切换开关来实施对仪器的控制，只需键入命令，就可实现各种测量功能，这既有利于提高仪器技术指标，又方便了仪器的操作。与此同时，智能仪器还可通过显示屏将系统的运行情况、工作状态以及对测量数据的处理结果及时告诉人们，更形象直观。

6. 具有可程控操作能力

一般的智能仪器都有 GPIB 或 RS232C、USB 等标准通信接口，可以很方便地与计算机联系，接收计算机的命令，使其具有可程控操作的功能。也可以与其他系统一起组成多功能的自动测试系统，从而完成更复杂的测试任务。这不仅简化了组建过程，降低了成本，还提高了效率。

6.2.3 智能仪器的典型功能

智能仪器是以微处理器为核心进行工作的，它具有强大的数据处理和控制功能，与传统测量仪器相比具有许多典型的处理功能，例如自检、自动测量等。

1. 硬件故障的自检功能

自检功能是指利用事先编制好的检测程序对仪器主要部件进行自动检测，并对故障进行定位。自检方式有三种类型，分别为开机自检、周期性自检和键盘自检。

开机自检是指在智能仪器接通电源或复位之后、正式运行之前所进行的全面检查。如果在自检过程中没有发现问题，则进入测量程序；如果发现问题，则报警，以避免仪器带故障工作。周期性自检是指在仪器的运行过程中间断进行的自检操作，目的在于保证仪器在使用过程中一直处于正常状态。周期性自检过程中如果发现问题会报警，提示用户，但不会影响仪器的正常工作。键盘自检就是当用户对仪器的可信度产生怀疑时，便通过具有键盘自检功能的仪器面板上的“自检”按键来启动一次自检过程。自检过程中如果检测到仪器故障，则会报警，或是以文字或数字的形式显示“出错代码”。

2. 自动测量功能

智能仪器通常具有非线性校正、自动零点调整、自动量程变换以及自动触发电平调节等自动调节功能。

(1) 非线性校正

大部分传感器和电路元件都存在非线性问题，智能仪器采用软件方法比较容易地解决了非线性校正的问题，常用的有查表法和插值法。当系统的输入输出特性函数表达式确定时，可用查表法；对于非线性程度严重或测量范围较宽的情况，可采用分段插值的方法；当要求校正精度较高时，可采用曲线拟合的方法。

(2) 自动零点调整

智能仪器同常规测量仪器一样，传感器和电子线路中的各种器件会受到其他不稳定因素的影响，不可避免地存在温漂和时漂，给仪器引入零位误差，而仪器零漂的大小及零点稳定度是影响测量误差的主要因素之一。智能仪器的自动零点调整功能使其能够在微处理器的控制下，自动产生一个与零点偏移量相等的校正量，与零点偏移量进行抵消，从而有效地消除零点偏移等对测量结果的影响。

(3) 自动量程变换

自动量程变换是通用智能仪器的基本功能。自动量程变换电路使仪器可以在很短时间内根据被测量信号的大小自动选定最合理量程，保证足够的分辨力和精度。这不仅可以简化操作，还可以使仪器获得高精度的测量结果。

(4) 自动触发电平调节

智能仪器自动触发电平调节原理如图 6.3 所示。输入信号经过可程控衰减器传送到比较器，D/A 转换器设定比较器的比较电平（即触发电平）。当衰减器的输出信号的幅值达到比较电平时，比较器即翻转。触发探测器则检测比较器的输出状态，并将其送到微处理器控制

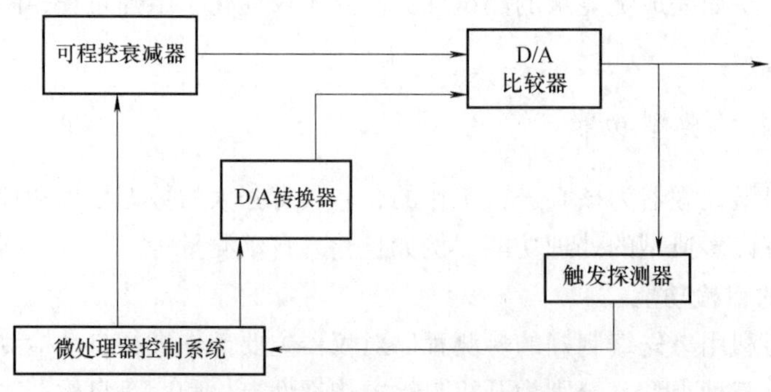

图 6.3 自动触发电平调节原理图

系统，由此测出触发电平。

除了上述的几种典型功能外，智能仪器还具有误差自动处理功能和降噪功能。它可以利用微处理器对测量过程中产生的系统误差、随机误差和疏失误差进行自动处理，以减小测量误差。另外，智能仪器还可以在不增加任何硬件设备的情况下，利用微处理器采用数字滤波方法来减弱杂波干扰和噪声对测量信号的影响，提高了测量的精确度和可靠性。

6.3 智能检测系统

6.3.1　智能检测技术

智能检测技术是指能自动获取信息，并利用相关知识和策略、采用实时动态建模、在线识别、人工智能、专家系统等技术，对被测对象（过程）实现检测、监控、自诊断和自修复。智能检测技术能有效地提高被测对象（过程）的安全性和获得最佳性能，并使系统具有高可靠性和可维护性，高抗干扰能力和对环境的适应能力，以及优良的通用性和可扩展性。传感技术、微电子技术、自动控制技术、计算机技术、信号分析与处理技术、数据通信技术、模式识别技术、可靠性技术、抗干扰技术、人工智能等的综合和应用，就构成了智能检测技术。

图 6.4 给出了智能检测系统典型结构框图。传感信号处理系统以传感信号调理为主，主要通过硬件和少量软件实现。敏感元件感受被测参数，经信号调理电路可实现量程切换、自校正、自补偿功能。

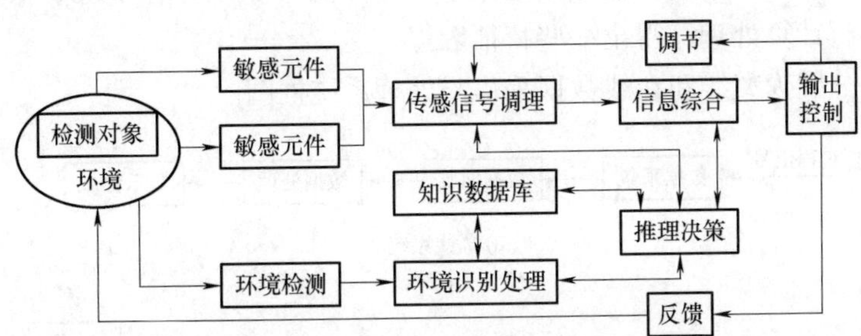

图 6.4　智能检测系统典型结构框图

在检测领域可将智能化检测分为三个层次，即初级智能化、中级智能化及高级智能化。

1. 初级智能化

初级智能化只是把微处理器或微型计算机与传统的检测方法结合起来，它的主要特征是：

1）实现数据的自动采集、存储与记录。

2）利用计算机的数据处理功能进行简单的测量数据的处理。例如，进行被测量的单位换算和传感器非线性补偿；利用多次测量和平均化处理消除随机干扰，提高测量精度。

3）采用按键式面板，通过按键输入各种常数及控制信息。

2. 中级智能化

中级智能化是检测系统或仪器具有部分自治功能，它除了具有初级智能化的功能外，还具有自动校正、自补偿、自动量程转换、自诊断、自学习功能，具有自动进行指标判断及进行逻辑操作、极限控制及程序控制的功能。目前大部分智能仪器或智能检测系统属于这一类。

3. 高级智能化

高级智能化是检测技术与人工智能原理的结合，利用人工智能的原理和方法改善传统的检测方法，其主要特征为：

1）有知识处理功能。利用领域知识和经验知识通过人工神经网络和专家系统解决检测中的问题，具有特征提取、自动识别、冲突消解和决策能力。

2）有多维检测和数据融合功能，可实现检测系统的高度集成并通过环境因素补偿提高检测精度。

3）具有“变尺度窗口”。通过动态过程参数预测，可自动实时调整增益与偏置量，实现自适应检测。

4）具有网络通信和远程控制功能，可实现分布式测量与控制。

5）具有视觉、听觉等高级检测功能。

6.3.2 智能检测系统应用方式

1. 数据采集与处理

利用计算机可把生产过程中有关参数的变化经过测量变换元件测出，然后集中保存或记录，或者及时显示出来，或者进行某种处理。例如使用计算机的巡回检测系统，可以把数据成批储存或复制，也可以通过传输线路送到中心计算机；计算机信号处理系统可以把一些仪器测出的曲线进行计算处理，得出一些特征数据。

图 6.5 所示分别为离线和在线数据采集与处理系统框图。

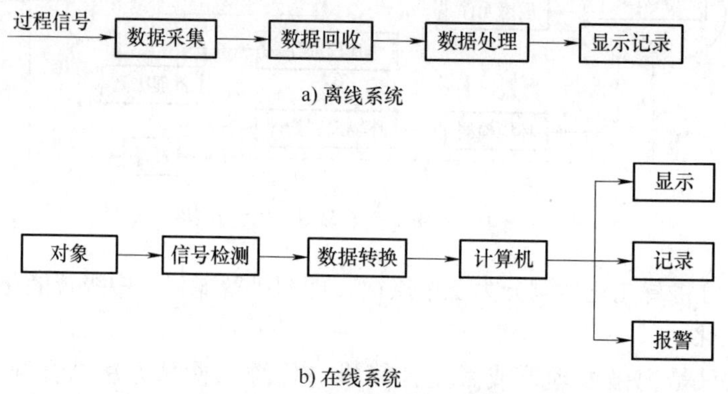

图 6.5 数据采集与处理系统框图

离线和在线系统二者之间的主要区别在于，采用在线采集与处理，将信号直接送入计算机进行处理，识别并给出检测结果。

1）首先，在过程参数的测量和记录中，可以用计算机代替大量的常规显示和记录仪表，并对整个生产过程进行在线监视。

2）由于计算机具有运算、推理、逻辑判断能力，可以对大量的输入数据进行必要的集中、加工和处理，并能以有利于指导生产过程控制的方式表示出来，故对生产过程控制有一定的指导作用。

3）再次，计算机有存储信息的能力，可预先存入各种工艺参数的极限值，处理过程中能进行越限报警，以确保生产过程的安全。例如在许多产品的研制与生产过程中，经常要进行破坏性试验。例如，在研制汽车时，就要进行破坏性试验（有时也称为安全性能试验），当真正破坏的那一瞬间（大约 1s 内），就可产生 50 万个测量数据，要收集这些数据，并能迅速地提供计算结果，使其能用于下一次试验，这就需要采用计算机的在线处理方式。

2. 生产控制

（1）操作指导系统

系统每隔一定时间，把测得的生产过程中的某些参数值送入计算机，计算机按生产要求计算出该采用的控制动作，并显示或打印出来，供操作人员参考。操作人员根据这些数据，并结合自己的实践经验，采取相应的动作。在这种系统中，计算机不直接干预生产，只是提供参考数据。

（2）计算机监控系统

这种系统不直接驱动执行机构，而是根据生产情况计算出某些参数应该保持的值，然后去改变常规控制系统的给定值（设定值），由常规控制系统去直接控制生产过程。因此，该系统多用于程序控制、比值控制、串级控制、最优控制或者用于越限报警、事故处理等。

（3）智能自修复控制系统

由于引入了知识库和推理决策模块，使系统的智能能力得到了根本改善。这种系统对设备在运行过程出现的故障，不但能进行检测、诊断，还具有自补偿、自消除和自修复能力。

3. 生产调度管理

当采用功能较强的计算机时，它除了用于控制生产过程外，还可以进行生产的计划和调度，其中涉及生产过程的数据处理、方案选择等。在这种系统中，由于它兼有控制与管理两种功能，所以也常叫作集成系统或综合系统。

6.3.3 智能检测系统应用范围

1. 工业生产

（1）轧钢机检测控制

计算机对轧件的强度、温度、尺寸和速度进行测定并监视其变化情况。根据温度及对轧件质量和强度等方面的要求，对轧件及轧件的速度进行最优控制。

（2）高炉炼铁自动化

除了对重要参数进行收集、存储、迅速计算出结果和测量值监视外，为了提高高炉生产能力，还要对工艺过程进行动态分析，然后求出工艺过程控制的最优方案并实现。

（3）化工工艺过程自动化

由于许多化工工艺过程的反应速度十分缓慢，而被调节对象又相当复杂，所以往往采用直接数字控制方式。

（4）质量检查与控制

例如，一台正常运转的柴油机将产生一定的噪声频谱，一旦出现噪声频谱异常，就预示着机器将在短期内出现故障。一台装在柴油机上的计算机能够及时发现这些潜在故障并进行相应的预防性维修，使潜在故障能够得到及时排除。这种原理还可用于纺织图案的监视，或者薄膜和薄板外表面的监视等。

（5）检验设备自动化

检验设备要用于产品的中间检查和最后检查，目前也越来越多地采用计算机。检验设备通常装有检查程序，合格的产品可顺利地通过生产线，对于有缺陷的产品能自动找出原因。

（6）性能检测和故障诊断

性能检测主要包括产品出厂前的性能检验，设备维修过程中的定期检测，系统使用过程中的连续监测。故障诊断主要包括故障检测和分析、故障识别与预测、故障维修与管理等。它既可用于电系统，也可用于非电系统；既可军用，也可民用。

2. 交通运输

智能检测也可用于公路交通管理。计算机对十字路口交道灯的控制原则是：车辆和行人的平均等待时间为最短。比较先进的系统还可以对实际车流和人流进行监测，从而达到运行最佳化，也就是使红绿灯的交替时间间隔根据实际情况改变。

智能检测同样可以用于飞机的监视以及铁路动力中的信号管制。在这两个领域中对计算机的安全性和可靠性要求会更严格。

智能检测还可用于交通工具本身的检测与控制。例如，利用计算机智能控制时速以及燃料的燃烧，不仅可以节约能源，而且有利于环境保护。此外，汽车上的自主导航系统可避开道路堵塞，提示绕道并给出最优路径；若发生意外事故，还可自动报警求救。

3. 军事领域

电子哨兵是智能检测在军事领域最典型的应用。电子哨兵由数个电子传感器组成。它能精确地侦察周围运动、振动、磁场和声音的情况，并能及时将所侦察的信息传送给便携式计算机。此外，电子哨兵还配有在黑暗中监视物体运动的远红外摄像机，执勤时可提供24小时图像监视。电子哨兵的出现，大大减少了高科技战争中人员的伤亡，同时又能准确圆满地完成警戒任务，为未来战争解决了站岗放哨这一难题。

6.4 智能安全监测

6.4.1 智能安全检测及监测的基本概念

工业危险源通常指人—机—环境有限空间的全部或一部分，属于“人造系统”，绝大多数具有观测性和可控性。表征工业危险源状态的可观测的参数称为危险源的“状态信息"。安全状态信息出现异常，说明危险源正在从相对安全的状态向即将发生事故的临界状态转化，提示人们必须及时采取措施，以避免事故发生或将事故的伤害和损失降至最小程度。

广义上，将安全监测理解为借助仪器、传感器、探测设备迅速而准确地了解生产系统与作业环境中危险因素与有毒因素的类型、危害程度、范围及动态变化的一种手段。安全监测方法依检测项目不同而异，种类繁多。根据检测的原理机制不同，大致可分为化学检测和物理检测两大类。化学检测是利用检测对象的化学性质指标，通过一定的仪器与方法，对检测对象进行定性或定量分析的一种检测方法，它主要用于有毒有害物质的检测。物理检测利用检测对象的物理量进行分析，如噪声、电磁波、放射性、水质物理参数的测定均属物理检测。

随着现代智能技术的发展，智能传感器或检测器及智能信号处理、显示单元构成了智能安全检测仪器。目前，对于智能安全监测没有明确的定义，依据安全监测的概念，本书把智能安全监测理解为，采用智能传感器、智能仪器及探测设备，借助智能化平台实现对系统设备及生产环境“安全状态信息”进行远距离的监测。一般称为智能安全监测系统。若将智能监测系统与智能控制系统结合起来，把监测数据转变成控制信号，则称为智能监控系统。

6.4.2　智能安全监测的任务

智能安全监测的任务是为安全管理决策和安全技术有效实施提供丰富、可靠的安全因素信息。狭义的安全监测侧重于测量，是对生产过程中某些与不安全、不卫生因素有关的量连续或断续监视测量，有时还要取得反馈信息，用以对生产过程进行检查、监督、保护、调整、预测，或者积累数据，寻求规律。广义的安全监测，是把安全检测与安全监控统称为安全监测，认为安全监测是指借助于仪器、传感器、探测设备迅速而准确地了解生产系统与作业环境中危险因素与有毒因素的类型、危害程度、范围及动态变化的一种手段。

为了获取工业危险源的状态信息，需要将这些信息通过物理的或化学的方法转化为可观测的物理量（模拟的或数字的信号），这就是通常所说的安全监测。它是作业环境安全与卫生条件、特种设备安全状态、生产过程危险参数、操作人员不规范动作等各种不安全因素监测的总称。总的来说，可以将智能安全监测的任务总结如下。

1. 运行状态检测

设备运行状态检测的任务是了解和掌握设备的运行状态，包括采用各种检测、测量、监视、分析和判断方法。结合系统的历史和现状，考虑环境因素，对设备运行状态进行评估，判断其处于正常或非正常状态，并对状态进行显示和记录，对异常状态做出报警，以便运行人员及时加以处理，并为设备的隐患分析、性能评估、合理使用和安全评估提供信息和基础数据。通常设备的状态可分为正常状态、异常状态和故障状态 3 种情况。

1）正常状态指设备的整体或局部没有缺陷，或虽有缺陷但性能仍在允许的限度以内。

2）异常状态指设备的缺陷已有一定程度的扩展，使设备状态信号发生一定程度的变化。设备性能已劣化，但仍能维持工作，此时应注意设备性能的发展趋势。

3）故障状态则是指设备性能指标已有大的下降，设备已不能维持正常工作。设备的故障状态尚有严重程度之分，包括：已有故障萌生并有进一步发展趋势的早期故障；程度尚不严重，设备尚可勉强“带病”运行的一般功能性故障；已发展到设备不能运行、必须停机的严重故障；已导致灾难性事故的破坏性故障；以及由于某种原因瞬间发生的突发紧急故障等。

2. 安全预测和诊断

安全预测和诊断的任务是根据设备运行状态监测所获得的信息，结合已知的结构特性、参数以及环境条件，并结合该设备的运行历史，对设备可能要发生的或已经发生的故障进行预报、分析和判断，确定故障的性质、类别、程度、原因和部位，指出故障发生和发展的趋势及其后果，提出控制故障继续发展和消除故障的调整、维修和治理的对策措施，并加以实施，最终使设备复原到正常状态。

3. 设备的管理和维修

设备的管理和维修方式的发展经历了 3 个阶段，即从早期的事后维修（Run-to-break-down Maintenance），发展到定期预防维修方式（Time-based-Preventive Maintenance），现在正向视情维修（Condition-based Maintenance）发展。定期预防维修制度可以预防事故的发生，但可能出现过剩维修和不足维修的弊病。视情维修是一种更科学、更合理的维修方式。但要做到视情维修，必须依赖于完善的状态监测和安全诊断技术的发展和实施。

6.4.3 智能安全监测系统的分类

根据智能安全监测系统实现的功能不同，可将其分为三大类：智能故障诊断系统、智能操作指导系统和智能控制系统。

1. 智能故障诊断系统

故障诊断是指根据一定的测量数据或现象，推断系统是否正常运行，查明导致系统不正常运行或某种功能失调的原因及性质，判断不正常状态发生的部位及性质，预测不正常状态发展的趋势以及潜在的故障。智能故障诊断模仿人类专家在进行故障诊断时的思维逻辑过程：观察症状—利用知识和经验推断故障—分析原因—提出对策。

2. 智能操作指导系统

将计算机在记忆与计算、演绎与匹配搜索上的时空优势和人的直觉、顿悟等创造性思维的智能优势结合起来，将计算机的速度与精确性和人的敏锐与灵巧结合起来，共同达到所需要的目的。智能操作指导系统就是实现这种人机结合的实用系统，它实时向操作人员报告系统的运行和控制情况，告诉操作人员在当前情况下应该进行的操作或对生产过程进行监督、干预，指导操作人员进行生产。

3. 智能控制系统

智能控制系统以智能自控的方式对被控对象实现及时的自动控制，使其处于要求的状态下。一般情况下，智能控制系统具有模式反馈结构。从系统设计方面来看，智能监测控制的主要特点表现在信息处理、控制策略及控制算法上，往往要涉及人工智能的有关内容，如专家系统、模糊逻辑、神经网络、信息融合、模式识别及聚类分析等。

6.5 智能安全监测系统的应用

6.5.1 空气压缩机智能安全监测系统

空气压缩机是一种用以压缩气体的设备，是重要的动力设备，被广泛用于生活、生产的各个环节，如建筑、冶金、采矿、电子电力、医药、化学、纺织、交通等众多工业领域。为了保证空气压缩机安全、高效、可靠地工作，必须对其运行状态进行智能安全监测与控制。

1. 系统配置

空气压缩机组智能安全监控系统的基本结构如图 6.6 所示。

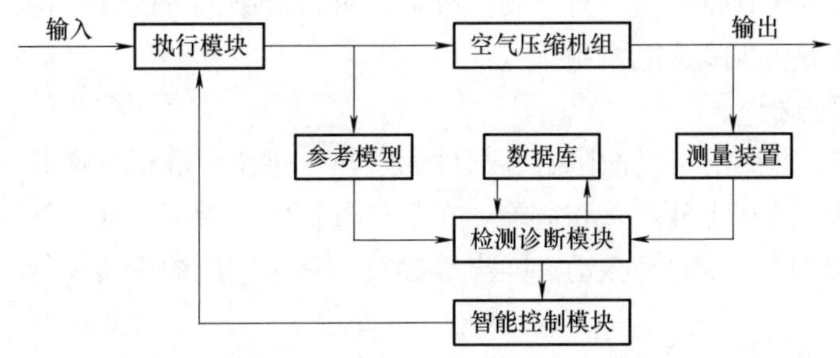

图 6.6 空气压缩机组智能安全监测系统

系统主要由硬件和软件两部分组成。硬件部分主要包括信号检测传感器、二次仪表、计算机、控制器硬件等。软件部分主要包括数据采集、图形显示、信号处理、故障检测与诊断及智能控制等模块。图 6.6 中检测诊断模块用于对空气压缩机故障信息的获取、处理、识别和预测。智能控制模块由若干不同功能的子块组成，借助于硬件机构的支持，对故障自动进行补偿、抑制、削弱和消除。

2. 故障检测与诊断

故障检测与诊断是实现故障控制的基础。为了实现故障容错，必须适时准确地检测出故障信息。故障检测与诊断通常包括以下几个方面的内容：寻找故障源；确定故障的位置、大小、类型及原因；评价故障的影响程度；预测故障的发展趋势；对检测诊断结果做出处理和决策。

空压机在运行过程中，由于设备的复杂性。给故障检测与诊断带来了一定的困难。为了适时准确地检测设备的故障信息，必须选择合适的检测诊断方法。目前用于设备故障检测与诊断的方法很多，可以概括为两类：基于数学模型的故障检测与诊断和不依赖数学模型的故障检测与诊断。如果故障能用某几个参数的显著变化来表示，那么可以用参数估计法进行故障检测与诊断。

3. 故障决策与控制

故障决策与控制能够根据不同的故障源和故障特征做出处理方案，并采取相应的容错控制措施。为了实现故障容错，可以采用以下两种方式。

（1）结合冗余法

冗余就是指多余资源，综合冗余法就是将多种冗余资源综合运用以实现故障容错。对于计算机监测设备，可供利用的冗余资源有硬件、软件、时间及信息。

1）硬件冗余的基本思想是对设备容易损坏的关键部件采用多重储备方式。当某一部件发生故障时，立即用备用部件代替故障部件，以保证设备继续安全正常运转。

2）软件冗余是利用设备中不同部件在功能上的冗余性，通过估计以实现故障容错。

3）时间冗余是通过消耗时间资源来达到故障容错。如指令复执、程序卷回、有效地降低设备的运行速度等都可以抑制和削弱故障的影响。

4）信息冗余是依靠增加消息的数量来提高监测设备的可靠性。在进行故障容错系统设计时，以上几种资源可以综合运用，以提高设备的故障容错能力。

（2）故障补偿法

故障补偿分为软补偿和硬补偿两种。对于软性故障可以通过调整系统的某些性能参数或设计故障补偿器来实现故障容错。对于硬性故障，可以借助部分硬件支持，通过设计相应的故障补偿器就可以实现故障智能控制。

4. 应用效果及分析

空气压缩机在运行中的常见故障有零部件的过热、过压、磨损、疲劳、断裂等。燃烧爆炸虽不常见，但其后果却十分严重和危险。在工作过程中，为了保证空气压缩机安全正常运转，可以通过监测温度、压力、振动、噪声等参数，对空气压缩机的运行故障进行检测、诊断、预测和控制。

空压机运行之前首先进行静态监测，当一切处于良好状态后，空压机启动运行。当空压机处于正常工作状态时，动态监测模块自动跟踪设备的运行状态，并进行巡回监测和故障预测。如果发生异常情况，系统自动转入诊断模块，通过推理和表决，对故障进行识别、分类和估计。容错模块按照诊断模块提供的故障信息。针对不同的故障源和故障特征，对故障进行补偿、削弱和消除。整个过程都在计算机控制下自动进行，并对监测参数的变化过程采用多窗口图形显示和解释，为用户提供了一个良好的监视环境。

6.5.2 炼钢炉造渣智能检测系统

造渣是转炉冶炼过程中的重要工艺过程，必须对其进行有效的监控。枪位过高会使泡沫渣发展，产生泡沫渣喷溅；相反，枪位过低会导致炉渣返干，造成金属喷溅。只有氧枪挟制得当，才会有合适的泡沫渣。目前我国转炉吹炼造渣过程基本上是靠耳闻目测来监视操作。吹炼易发生喷溅和返干，对稳定操作和原料损失影响很大，并直接影响钢的质量和产量。尤其在转炉进行煤气回收降罩操作及实现二次除尘时，人工监视会很困难。为此必须开发一套能及时、准确反映炉内造渣动态过程监控系统，以准确地显示炉内造渣的动态趋势，直接指导转炉吹炼，防止喷溅与返干现象的发生，提高转炉炼钢的自动化水平。

1. 方案设计

在转炉炼钢造渣过程中，通常会产生噪声现象。根据这一特点，采用噪声法来动态地反映炉内渣面的变化情况，监控造渣过程可能出现的喷溅及返干现象，以实现对转炉炼钢的合理有效控制。所谓噪声法就是在转炉吹炼时，在炉膛内会同时产生多种复杂的噪声，通过计算机系统能有效地分析和处理处其中氧气主流噪声信息，该信息随具有吸声能力的泡沫渣厚度而变化，进而可相应地测出造渣厚度变化的动态过程。该系统可解决以下问题：

1）噪声信息采样位置的确定：根据转炉设备的具体情况，通过试验可知，在炉口采样采用波道管能有效地检测到炉内的噪声信息，重复性好。

2）噪声信息采样装置的选择：选择波道管信息引导装置作为噪声信息采样装置，能对信息进行有效、不失真地传递，在高温条件下能长期稳定工作，还可防止吹炼时炉渣的堵塞。

2. 系统构成

该系统能直观地反映出炉内造渣全过程的动态变化趋势，对转炉炼钢有直接的操作指导作用；能实时显示喷溅和返干预警区，对记录进行打印，具有良好的适应性及实用性；能在恶劣环境下可靠地工作；操作简单，维护方便。在系统设计中应用模糊控制论的概念，能模拟人的直觉，减少各种相关因素的影响和分级处理有效信息。系统结构如图 6.7 所示。

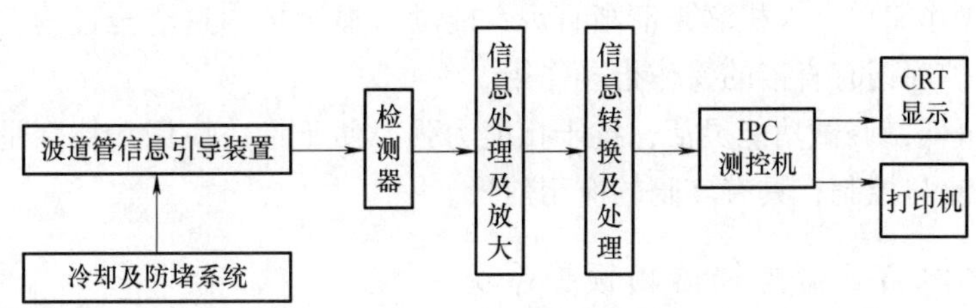

图 6.7　炼钢炉造渣智能监测系统结构图

3. 系统功能

1）喷溅及返干预警线的确定。噪声法是一种对造渣动态过程的间接检测方法。在转炉的吹炼过程中，影响检测准确度的因素极为复杂，除氧枪位置、氧压等参数外，还有操作及原料的稳定性、环境噪声等随机性因素。所以，在实际冶炼中，影响声压强度与造渣厚度之间关系的因素较多，为此用模糊控制来确定喷溅及返干预警线。

2）应用软件编制。应用软件一般采用汇编语言编制，为便于现场使用，无需任何人工操作。系统显示屏幕上直接显示造渣动态过程曲线。

3）显示曲线说明。转炉造渣动态过程显示曲线如图 6.8 所示。当程序进入监控状态后，能在屏上立即显示造渣过程的动态实时曲线，并在起渣的同时，在屏幕上自动画出喷溅及返干的预警线。操作人员根据屏幕给出的信息，如将曲线控制在预警线的范围内控制操作，就不会有喷溅及返干等非正常炉况发生。当曲线接近预警线时，将发生喷溅或返干，操作人员可立即采取相应措施，指导转炉吹炼正常运转。

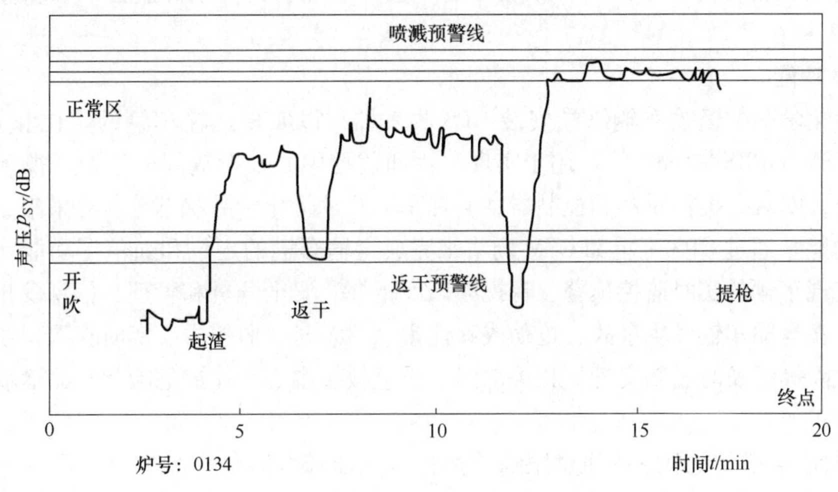

图 6.8　转炉造渣动态过程曲线

4. 系统特点

1）设计合理。在恶劣环境条件下运行稳定可靠，预警准确。

2）结构简单。故障率低，维护量少，能适应我国转炉炼钢生产工艺的要求，防止人工监视操作中的盲目性，减少和防止喷溅或返干现象，降低铁损及辅料的消耗，降低产生工人职业危害的概率。

3）该系统操作简单。人机联系清晰直观，能动态显示炉内造渣全过程，有喷溅和返干的预警区，对转炉炼钢有直接的操作指导作用。

4）运行造价低，调试功能灵活，抗干扰能力强，便于推广应用。特别是用噪声法实现转炉造渣智能监测与控制，具有广阔的应用前景。

6.5.3 危险化学品运输车辆监测预警系统

充分利用先进的通信技术、计算机技术、可视化技术和自动控制等技术构建危险化学品道路运输车辆监测预警系统，是提高运输车辆安全行驶的有效方法。目前，对危险化学品运输车辆要积极推行安装 GPS（全球卫星定位系统）、行车记录仪和通信设备实行跟踪管理，建立危险化学品运输车辆监控预警系统，使危险化学品运输管理工作科学化、规范化和制度化，同时须建立健全道路危险化学品事故应急救援体系，健全应急救援技术和信息支持系统，培养高素质的应急救援队伍，形成快速反应的应急救援机制，提高应急救援能力，最大限度地降低危险化学品运输事故所造成的损失。

1. 总体结构

车辆监控预警系统是由安全管理技术、空间定位技术、计算机技术、地理信息系统、控制技术和数据通信等技术集成的典型应用系统。基于 GIS/GPS/GSM（GPRS、CDMA）的危险化学品道路运输监控预警系统就是以 GIS 作为基础信息系统平台，以 GPS 作为空间定位手段，以 GSM、GPRS 或 CDMA 作为无线数据传输形式，以安全管理、预测科学为研究方法，同时集成终端自控系统、安全分析与管理、报警预警系统的车辆监控系统。整个系统的结构可分为 4 个部分：车载终端、通信系统、运输车辆监控中心和应急救援相关部门。

2. 整体功能

在危险化学品的运输车辆终端安装 GPS 收发器，以实现运输车辆的定位和导航功能；安装车载 GSM/GPRS/CDMA 等，用于实现车辆和监控中心及车辆间的语音、视频和数据的交互；同时，安装各类传感器和控制器，实现车辆及危险化学品状态等信号采集、现场控制和报警等功能。通过 GPS 卫星和 GSM 网络来完成运输车辆的定位和通信等功能。在系统监控中心，实现车辆的实时监控预警、音视频调度指挥、安全分析和管理、信息发布和事故报警等功能。在运输车辆发生事故、抢劫或其他紧急状态时，监控中心实时获取现场状态，并根据实际危险等级及时通知交管等相关部门、应急救援中心，完成危险化学品运输车辆紧急状态的处理工作。

整体系统实现实时跟踪及间续跟踪等多种方式监控危险化学品本身、运输车辆、人员及路途环境等状态，实现多车辆、分区域、跨区域监控，实现监控中心与车载端设备与人员的语音、数据和图像等多种方式的信息交互，车载终端的自动监测、报警和安全保护等，实现监控中心对车辆调度指挥、自动接警和出警、安全分析与管理、事故预测预警等功能。图 6.9 为运输车辆监控预警系统功能和组成的框架及系统监控中心运作框图。

3. 系统特点

（1）标准性

系统设计和构建充分满足危险化学品车辆运输相关管理条例规则的要求。

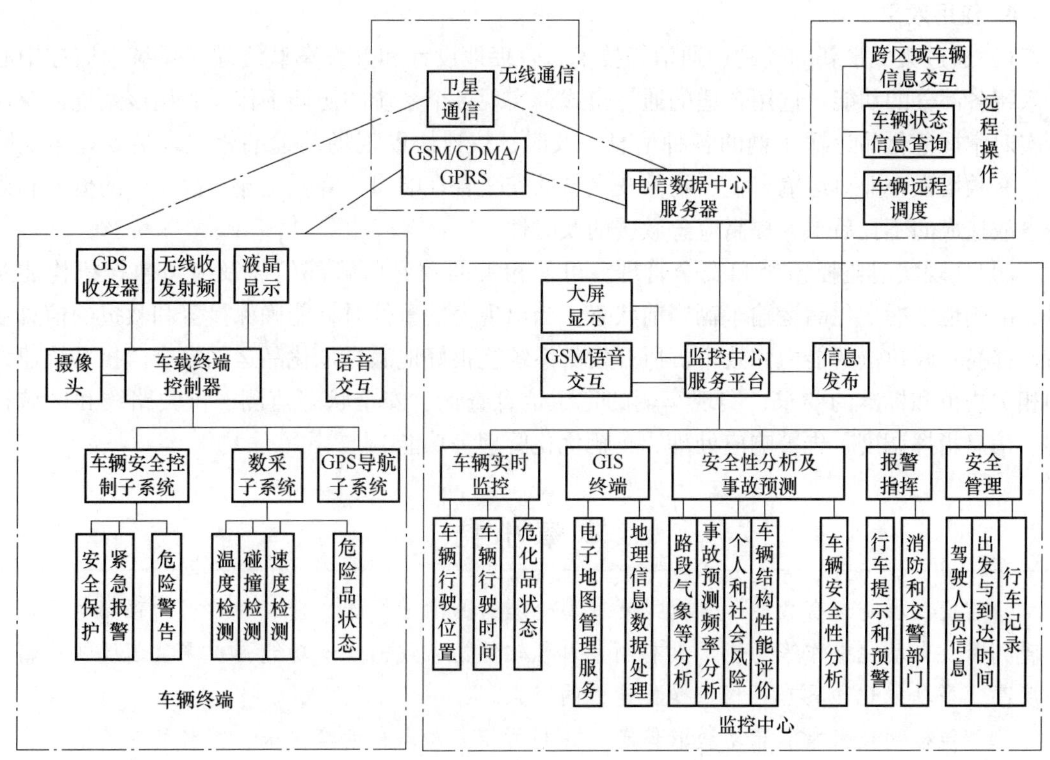

图 6.9 运输车辆监控预警系统主要组成及功能

(2) 经济性

充分认识到危险化学品车辆运营总监控中心的市场化运营模式，系统设计既考虑运输车辆安全管理，又考虑尽量降低系统投资成本，特别是运营成本。

(3) 开放性

系统设计遵守开放性原则，能够支持多种硬件设备和网络系统，并支持二次开发，特别是支持数据分组通信等功能系统接口的统一。

(4) 扩展性

车辆通信终端智能化多接口结构，可适应 GPS、报警、IC 卡等网络的接入和业务发展需要。对系统终期容量及网络发展设想进行方案设计，实现平滑扩容，降低系统维护升级的复杂程度，提高系统更新、维护、升级的效率。

(5) 安全性

在互联网络中，防止非法用户享受服务，防止计算机病毒的入侵，实现对整个网络的实时监控。软件设计及数据调度中采用纠错冗余技术，保证系统安全及准确性。

(6) 稳定性

为保证系统能良好运作，满足各项功能的同时，车载设备、总监控中心软硬件等具有很高的稳定性、安全性和可靠性，充分考虑通信条件对该系统的支持状况。

(7) 继承性

最大限度利用原有部分设备和资源，完成中心处理控制器相关功能。

4. 使用效果

1）通过集成最新的控制、通信等技术，合理地设计和开发车载终端子系统、监控中心子系统各部分的功能。选用合适的通信模式，实现各个系统的协调工作。利用该系统，企业可实时掌握危化品运输车辆的各种信息，及时、快速协助现场及远端相关人员处理运输险情，有效增强企业对运输车辆、物品及人员的安全管理能力，降低运输事故发生的概率和避免事故造成的不良后果，提高应急救援的及时性。

2）实现实时监控预警和安全管理，可使相关的政府监管部门以及应急救援机构能及时、准确地掌握危化品运输车辆当前状态，当出现突发事件时，能确保接警和救援的信息畅通，提高行政执法的能力和效率。所开发的系统能很好地满足危化品运输安全监控系统建设的相关规范和标准的要求，实现车辆的定位信息查询、安全状态监测、行驶路线和区域控制、信息指挥调度、告警响应处理、车辆优化管理等功能。

本章小结

智能仪器是含有微型计算机或者微型处理器的测量仪器，拥有对数据的存储运算逻辑判断及自动化操作等功能，具有测量过程软件化、数据处理功能强、测量速度快、精度高、多功能化和具有可程控操作能力的特点。

智能检测技术指能自动获取信息，并利用相关知识和策略，采用实时动态建模、在线识别、人工智能、专家系统等技术，对被测对象（过程）实现检测、监控、自诊断和自修复。具有三种应用方式：一是数据采集与处理；二是生产控制；三是生产调度管理。智能检测技术被广泛应用于工业生产安全状态监测、诊断及控制以及交通运输和军事等领域。

安全监测可理解为采用智能传感器、智能仪器及探测设备，借助智能化平台实现对系统设备及生产环境“安全状态信息”进行远距离的监测，其任务是为安全管理决策和安全技术有效实施提供丰富、可靠的安全因素信息。根据智能安全监测系统实现的功能不同，智能安全监测系统可分为智能故障诊断系统、智能操作指导系统和智能控制系统三大类。

思考题

1. 什么是智能监测？
2. 智能仪器有什么特点？其典型的功能是什么？
3. 智能检测经过了哪几个阶段的发展？
4. 简述智能安全监测与智能仪器的关系。
5. 智能检测的应用方式有哪些？
6. 简述智能安全监测的任务。
7. 根据实现功能不同，智能安全监测系统可分为哪几类？
8. 试针对某一生产过程设计其智能安全监测功能模块。

7

第 7 章 智能故障诊断与预测

学习目标

- 了解智能故障诊断与预测的内涵、特点及发展趋势
- 理解智能故障诊断的基本框架、故障特征向量的含义
- 掌握四种故障诊断的基本方法
- 掌握三种故障预测的基本方法
- 了解智能诊断与预测系统的设计思想
- 理解智能诊断与预测系统在安全生产中的应用

现代科学技术的进步和生产的发展，推动着机械设备和生产系统日益向大型化、连续化、高速化、高效化、精密化和自动化的方向发展。设备的生产效率和价值有了极大的提高，这些进展一方面的确满足了提高生产效率、降低生产成本、节约能源等现代大工业发展的客观要求，取得了巨大的社会效益和经济效益；但另一方面，对大型设备的设计、制造、安装、使用、维修和安全可靠运行提出了更高的要求。设备和系统一旦发生故障，就会影响到整个生产系统安全稳定的运行，轻则降低系统的生产效率，重则导致系统停机、生产停顿，造成重大经济损失，甚至出现设备毁坏、危及人员生命、财产安全的恶性事故，造成灾难性后果。

如何确保设备的安全可靠运行，迅速地诊断与预测不断出现的新老故障，仍然是故障诊断与预测学科必须深入研究和亟待解决的重大课题。近年来，随着我国信息高速的稳步拓展和智能科学的飞速发展，故障诊断与预测理论及技术的发展面临着新的机遇和挑战。一方面，遍布世界的国际互联网打破了地域上的限制，为异地的信息、知识、方法、服务等各种资源的有效沟通和集成，提供了非常方便的联系途径；另一方面，诊断与预测技术的研究开始向能沟通研究、设计、制造管理、使用和维修等部门，为现场提供更高水平的诊断服务的智能综合诊断及预测方向发展。专家系统、模糊理论、神经网络、计算智能与故障诊断及预

测理论相互融合，共同发展，逐步成为智能诊断与预测发展的主旋律。开发研制能具备强大通信和互联能力的专业化的分布式智能综合诊断与预测系统，是非常有现实意义和发展前景的课题。

7.1 概述

随着复杂、昂贵系统的使用，人类对于精确的故障诊断与实时预测技术的需求与日俱增。对于机械和电子系统均如此。故障诊断和预测技术已有很长的发展历史了。近年来，更加严谨的、专业化的智能故障诊断与预测已成为当今工业复杂系统、航空航天、军用商用大型舰船、汽车工业等领域生死攸关的重要技术。

智能化使得复杂系统的故障诊断和预测模式在世界范围内发生了显著的变化。在检测矿井安全方面，以往“旧”的方式是将金丝雀放入矿井中，通过周期性地观察它的状态，来判断矿井的空气是否出现问题；如果金丝雀死亡，说明矿井内的空气变得很糟糕。“新”的方式是采用目前已有的技术和智能诊断预测技术连续地检测金丝雀的健康状况，并尽早地得到矿井空气恶化的征兆，从而预测矿井中金丝雀的剩余寿命，这明显改进了矿井的维修和健康管理模式，并使金丝雀具有了重复利用的价值。图 7.1 说明了目前复杂设备中应用智能机器故障诊断与预测技术背景下的模式变化内容。

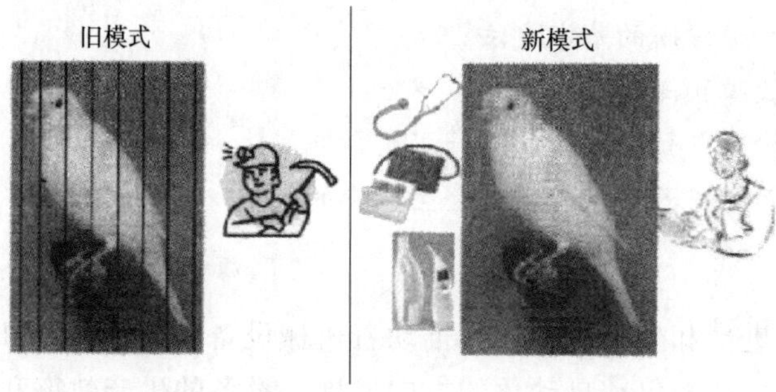

图 7.1　新旧状态诊断基于预测模式对比

总而言之，机器和系统的智能故障诊断与预测的好处是显而易见的。利用现代智能技术，能够实现准确的、真正的智能机械以及复杂系统的智能化故障诊断、预测与健康管理。这种诊断与预测能力对降低运行与维护成本，保障系统及工作人员的安全性将产生重要的、积极的影响。

7.1.1　智能故障诊断与预测的概念

1. 智能故障诊断

故障诊断（Fault Diagnosis，FD）就是对设备运行状态和异常情况做出判断。也就是说，在设备发生故障之前，要对设备的运行状态进行估计；在设备发生故障后，对故障的原因、部位、类型、程度等做出判断，并进行维修决策。故障诊断的任务包括故障检测、故障识别、故障分离与估计、故障评价和决策。

所谓故障检测是判断系统中是否发生了故障以及检测出故障发生的时刻；所谓故障识别

就是指识别出设备所处的故障状态；故障分离与估计是指确定故障所处的位置和故障的严重程度；故障评价和决策是指对故障的后果进行评估并决定故障进行处置的时间和采取的措施。

通常，一般意义上的故障诊断可分为信号处理方法、特征提取方法和诊断方法 3 个方面。信号处理方法，通常包括相关函数、频谱分析、自回归滑动平均、小波变换等；特征提取方法一般包括时域特征、频域特征、时频特征等；诊断方法包括专家系统故障诊断法、模糊故障诊断法、灰色关联度故障诊断法、神经网络故障诊断法和数据融合故障诊断法等。

根据前面的论述，诊断系统的智能可以定义为能有效地获取、传递、处理、学习和利用诊断信息与知识，从而具有对给定环境下的诊断对象进行正确的状态识别、诊断和预测的能力。

显然，智能的关键是获取、传递、处理、学习和利用信息与知识的能力。对于同样的环境和目的，那些能力更强的诊断系统，被认为是具有更高智力水平的诊断系统。

几十年的研究实践表明，智能诊断系统还远远没有达到替代人类智力活动的水平。任何智能诊断系统的研究，其现实模型都是人脑和自然界的各种智能活动对象，其研究成果的水平必然依赖于智能科学的进展。应当说，目前人类对于自身大脑的结构和机制的了解与其实际功能相比还是非常有限的，突破这一局限就目前情况看似乎是不可想象的。人脑是无与伦比的智慧载体，在现有的条件下，完全摆脱人脑对诊断过程的参与无疑是资源的重大浪费。因此，很多学者相信人应是智能故障诊断系统的重要组成部分。将智能诊断系统看成只是由计算机硬件与软件组成的诊断系统显然有失偏颇。因此，可以给出定义：智能诊断系统是由人、当代模拟人脑功能的硬件及其必要的外部设备、物理器件以及支持这些硬件的软件所组成的具有智能的系统。

智能诊断系统的定义具有以下特点：

1）认为智能诊断系统是一个开放的系统，其智能水平一直处于变化中，具备自我提高的潜能。

2）一方面承认智能诊断系统是一个人工智能系统，离不开模拟人脑功能的硬件设备及相应的软件；另一方面又不排斥人的作用，并且将人作为其重要的组成部分。

事实上，由于智能计算科学的发展和进步，还可以将人的智能抛开，定义智能诊断方法或算法，即：能够根据诊断对象被测信息的变化，自主采取正确的计算策略并获得正确的结果的方法为智能诊断方法。

显然，由智能诊断方法组成的智能诊断系统，对人脑的重视程度有了明显的下降。当然，智能诊断方法也离不开人脑的设计和使用。

2. 智能预测

所谓预测，是根据某一事物的运动和变化规律，用科学的方法和模型对该事物的发展趋势与未来状态进行估计及推测，做出定性或定量的评价。预测研究的是事物的未来，而它之所以令人们感兴趣，是因为这与人们目前的行动有密切关系。这主要表现在：

1）一是了解了事物未来的发展状况后，未雨绸缪，事先做好准备。例如，如果预测出设备某部件 3 个月后必须更换，那么，现在就得准备备件；反之，若预测一切正常，那么，就可以将资金用于其他事情。

2）二是通过预测可以对设备管理和运用做出更科学的决策。例如，某设备必须连续工作一段时间或这段时间可以产生更高的效益，那么，是提前进行检修，还是任务完成后再进行检修，这也需用到预测技术。总之，预测可以为当前工作做出更科学的决策。

为了理解预测的作用，首先必须了解诊断与预测之间的关系。早期故障和其发展的时间是寻找它们联系的一个途径，图 7.2 介绍了故障失效演变流程及其中诊断与预测的关系。

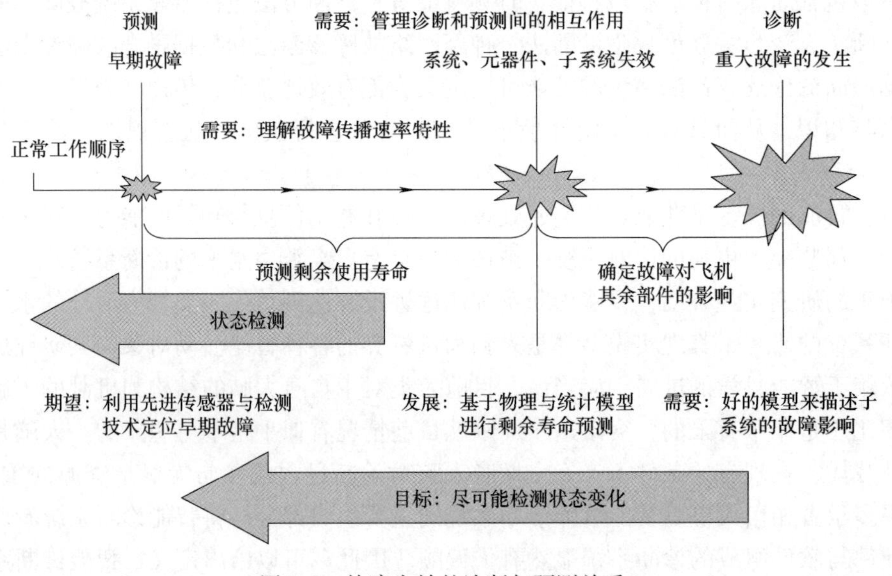

图 7.2　故障失效的诊断与预测关系

在设备的故障诊断与预测中，预测技术主要用于设备性能劣化监测、特征参数趋势分析、故障预报及寿命预测等，是利用设备先期运行中得到的测试数据和资料对设备的运行状态及其发展趋势进行科学的推断，其主要技术基础是预测理论和方法。预测方法从技术上分为定性预测和定量预测。

（1）定性预测

定性预测是预测者通过对事物的过去及现在变化规律的分析，对该事物未来发展的趋势和状态做出判断与预测的一种方法，主要依靠一些领域专家，根据经验来判断事物的大致走势。即对事物的某种特性或某种倾向可能出现也可能不出现做事前推测。一般适合于缺少历史数据，需要依赖专家经验的情况。主要有主观概率法、头脑风暴法、模拟推理法、相关因素分析法等，强调对事物发展的趋势、方向和重大转折点进行预测。其特点是简单、灵活、投入少，但主观性强。

（2）定量预测

定量预测则是运用统计方法和数学模型，对事物现象、未来发展状况进行测定，如轴承的磨损量、设备的剩余寿命等。它主要是通过对过去一些历史数据的统计分析，用量化指标来对系统未来发展进行预测。定量预测是对事物未来的发展趋势、增减和可能达到水平的一种量的说明。定量预测主要采取模型法。目前，主要采用的定量预测方法有回归分析法、时间序列分析法、灰色预测法、神经网络法、支持向量机法和组合预测法等，强调数据、模型和精确计算。

预测按照期限可以分成短期预测、中期预测和长期预测等几种形式。其中，短期预测是对事物近期的发展情况所做出的预测，其结果直接影响当前的工作安排，因此需要较高的预测精度；中期预测是对较长一段时间后事物发展情况的预测，预测精度上较短期预测低一些；长期预测是为设备规划长远计划所做的预测，预测精度要求更低一些。

所谓的智能综合预测，就是通过智能科学的思想和方法，设法把不同的预测模型有机地结合起来，综合利用各种预测方法和知识所提供的信息，以适当的综合准则得出综合预测模型，实现科学的预测。

7.1.2　智能故障诊断与预测的诞生及现状

所谓故障诊断就是寻找故障原因的过程，狭义地讲主要包括状态监测、状态识别、故障定位等，广义地讲还包括故障原因分析、维修处理对策及趋势预测等内容。设备的故障诊断可以说自有工业生产以来就已经存在，但故障诊断作为一门学科是 20 世纪 60 年代以后发展起来的，它是适应工程实际需要而形成和发展起来的一门综合学科。纵观其发展过程，故障诊断可依据其技术特点分为以下 4 个阶段。

1. 原始诊断阶段

原始诊断始于 19 世纪末至 20 世纪中期，这个时期由于机器设备比较简单，故障诊断主要依靠设备使用专家或维修人员通过感官、经验和简单仪表，对故障进行诊断，并排除故障。

2. 基于传感器与计算机技术的诊断阶段

20 世纪 60 年代，美国开始了基于传感器与计算机技术的故障诊断。在这一阶段，由于传感器技术和动态测试技术的发展，使得对各种诊断信号和数据的测量变得容易和快捷；计算机和信号处理技术的快速发展，弥补了人类在数据处理和图像显示上的低效率和不足，从而出现了各种状态监测和故障诊断方法，涌现了状态空间分析诊断、时域诊断、频域诊断、时频诊断、动态过程诊断和自动化诊断等方法。机械信号检测、数据处理与信号分析的各种手段和方法，构成了这一阶段设备故障诊断技术的主要研究和发展内容。

3. 智能化诊断阶段

智能化诊断技术始于 20 世纪 90 年代初期。这一阶段，由于机器设备日趋复杂化、智能化及光机电一体化，传统的诊断技术已经难以满足工程发展的需要。随着微型计算机技术和智能信息处理技术的发展，将智能信息处理技术的研究成果应用到故障诊断领域中，以常规信号处理和诊断方法为基础，以智能信息处理技术为核心，构建智能化故障诊断模型和系统。故障诊断技术进入了新的发展阶段，传统的以信号检测和处理为核心的诊断过程，被以知识处理为核心的诊断过程所取代。虽然智能诊断技术还远远没有达到成熟阶段，但智能诊断的开展大大提高了诊断的效率和可靠性。

4. 健康管理阶段

20 世纪 90 年代中期，随着计算机网络技术的发展，出现了智能维修系统（Intelligent Maintenance System，IMS）和远程诊断、远程维修技术，开始强调基于设备性能劣化监测故障预测和智能维修研究。进入 21 世纪以来，故障诊断的思想和内涵进一步发展，出现了故障预测与健康管理（Prognostic and Health Monitoring，PHM）技术，该技术作为大型复杂设备基于状态的维修和可靠性工程等新思想的关键技术，受到美英等国的高度重视。所谓故障预测与健康管理事实上是传统的机内测试（BIT）和状态监控能力的进一步拓展。其显著特点是引入了预测能力，借助这种能力识别和管理故障的发展与变化，确定部件的残余寿命或正常工作时间长度，规划维修保障。目的是降低使用与保障费用，提高设备系统安全性、可靠性、战备完好性和任务成功性，实现真正的预知维修和自主式保障。PHM 重点是利用先进的传感器及其网络，并借助各种算法和智能模型来诊断、预测、监控与管理设备的状态。

至此，传统的故障诊断已经发展到了诊断与预测并重阶段，我们称为故障诊断与预测（Diagnosis and Prognosis，DP）阶段。为了叙述方便，将故障诊断与预测简称为故障诊断。

故障诊断的发展在世界各国的情况不尽相同，美国是最早研究故障诊断技术的国家。1967 年，在美国宇航局和海军研究所的倡导和组织下，成立了美国机械故障预防小组，开始有计划地对故障诊断技术分专题进行研究。由于故障诊断技术应用有巨大的经济和军事效益，很多学术机构、政府部门以及高等院校和企业公司都参与或进行了与本企业有关的故障诊断技术研究，取得了丰富的成果，故障诊断的思想和方法不断取得进展，出现了像基于网络的本特利远程监控与诊断专家系统、大型飞机的飞行器数据综合系统、航天飞机健康监控系统等具有代表性的产品和思想。目前，美国的故障诊断技术在航空航天、军事以及核能等尖端技术领域仍处于领先地位。

欧洲一些国家对故障诊断技术的研究始于 20 世纪 60 年代末至 70 年代初，受美国故障诊断技术发展的带动和影响，发展也很快。1971 年英国成立了机器保健中心，有力地促进了英国故障诊断技术研究和推广工作，取得了不少突破，在机器摩擦磨损，特别是飞机发动机故障监测和诊断方面具有领先优势。同期，欧洲的其他国家也取得了许多进展，如瑞典 SPM 仪器公司的轴承监测技术、丹麦 B&K 公司传感器技术、德国西门子公司的监测系统等都很有特色。

日本的诊断技术研究始于 20 世纪 70 年代中期，其做法是密切注视世界各国的发展动向，特别注意研究和引进美国故障诊断技术的进展，发展出自己的特色。例如，开发了机器寿命诊断的专家系统、汽轮机组寿命诊断方法等，注重研制监控与诊断仪器。

故障诊断技术的研究在我国的起步更晚一些，开始于 20 世纪 80 年代初期，也是通过学习国外先进经验和依靠自身艰苦创业一点一滴地做起来的，经历了从无到有、稳步发展和全面繁荣的不同阶段。刚开始时，只有一些简单仪器仪表和国外引进的先进思想，通过大量的工程应用研究和理论探讨，逐步奠定了我国状态监测与故障诊断的基础。后来，随着计算机和信息处理技术的迅速发展，许多高校开始研究开发以计算机为中心的监测与诊断系统，建立相关学科体系，培养了大量的故障诊断方面的人才，通过理论的深入研究和大量的工程应用实践，故障诊断技术稳步发展，研发出许多实用化的故障诊断系统。近十几年来，随着智能信息处理理论、计算机网络技术、现代信号处理技术等全面发展，故障诊断理论和方法获得了全面拓展，故障诊断逐步走向成熟。目前，故障诊断技术在我国的国防、化工、冶金、电力和铁路等行业得到了广泛的应用，与先进国家的差距已大大缩小，自主开发的产品已完全可以满足生产实际的需要。

当前，故障诊断领域中的几大研究课题主要为故障机理研究、现代信号处理和诊断方法研究、智能综合诊断系统与方法研究以及现代故障预测方法的研究等。智能故障诊断与预测研究已成为现代设备故障诊断技术的一个最有前途的发展方向。故障诊断技术的发展呈现出以下 3 个方面的趋势：

（1）诊断系统智能化

专家系统、模糊诊断、神经网络、进化计算、群体智能和综合诊断等方法正走向成熟，并将在故障诊断系统中得到广泛的应用。

（2）诊断系统集成化

诊断系统的开发转向专门技术的组合和集成，软件更加规范化、模块化，硬件更加标准化、专业化。

（3）诊断与预测综合化

由过去单纯的监测、诊断与预测，向今后的集监测、诊断、预测、健康管理、咨询和训练于一体的综合化方向发展。

7.1.3 智能故障诊断与预测系统的结构及特点

1. 智能诊断与预测系统的结构

设备智能故障诊断与预测系统的一般结构主要由 7 个功能模块组成，图 7.3 反映的是该系统的逻辑结构关系。

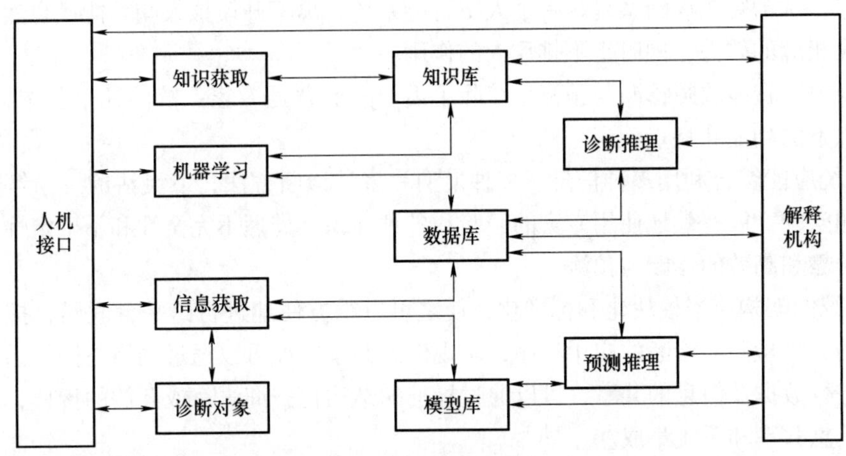

图 7.3 智能诊断与预测系统的一般结构

各主要功能模块作用介绍如下。

（1）人机接口模块

人机接口模块是整个系统的控制与协调机构，负责向用户、系统维护人员、系统管理人员及各种专家提供与系统各项功能的接口和通道，以便这些人员对系统进行管理、维护和使用等工作。

（2）知识库、模型库和数据库及其管理模块

该模块负责管理和存储系统所需的各种知识、模型和数据，向系统提供数据、知识和模型的建立、增加、删除、修改、检查等各种操作功能。

（3）诊断推理模块

诊断推理模块是诊断系统的一个核心，负责运用监测诊断信息和相关知识完成系统诊断

任务。

（4）预测推理模块

预测推理模块是诊断系统的另一个核心，负责运用诊断监测信息、历史信息、预测模型和相关知识进行推理，完成系统预测任务。

（5）信息获取和诊断对象模块

该模块通过主动、被动和交互等方式获取有价值的诊断信息，许多诊断与预测系统还需配备复杂的信号分析和处理工具，以方便系统进行有效的特征提取。

（6）解释机构模块

该模块的任务是记录和回溯诊断与预测过程及推理过程的中间结果，可以帮助用户了解诊断与预测推理的过程，掌握诊断和预测的主要依据。

（7）知识获取和机器学习模块

该模块主要用于完善系统的知识库和模型库，提高系统的诊断和预测能力。

2. 智能诊断与预测系统特点

现代故障诊断理论认为，智能诊断系统是由人、当代模拟人脑功能的硬件及其必要的外部设备、物理器件以及支持这些硬件的软件所组成的具有智能的系统。智能诊断系统的定义具有 2 方面特点：①其一，认为智能诊断系统是一个开放的系统，其智能具备自我提高的潜能；②其二，认为智能诊断系统是一个人工智能系统，离不开模拟人脑功能或自然规律等的硬件设备及相应的软件，同时也不排斥人的作用。

一般来说，智能故障诊断与预测系统除了需要具有普通专家系统的几个基本特点以外，还应具备以下的功能和特点：

1）系统应能综合利用多种信息、多种模型和多种诊断方法，以灵活的诊断策略来解决诊断与预测问题。能有效地使用专家的经验和各种知识，处理不完全性和不确定性信息，实现设备的可靠和高效的诊断与预测。

2）系统的架构应当模块化和标准化，使之可以很方便地进行跨平台联网，扩展或调用其他专门的故障检测与诊断的应用程序，实现信息共享。如可以通过网络与同类系统和上级管理系统进行数据及信息的共享，可以通过标准的结构化查询语言或开放的接口，实现异构系统间的信息共享和系统集成。

3）系统应具有良好的人机交互诊断的功能。由于现代设备极具复杂性，在对其进行故障诊断时除了需要一般的经验知识外，还需要许多方面的深层次知识。只有综合运用多种知识源，才能求解比较复杂的诊断问题。因此，让用户适时地参与更多的实时诊断，会使诊断的速度更快、准确性更高。

4）系统应具有多种诊断信息获取的途径。对于诊断系统来说，其所获得的诊断信息越丰富，诊断的效果就越好。诊断系统首先应具有自动获取诊断信息的功能，包括诊断对象当前的运行状态信息和历史状态数据。前者可以通过各种自动测试平台系统来得到，后者可以通过查询有关的数据库来获取。其次，应能通过人机交互来获取诊断信息，因为这类信息大都是难以直接观测又难于通过自动方式获取的，只有通过专家的参与才能确定。

5）系统的问题求解应当实时和准确。诊断系统应具备实时诊断的功能，即一旦发现故障的迹象，就应立即开始诊断工作。而且输出的结果应当详细、明了，能说明在哪一层次或元件发生了何种故障。对于并发故障，允许系统输出若干个诊断解，但对同一故障不允许有多个诊断解。在故障征兆不完备的情况下，应能输出若干个候选故障解，并合理赋予权值对其排队，以便进行进一步的诊断，不允许以权重最高的解作为诊断解。

6）系统应该可以使用丰富的故障诊断算法和故障预测模型。可以利用当前已经成熟的（可以是别人开发的）、新发展的、专业化的故障检测与诊断算法和工具，可以预测故障发生发展过程，并提供系统健康管理策略和方法。现代设备技术复杂、专业面宽，需要集研制单位、生产厂家、有专长的服务公司等社会多方面的智力资源，解决诊断与预测问题。

7）系统具有学习的功能，这是现代智能故障诊断与预测系统的一个重要特点。机器学习的作用越来越受到人们的重视。由于现代设备极具复杂性，领域专家很难对其全面认识，文本知识缺乏，运行经验不足，并且新的领域知识不断出现，因此，仅仅依靠专家现有的知识很难使诊断系统达到较高的诊断水平。这就要求系统具有既可被动也可主动地获取新的诊断与预测知识的能力，通过自学习不断提高诊断与预测系统的性能。

以上几个方面是智能故障诊断与预测系统的一般特点，对于不同的诊断对象，应结合其特殊性而有所侧重。

7.1.4 智能故障诊断与预测未来发展趋势

近些年来，由于计算机技术、信号处理、人工智能、模式识别技术的发展，促进了故障诊断技术的不断发展，特别是智能故障诊断方法得到广泛的研究。未来，智能故障诊断与预测技术的研究主要集中在以下几个方面。

1. 多种故障诊断与预测方法的结合

将多种故障诊断与预测方法相结合能够充分地获取知识，利用知识，进而提高故障诊断与预测系统的性能，主要的研究方向有以下几种。

1）专家系统与神经网络的结合。可以利用神经网络的自学习、并行运算等优点来弥补专家系统的知识获取困难和知识推理的无穷递归等不足。

2）模糊方法与神经网络相结合可以在神经网络框架下引入定性知识，用语言描述的规则构造网络，使网络中的权值有明显的意义，同时，保留了神经网络的学习机制。

2. 新的数学工具和智能算法

新的数学工具为传统故障诊断与预测方法研究开辟了崭新的途径，是智能诊断与预测技术发展的新导向，主要研究方向有以下几种：

1）针对高维数据会给神经网络带来结构复杂、训练速度和收敛过慢等问题，将粗糙集引入神经网络方法中。粗糙集通过决策表简化去掉冗余属性，可以大大简化知识表达空间维数，其决策表的简化又可以利用并行算法处理，因此，将粗糙集理论与神经网络相结合是很有意义的。

2）为了克服专家系统存在的知识获取、自学习等问题，将具有并行计算，自学习能力的遗传算法等进化计算引入专家系统，成为专家系统研究的一个新的方向。进化计算算法是模拟生物和自然界进化与物理过程的人工算法，具有很强的全局优化搜索能力，并具有简单通用、鲁棒性强、并行处理结构等显著优点，将其与专家系统结合具有广阔的应用前景。

3）灰色理论、经验模式分解、混沌与分形、支持向量机、蚁群、粒子群等新的数学工具在故障诊断与预测中的应用崭露头角，这也是今后故障诊断与预测方法研究的新方向。

3. 混合式智能诊断与预测系统

纵观现有的混合诊断与预测模型，远没有达到专家思维“互相融合”与灵活运用的程度；而且，现有的绝大多数混合模型只能在某些事先设计好的组合关系下进行多领域知识模型的静态“集成”，没有体现出“动态融合”优势，也不能适应求解环境和问题特征的动态变化。如何针对不同诊断模型和预测方法的特点，基于不同知识表示形式，研究能够更好模拟专家思维的混合预测策略，研究混合诊断与预测系统的进化和组合机制，是今后研究工作中需要重点解决的内容。

总之，对复杂系统进行故障诊断与预测，要根据诊断与预测对象的实际情况，选择合适的信号处理和求解模型，力求快速、准确地诊断出故障原因，预示故障的发展。复杂系统由于自身构造的多层次性，所处环境因素复杂等实际条件的限制，一方面要着力发展每个算法和模型的智能水平，使问题简单化，另一方面要改进现有智能诊断与预测系统的“学习”和“进化适应”能力，采用多种智能混合方法，研究多智能方法和模型的组合理论与方法，提高系统的综合诊断与预测能力。

7.2 智能故障诊断

在过去的几十年中，故障诊断问题得到了国内外学者的广泛关注。作为新兴的综合性边缘科学，故障诊断技术已经初步形成了比较完整的科学体系，涉及计算机、系统科学、人工智能和信息科学等许多学科。

由于当代前沿科学中的理论和方法必然渗透到故障诊断技术中，如神经网络理论、粒子滤波和控制论等，所以故障诊断技术几乎能够与这些前沿学科同步发展。在最近几年中，各式各样的故障诊断方法已经发展起来，例如基于神经网络、神经网络自适应观测器、专家系统和支持向量机等智能故障诊断系统。

7.2.1 智能故障诊断的基本框架

故障检测和识别方法近年来在许多领域均有广泛的应用。一个通用的故障检测和识别结构如图 7.4 所示。在该图中，通过比较，产生出代表着偏移标准运行状态的残差信号（例如一个模型的输出和实际系统的输出比较而产生的残差），根据残差信号，就可以对机械的运行状况做出决策。

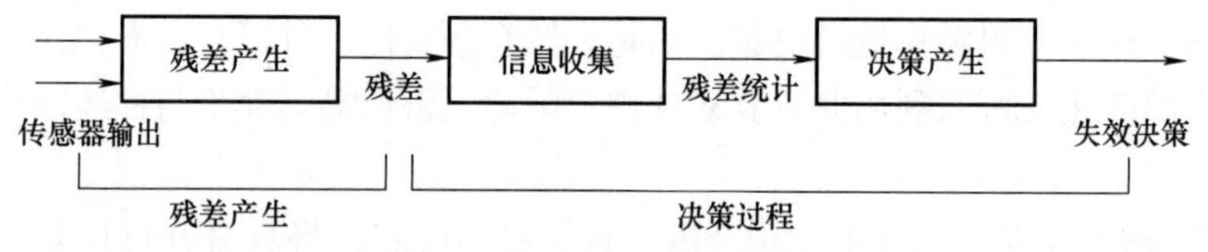

图 7.4　通用故障检测与识别结构

可用的技术主要分为两大类：基于模型的和基于数据驱动的。基于模型的技术要依赖于系统精确的动态模型，该方法甚至可以检测出未知的故障。该方法利用实际系统和所建立模型的输出来产生偏差，指示一个潜在的故障状态。其中的一个实现方法是利用滤波器组来识别出实际的故障部件情况。基于数据驱动的技术常常是对预期故障的探讨，在这种情况下，一个故障模型是一个结构体或者结构体的集合，如神经网络、专家系统等。这就首先需要用含有已知故障特征的样本进行训练，然后再用于在线检测，从而确定故障部件的特征。

图 7.5 是一个通用的在线故障检测与诊断策略图。图中给出了需要在线监测和诊断的完整过程。该过程的主要部分包含从传感器输出收集到的数据，然后建立特征向量，该特征向量包含有当前机械运行状态的足够信息，以用于随后的故障识别与分类。包含在特征向量中的信息可以通过 3 种方法获取：①基于模型的方法（例如利用卡尔曼滤波或者递归最小二乘法识别系统实际模型）；②数据驱动方法（例如振动信号统计窗口信息、振动频谱信息）；③利用现有的历史数据进行统计回归以及聚类分析技术。特征向量一旦获取，就可以作为故障分类模块输入，模块中包含有不同的决策算法。如果在得出决策之前，需要更多的信息，测试信号就回馈到机械装置部分。

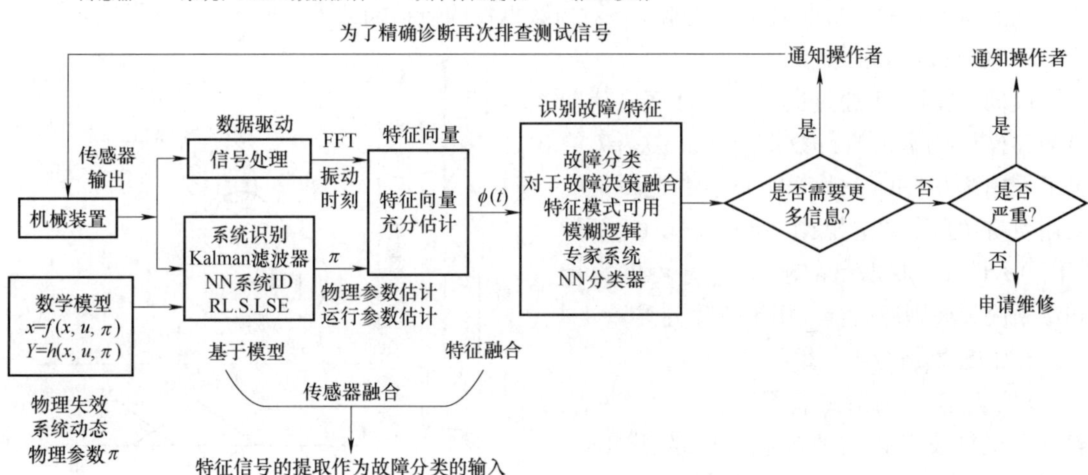

图 7.5　在线故障检测和诊断策略图

故障特征向量。故障特征向量是用来确定当前机械故障状态的一系列数据集。特征向量包含有系统的不同状态，既包含有和故障状态有关的系统参数（体积模量、泄漏系数、温度、压力），也包含有振动和其他信号的分析数据（能量、峰值情况、离散傅里叶变换等）。特征向量是通过物理模型或者历史数据而选择获取的。物理模型表现出的可以是包含体积模量和泄漏系数等部分，而历史故障数据可以表现振动信号的能量、峰值等重要部分。不同特征向量用于诊断不同的子系统。接下来对具有代表性的故障诊断方法一一阐述。

7.2.2　基于历史数据的诊断方法

历史数据包含有机械早期的故障或者在故障期间的振动测量值与瞬时信息（能量、RMS 值、峰值等）。机械设备在运行状态所测的时变信号同已有的历史数据相比较，就可以确定故障是否继续发生。这其中的一个重要挑战是数据量化的重要性，数据必须转换成能够用于以诊断为目的信息形式。目前，在分析数据及把数据转换为有用的形式有多种方法，包括统计相关性和回归方法，模糊-逻辑分类和神经网络聚类技术。

在许多情况下，能够得到统计性的历史累计故障数据如图7.6所示。该图中，每个点表示了之前所测得的一个异常事件。在图中所给出的数据中可以观察到，在以前所测试的数据记录集中，当振动幅度增加时，驱动齿轮传动齿的磨损测量值也在增加。这些数据对诊断非常有用，但是，纯粹的数据记录量太大，需要采用适当的数学方法把它们转换成有用的形式。

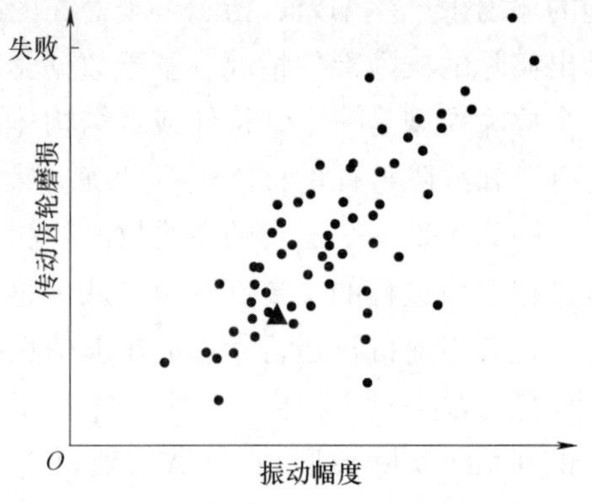

图7.6　统计性的历史累计故障数据样本

1. 统计相关性和回归方法

在从归档的历史数据中抽取信息时，统计相关性和回归方法是很有用的。统计聚类方法能够揭示出数据记录中的内在构成。该方法可以用于非高斯及高斯统计数据。选择光滑参数，既能满足故障诊断准确性，又能具备对新数据集的概括能力。

2. 模糊-逻辑分类

模糊-逻辑技术通过交互式的计算机辅助检测和操作技术来执行数据分析。图7.7给出了采用该方法的一个范例。模糊-逻辑聚类采用如下的形式化规则：if（振动幅度是“中”），then（状态是故障2）。并可以直接和诊断决策规则库结合，用于故障分类。

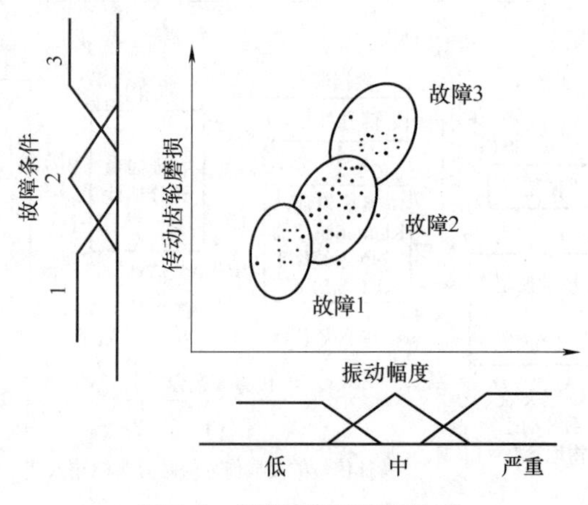

图7.7　模糊-逻辑聚类技术

3. 神经网络分类和聚类

对于所获取的历史累积数据，可能对应着一类机械设备以前故障状态时的测量值。为了将这些数据转换成可用形式，可以使用神经网络结构来聚类数据。如图7.8所示，为对历史故障数据采用神经网络训练后的结果，图中用小圆圈表示聚类后的故障类别，实现故障状态的分类；再将当前故障数据带入神经网络故障分类系统中，得到目前故障的诊断结果。

7.2.3　基于数据驱动的故障分类与决策

同基于模型的方法相比较，数据驱动的故障诊断技术主要依赖于过程和测量到的设备健康数据来建立一个故障特征或故障特性指示和故障类别之间相互关系的模型。这种模型可以是专家系统、神经网络或者这些计算智能工具的联合运用。最终在线实现时，该方法需要一个完备的数据库（在基准线和故障状态方面）来训练和验证该诊断算法。该方法虽然在失效机理的物理过程方面不能像基于模型的方法那样提供洞察力，但是该方法不需要准确的物理系统模型来做研究。它们是对那些故障特征提前做了识别和优先级排序，并根据严重程度和发生的频度的预期故障状态做出反应。而基于模型的方法是根据实际系统输出和模型的输

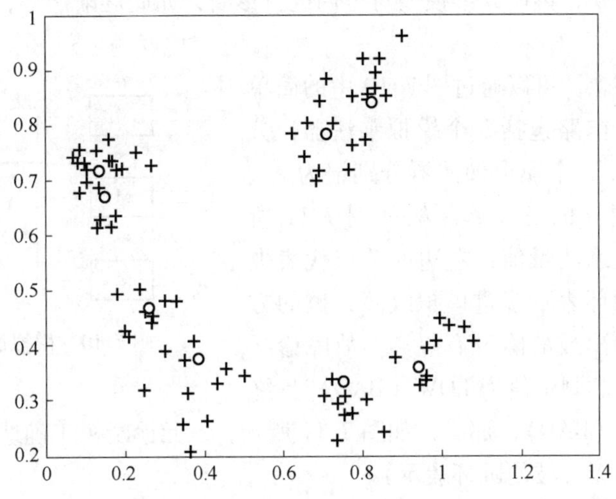

图 7.8 由神经网络识别的故障聚类

注：圆圈表示聚类中心，+表示故障数据。

出之间的偏差或残差进行故障诊断，因而基于数据驱动的故障诊断能够用来检测非预期的故障。

图 7.9 表示数据驱动故障诊断系统的框图。系统中主要的模块有传感器数据处理、运行模式识别、故障特征提取、多重分类器的故障诊断，并通过 D-S 理论的确定性因子来确认。

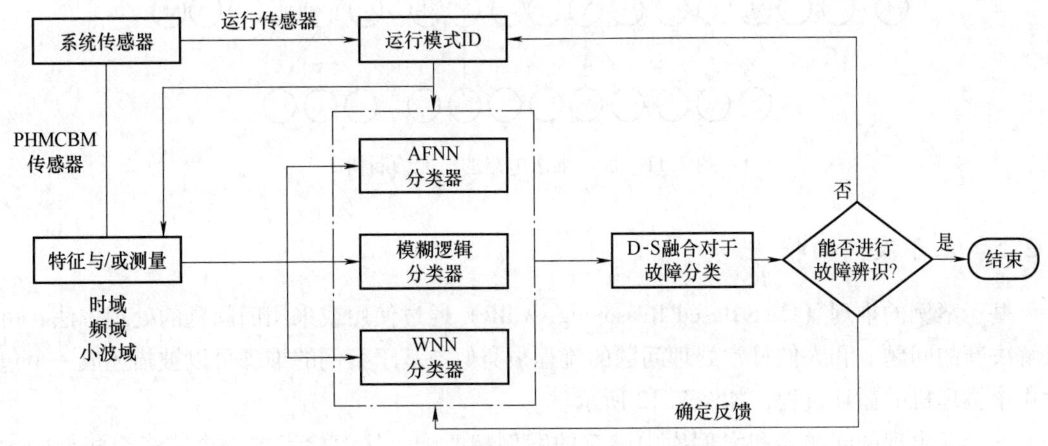

图 7.9 基于数据驱动故障分类诊断系统

7.2.4 基于模型的推理

在过去的十多年里，基于模型的方法作为智能诊断系统得到了很大发展，成为一个重要的研究方向。

模型一般是实际被诊断设备系统的近似描述。基于模型的诊断方法是利用从实际设备系统或器件中得到的观察结果和信息，建立相应的系统结构和功能的数学模型，然后通过模型，对设备的故障进行诊断。基于模型的诊断方法一般采用多级诊断方式。即先用高级模型对系统整体进行初诊断，再用详细模型对全局进行诊断，如此逐渐循环，最终找到或诊断出设备的故障。

为了说明这一概念，可以通过图 7.10 中的简单加法乘法器来说明。电路包括 3 个模拟乘法器，分别记为 M_1、M_2、M_3，2 个模拟加法器分别记为 A_1、A_2。对于该电路，建立的三元诊断树如图 7.11 所示。根部的内节点表示测量值，左边的节点代表失效故障部件，空的圆环表示多重模拟故障，黑的方形表示故障未被检测出或故障没有隔离。故障诊断过程如下：如果终端 F 测量值为 LOW（BAD）且终端 X 测量值是 HIGH（BAD），那么，如图 7.11 所示，三元诊断树正确地指示出一个多重故障（由图中的开放的无分枝的圆环表示）。

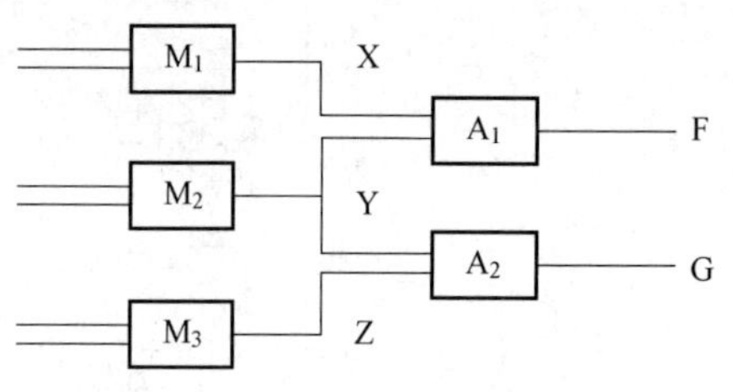

图 7.10　模拟加法乘法电路

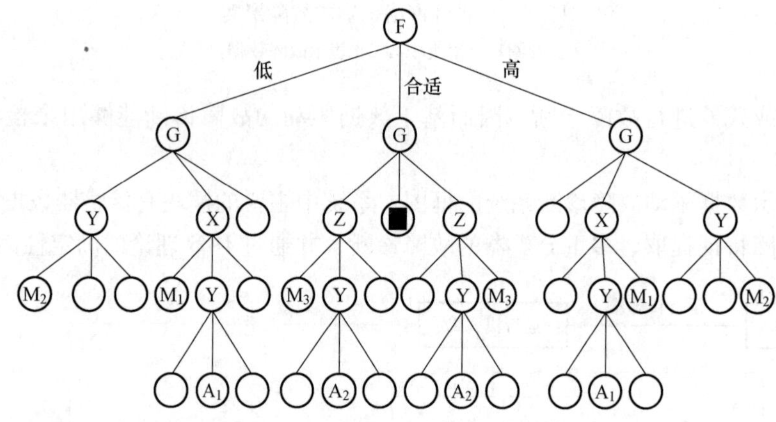

图 7.11　加法乘法电路的三元诊断树

7.2.5　基于案例的推理

基于案例的推理（Case Based Reasoning，CBR）通过使用或采用旧问题的处理方法，可以解决新的问题。和人们日常处理问题的流程很类似。基于案例的推理可以被描述成一个包含 4 个推理机的循环过程，如图 7.12 所示。

一个新出现的问题会和案例库中已有的案例相匹配，从而检索出一个或多个相似的案例。将匹配案例的解决方案作为解决新问题的建议重新使用并测试是否成功。如果检索出的案例不能完全和新问题匹配，解决方案可能需要经过修改，最终形成一个新的被保留下来的案例及解决方案。在当前新的技术发展水平上，人工智能系统被证实能够成功地用于决策系统。在基于案例的推理中，一些应用是利用机器学习技术实现数据挖掘和联想学习，提出一个逼近的方法，并容易提出好的解决方案。

CBR 的有效性决定于合适案例数据的利用能力、索引方法、检索能力和更新方法基于案例的故障诊断系统在执行新的诊断任务时，依靠的是以前诊断的经验案例。实践已经证明，该方法是非常有效的。它具有以下特点。

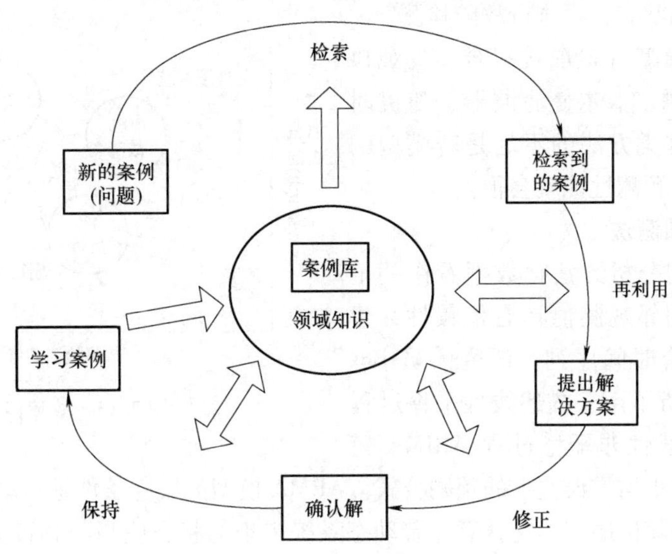

图 7. 12 基于案例的推理循环过程

1）在有足够数量的案例时才可用该方法进行诊断。它类似老中医看病一样，只有积累了大量的典型病例和看病经验，才可以手到病除。

2）由于该诊断方法是基于整体故障模式的，而不是一步步进行逻辑诊断，因此，该方法得出结论的逻辑性并不明显，但却非常实用。

3）在改进和维护方面，该方法要比传统的方法更容易，这是由于其相关知识可以在使用过程中不断获取，并逐步增长。

4）随着案例的不断增加，它的检索和索引的效率将会受到影响。

5）CBR 具有解决特殊领域问题的能力。

以上基于不同原理的故障特征信息获取方法最显著的特点便是具有学习能力和决策能力，这也是智能系统的优势所在，这也保证了系统对变化环境的自适应性。由于知识库的建立过程实际上变成了网络的训练学习过程，建造系统时不再需要显式的规则信息，这样就大大降低了知识获取的困难。

7.3 智能故障预测

“预测”一词源于希腊语，从字面上可以翻译成能够在事件真正发生前获得系统信息。图 7. 13 给出了故障可能的传播方法。如果在故障严重度为 4% 时被发现，只需要更换部件；如果在故障严重度为 10% 时被发现，必须更换子系统；如果直到失效才发现故障的存在，整个系统都需要更换。很明显，对故障严重度和即将发生的失效的估计是非常重要的。

7. 3. 1 基于模型的预测技术

统计模型预测法首先对观测的历史数据模型做一定的假设，然后经过模型参数的估计得到相应的预测值。这类方法的根据是：虽然当前这种故障特征的峰值很小，难以判断，但随着时间的推移，它的幅值会越来越大。因此，可以根据系统过去和现在的状态，采用预测技术估计将来时刻的状态，再进行故障检测。

常用的参数模型有多项式拟合、主观概率预测、回归预测、卡尔曼滤波器、随机时间序列等方法，这类方法的不足是若模型的假设与实际不符，预测性能就会很差。

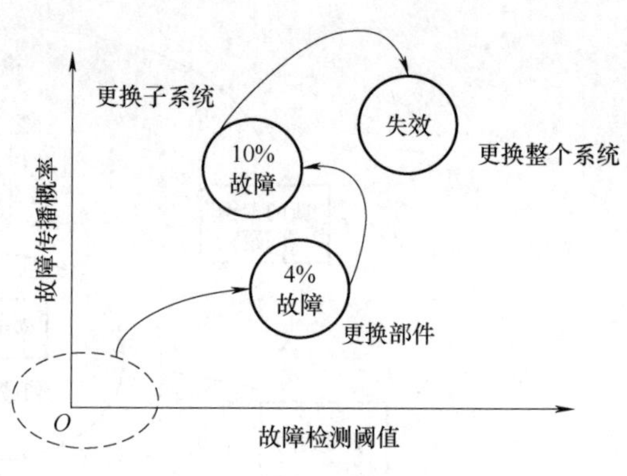

图 7.13　故障传播

1. 时间序列预测法

经典时间序列分析方法把数据看作一个随机序列，根据相邻观测值具有依赖性，建立数学模型来拟合时间序列。研究人员 Box 和 Jenkins 详细分析了用于描述线性平稳过程的 ARMA 模型和线性非平稳过程 ARIMA 模型，并推导出在最小均方误差下的预测公式。ARMA 模型的成立条件是：动态过程的时间序列是零均值的平稳随机序列，这就意味着动态系统未来的状态应当与其过去状态保持一致。显然，在具有多状态系统中该方法的应用受到限制。此外，只有当动态过程为线性或准线性时，该方法才能得到较好的预结果。

2. 回归分析预测法

回归预测是根据历史数据的变化规律，寻找自变量与因变量之间的回归方程式，确定模型参数，据此做出预测。根据自变量的多少可将回归问题分为一元回归和多元回归，按照回归方程的类型可分为线性回归和非线性回归。回归分析法要求样本量大，且要求样本有较好的分布规律，当预测的长度大于占有的原始数据长度时，采用该方法进行预测在理论上不能保证预测结果的精度。另外，可能出现量化结果与定性分析结果不符的现象，有时难以找到合适的回归方程类型。此方法结果受近期影响大，不便于多因素预测，非线性拟合能力较差。

3. 滤波器预测法

20 世纪 60 年代初，学者 Kalman 和 Bucy 最先提出状态空间方法以及递推滤波算法（即 Kalman 滤波器），通过对系统状态估计误差的极小化得到递推估计的一组方程，由于它实时得到了系统的预报方程，在预报领域也得到大量的应用，如飞行器运动的实时预报，运动物体的轨迹预测等。基于卡尔曼滤波器的方法要求系统模型已知，当模型比较精确时，通过比较滤波器的输出与实际输出值的残差，实时调整滤波器的参数，能够较好地估计系统的状态，同时，也能对系统的状态做短期预报。但模型不准确，滤波器估计值就可能发生较大偏差。

7.3.2　基于概率的预测技术

通常，对于某个特定机械类，失效的历史数据以统计的形式展示出来。在这种情况下，用概率方法进行预测是非常有效的。这种方法比基于模型的技术需要较少的信息，因为这种方法所需的预测信息主要是不同的概率密度函数，而不是动态差分方程。它的优势在于它所需的概率密度函数，可以通过可观测的统计数据得到，并且这些概率密度函数的范围只要预测所感兴趣的量就足够了。这些方法通常会给出结果的置信界限。

一种典型的失效概率曲线是风险函数。在机器的早期使用中，失效的速度非常高，等到所有部件稳定下来，失效的速度相对较稳定或较低。然后，经过一段时间的使用，失效速度又开始上升（所谓的消耗故障），直到所有的组件或设备都失效。基于系统的特性来估计失效会变得更加复杂，因为人们必须考虑生产制造的可变性、历史任务的变化及机器寿命的减少，如图 7. 14 所示。所有这些都是概率事件。最后，在预测失效时必须考虑并且尽可能地减少虚警概率。

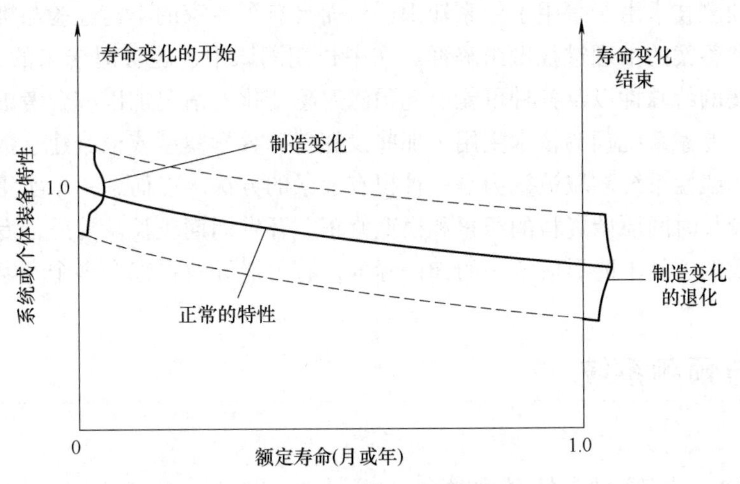

图 7. 14　生产制造变化性及历史任务效果

7. 3. 3　基于数据驱动的预测技术

在许多情况下，掌握了导致失效的不同信号的历史失效/故障数据的时间曲线，但很难决定采用哪种模型来实现预测。此时，神经网络、模糊系统及其他的智能计算方法为预测提供了很好的选择。这些智能算法都可以直接从数据中得到故障传播变化及其置信区间。

1. 神经网络预测

神经网络具有极强的非线性映射能力，在故障预测方面受到了广泛的关注。拉佩德斯学者 Lapedes 等人最早（1987 年）发表了运用神经网络对由计算机产生的时间序列仿真数据进行的学习和预测，之后出现了大量将神经网络用于预测的研究。神经网络从理论上可以模拟多个输入输出的任意线性系统，具有很强的自学习与自适应能力。神经网络在故障预测中的应用主要由以下的方式来实现：一是神经网络做函数逼近器，对系统各工况下的某些参数进行拟合预测；二是用动态神经网络对过程或工况参数建立动态模型，进而进行故障预测。但它要求大量且完备的训练数据，在训练过程中易陷入局部极值，并且隐含层的神经元个数具有很大的不确定性。

2. 支持向量机方法

支持向量机（Support Vector Machine，SVM）是近年来发展起来的基于统计学习的机器学习方法。它以统计学习理论为基础，直接从小样本出发，放弃了传统的经验风险最小化（Empirical Risk Minimization，ERM）准则，而采用结构风险最小化（Structural Risk Minimization，SRM）准则，在最小化样本点误差的同时，考虑模型的结构因素，从根本上提高了泛化能力。支持向量机在解决小样本、非线性及高维模式识别问题中表现出许多特有的优势，它既能够由有限的训练样本得到小的误差，又能够保证对独立的测试集仍保持小的误差，而且支持向量机算是一个凸优化问题，因此，局部最优解一定是全局最优解，这样，由俄罗斯统计学家、数学家万普尼克 Vapnik 等人提出的支持向量机就克服了神经网络收敛速度慢和局部极小点等缺陷，是一种值得研究的新型智能预测方法。

3. 基于专家系统的预测技术

专家系统预测技术由于采用了专家知识，从而具有了专家的丰富经验与判断能力，并能对用户的提问和答案的推理过程做出解释。在中长期测试中，能够对未来的不确定性因素、各对象自身发展的特殊性以及各种可能引起预测对象变化的情况加以综合考虑，从而得到较好的预测结果。专家系统预测技术主用于那些没有精确数学模型或很难建立数学模型的复杂系统，特别在非线性系统领域被认为是一种很有前景的方法。然而，一个实用的预测专家系统的研制需要较长时间原始资料的积累和模型修正，开发周期较长。另外，专家的知识是经过大量实践形成的，且未能形成统一的知识标准，有可能导致在综合多个专家知识时存在偏差和失误。

7.4 智能诊断与预测系统

7.4.1 故障诊断与预测系统的要求

有效的诊断与预测技术具有能基于检测早期故障并利用信息做出有效反应的能力。在系统监测过程中，故障隔离与诊断是把检测活动作为分类故障进程的开始。状态或故障预测后再估计设备剩余健康状态（在检测与性能严重退化之间进行）。如果确认故障影响到一些重要部件的寿命，并可能影响整个生产设备及人员的安全性，那么该故障预测模型也必须反映这种情况。在置信与严格度方面，具体要求就是必须对一些关键故障模式进行诊断与预测的识别。一般来说，故障诊断检测的水平与精度和预测的准确度应分别指定。

作为最低要求，用下面的概率来说明故障检测与诊断的准确性：

1）异常检测概率。包括误报率与实际故障概率统计。

2）具体的故障诊断分类的概率。利用特定的置信区间与严格的预测程度来表示。

为了说明故障预测的精确性要求，须事先定义，一般有：

1）设备性能退化的程度。超过这个程度的设备运行被视为不满意或者对于身边的任务是不期待的。

2）最低的预警时间。主要是在这个时间提供给操作人员或维修者所需的信息，以便在故障发生之前能够采取行动。

3）最小的预警度。部件或设备的剩余使用寿命大于或等于这个最小的预警度。

7.4.2 普通故障诊断与预测系统架构

从本质上讲，故障诊断与预测系统是一个包含故障信息拾取、分析、识别、综合和检验等全过程的典型信息采集和处理系统，其基本特点如下：

1）信息来源广泛。设备的各种工况和行为表现均携带着设备的状态信息、振动、噪声、工况参数、动力学特性等，均能为故障诊断与预测提供有用的信息。

2）信息处理方法多样。迄今为止，基于振动、油液、动力学分析等各种理论的故障诊断与预测方法，都取得了相当大的进展，均可提供独具特色的信息处理方法。

3）各种信息相互支持、互为补充，有时也相互冲突，信息融合的难度大。设备在工作过程中所表现出来的故障信息有时反映的是相互支持的问题，有时反映的是相互补充的问题，但也有一些信息是相互矛盾的，这为故障的综合诊断与预测提供可能的同时增加了综合的难度。

因此，在实际故障诊断与预测过程中，由于各种不同来源信息的差异以及信息获取费用的区别，一般是根据工作的实际需要，选择一两种信息及其分析处理方法进行监测和分析，对故障做出诊断与预测，并根据故障的重要程度和故障分析的复杂程度进行不同层次的监测与分析。

目前，一般的诊断与预测工作可以分为 3 个层次：

（1）设备现场监控

设备现场监控主要是以设备安全为目的，它借助于在线或离线监测系统或仪器，对设备的异常振动和异常变化进行监测，提供报警或连锁停机功能等，防止事故的发生。

（2）分析处理

分析处理是指主要完成设备的日常状态历史数据的管理、趋势分析并对有异常的数据进行分析和诊断。目前，比较流行的振动监测诊断系统都属于这个层次。一般来说，这些系统主要是在振动监测的基础上，提供丰富的信号分析和预测手段，如时域分析、频域分析、过程参数分析以及数据库、神经网络、专家系统、模糊诊断等，为故障诊断与预测提供尽量多的支持工具和支持软件。

（3）综合处理

综合处理又称专家分析处理中心，专家分析处理中心是以专业研发团体的专家知识和技术为基础建立起来的高等级的故障诊断与预测专家分析处理中心，中心一方面能运用设备的基本理论、模型、方法、实验手段和分析软件对设备的故障机理进行分析、数字仿真和实验验证，对故障产生的机理、影响因素及其相互关系进行深入的分析研究，找出问题之所在。另一方面，中心还要提供全面的分析诊断方法、预测方法、故障知识和故障处理方法，为设备故障诊断与预测，特别是疑难故障和新出现的故障，提供技术、方法、信息和知识上的强有力的支持。只有这样，才能实现高水平的诊断与预测和有效的处理。

目前，常见的故障诊断与预测系统有以下 4 种类型：

（1）测量与分析系统

如振动测量分析系统、噪声测量分析系统、油液分析系统等，这类系统提供测量与分析功能，诊断工程师依据测量分析系统提供的支持做出诊断，而没有预测功能。该系统的结构框图如图 7. 15 所示。

（2）监测与诊断系统

这类系统除了具有计算机辅助测量系统的功能外，还增加了部分诊断与预测功能，可以帮助诊断工程师对设备工作状态进行监测、分析，并对设备可能出现的故障及其程度做出初步诊断和预测，最后由诊断工程师做出诊断和预测。这类系统的监测功能较强，诊断与监测功能较弱。该系统的结构框图如图 7.16 所示。

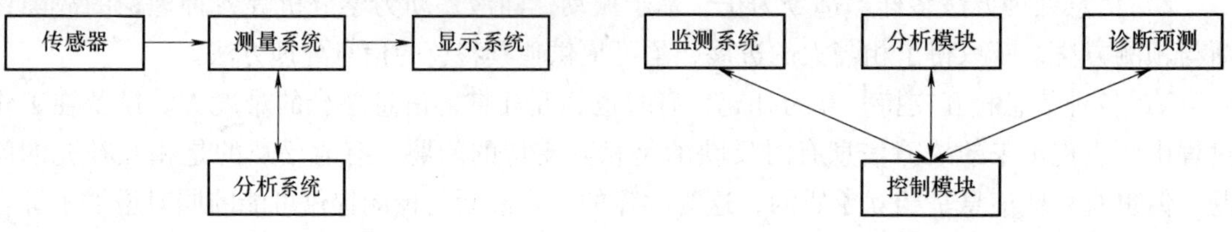

图 7.15　测量与分析系统结构框图　　图 7.16　监测与诊断系统结构框图

（3）监控系统

这类系统除了具备前两种功能外，还具有控制功能，能根据监测结果对设备进行报警和连锁控制，防止重大事故的发生。这类系统重点是监控，诊断与预测是辅助功能，属于计算机辅助监控系统。该系统的结构框图如图 7.17 所示。

（4）诊断与预测系统

这类系统除了具备一般诊断系统的功能外，还具有数据库管理系统，能对日常监测数据和故障数据的变化趋势进行管理。该系统的结构框图如图 7.18 所示。

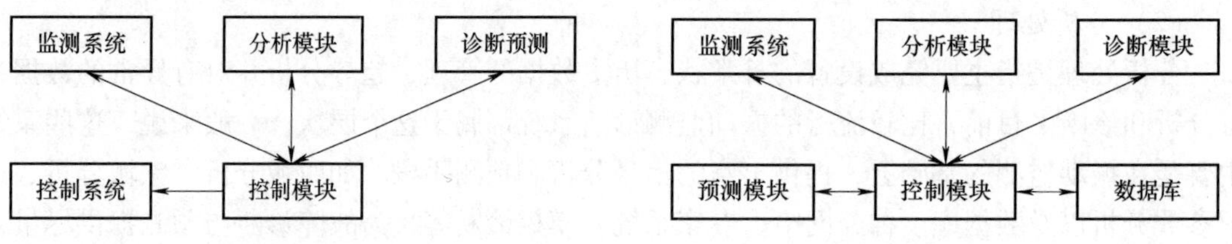

图 7.17　监控与诊断系统结构框图　　图 7.18　诊断与预测系统结构框图

参照诊断与预测支持系统的思想，很明显，上述四种诊断与预测系统在实际工作过程中事实上担当着辅助监测、分析、管理、诊断和预测支持系统的角色。在实际工作中发挥着越来越重要的作用。

7.4.3　智能诊断与预测系统架构

这类系统是普通诊断系统的发展与提高。由于引入了知识库系统，该系统具备诊断与预测知识的学习、存储和运用机制，有较强的分析、诊断与预测能力。该系统的结构框图如图 7.19 所示。

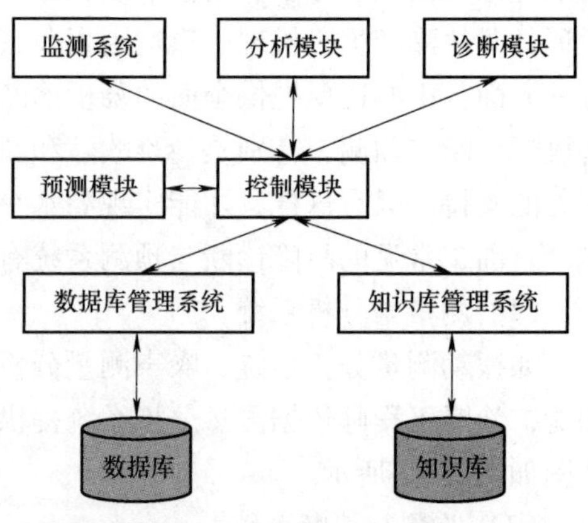

图 7.19　智能诊断与预测系统结构框图

一般来说，诊断与预测支持系统（Diagnosis and Prognosis Support System，DPSS）的基本模块主要有 12 个，它们分别是：信息获取模块、信号分析模块、特征提取模块、诊断方法模块、预测方法模块、综合模块、数据管理模块、知识管理模块、数据通信模块、数据库、知识库以及 DPSS 交互控制模块。这 12 个模块可以组成支持任何层次和级别的繁简不同的 DPSS 系统。

总体来说，诊断与预测支持系统主要由数据库系统、方法库系统、知识库系统和交互控制系统 4 大部分组成。

1. 数据库系统

数据库系统（DBS）是 DPSS 的一个最基本部件，一般情况下，任何一个 DPSS 都不能缺少数据存储与管理，应该有自己的数据库管理系统。与一般的 DB（数据库）相比，DPSS 数据库系统与其有本质的区别，DPSS 使用数据的主要目的是支持和辅助诊断与预测工作，因此，它对综合性数据或者经过预处理的特征数据比较重视，而普通的 DB（数据库）则侧重于原始资料的收集、整理和组织，是事务性的处理。一般来说，后者比前者庞大和复杂得多，不过二者还是有很多共同之处的。

正因为它们的侧重点不一样，其数据库的管理和使用有着明显的区别。普通的数据库是从具体事务管理中提出来的，对数据的输入输出、数据的组织管理、数据的编辑和删改、数据统计报表、绘图、数据检索、数据查询，以及数据的权限管理等工作十分重视，有完善的用户身份管理体制、方便的用户输入/输出接口和高效的事务管理机制，主要用于信息服务和日常事务处理。而诊断与预测支持中的数据库管理系统（DBMS）则重在对数据分析处理和存储能力，要求 DBMS 能直接高效地从系统监测数据中提取、处理保存和管理数据。当然，作为一个高级的决策支持系统的数据库管理系统，信息服务和日常事务处理能力也是需要的。

2. 方法库系统

方法库系统（MBS）是通用 DPSS 的三大支柱之一，是 DPSS 中内容最丰富、最有特色的部分之一。它包括了各种各样的信号处理、特征提取、故障诊断、故障预测、故障处理方法以及各种方法的集成技术等。在早期的方法库中，一般是面向应用的程序包，它由一系列专门的信号分析、处理、预测和诊断的独立的子程序组合而成。采用统一的数据描述格式、数据存储文件和通用的程序调用接口。这种 MBS 虽然比较精干，但是没有扩充能力，且难于与数据库管理系统统一和协调起来。随着诊断与预测技术的快速发展，诊断与预测方法日益丰富和繁杂，诊断与预测支持系统的功能也变得更加强大。因此，需要更加统一和灵活的方法库系统，要求方法库具有良好的扩充性和灵活性，能和数据库管理系统密切合作，根据诊断与预测任务需要，补充和完善新的方法，灵活地组合不同的诊断与预测方法，共同完成故障诊断与预测任务。

3. 知识库系统

知识库系统是 DPSS 发展的必然选择，当 DPSS 向智能化方向发展时，知识和推理的研究就显得越来越重要。事实上，也只有当知识和推理技术被娴熟地用于 DPSS 时，才可能真正达到诊断与预测支持的目的。DPSS 设立知识库，其目的是为了给各类复杂设备故障的诊断与预测提供更加智能化的支持和帮助，同时也希望 DPSS 系统能学习到越来越多故障诊断和预测方面的知识。

开发知识库的关键技术主要包括知识的获取、知识的表示、知识的推理、知识的运用，以及知识的管理、维护和学习等。这些技术和知识工程和专家系统基本是一致的，可以直接借鉴知识工程和专家系统的研究成果。但是也要注意到它们之间的差别，DPSS 特别重视推理和计算的结合，而专家系统则涉及较少的计算，并且还要注意到它是整个 DPSS 系统的一个组成部分。

4. 交互控制系统

交互控制系统也是 DPSS 必备部件，主要负责人机交互、系统组织、数据获取和数据通信等工作。它是 DPSS 与人、设备以及其他 DPSS 进行交互的控制系统。

由于诊断与预测支持的不同要求，这些基本构件可以有以下几种常见的组织形式：

（1）数据辅助

这是最基本的诊断与预测支持方式。根据设备的测量数据、图表来帮助诊断者做出故障的大致判断。

（2）方法支持

以时域分析、频域分析、时频分析、小波分析、光谱分析及动力学分析等方法对设备故障诊断与预测提供支持，这类支持系统强调利用技术的理性支持诊断与预测。

（3）信息支持

以设备状态信息及其变化趋势支持状态监测、故障诊断和故障预测。

（4）知识支持

以调和的故障自身规律性知识、调和的结构性知识和常识性知识等对设备故障诊断与预测提供支持，如专家系统、模糊综合、神经网络等系统均为以知识支持诊断与预测。

（5）综合支持

指以上述两种或两种以上内容支持诊断与预测。

对比现有的各种类型的诊断与预测系统软件的结构和功能，可以不难发现，现有的状态监测与诊断系统均可称为决策支持系统，只是支持的程度有所区别。

智能诊断与预测支持系统（Intelligential Diagnosis and Prognosis Support System，IDPSS）是在诊断与预测支持系统的基础上集成人工智能方法而形成的。智能诊断与预测支持系统是 DPSS 与知识管理机制的有机集成。图 7.20 是 IDPSS 的总体结构框图。

该系统在运行过程中，由于知识系统的加入，可以帮助诊断者在分析、诊断与预测方法的选择和应用上，在特征的解释推理以及故障处理等方面提供指导，又有 DPSS 系统以算法为核心解决定量分析问题的特点，充分做到定性分析与定量分析的有机结合，使得解决问题的能力和范围有了很大发展。

在 IDPSS 集成过程中，由于其知识系统和 DPSS 重点不同，主要有 3 种集成方式。

（1）DPSS 和知识系统并重结构

这种结构由交互控制系统对 DPSS 和知识系统控制和调度，根据问题的需要协调 DPSS 和知识系统的运行，分别独立支持诊断与预测工作。

（2）DPSS 为主结构

这种结构形式以定量分析为主体，结合定性分析解决诊断与预测支持问题。

（3）知识系统为主结构

这种结构以定性分析为主体，兼有定量分析的特点，在这种结构中，交互控制系统和推

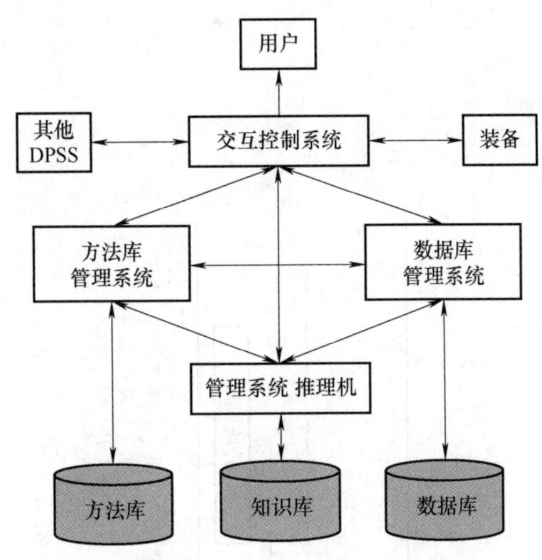

图 7.20　IDPSS 总体结构框图

理机合为一体，将各种分析方法也看成是过程性知识和规则性知识，进行诊断与预测支持工作。

7.4.4　基于智能故障诊断与预测的生产过程安全管理系统

随着现代工业生产设备大型化、连续化、高速化和自动化的不断发展，机械设备的故障诊断技术越来越受到重视。保证生产的连续性，减少设备特别是关键设备的停机检修时间，是保证企业获得巨大经济效益的前提。对于大型生产企业来说，由于需要对数十台甚至上百台设备同时进行状态监测，仅仅依靠故障诊断技术完成大量设备的监测数据管理问题是远远不够的，因此必须引入智能故障诊断与预测安全生产管理系统。

图 7.21 给出了智能故障诊断与预测的安全生产管理系统体系结构。系统由 3 部分构成：信号的传感与放大；监测信号的数据采集；数据分析与管理软件。在每台待监测的设备上布置一个或几个测点，按一定的检测周期用振动加速度传感器对每个测点进行循环检测。上层管理计算机通过数据分析和管理软件对多台设备的运行状态数据进行管理，并通过分析这些检测数据，判断生产设备的运行状态，进行故障诊断，确定故障类型及故障源，并预测设备运行趋势，生成各种设备诊断报表，提出设备维修方案，发出安全警告。

系统采用人机对话，对操作人员进行指导和提示，其功能结构如图 7.22 所示，主要包括数据采集模块、数据处理模块、报警处理模块、故障诊断模块、状态预测模块、故障库自学习模块、打印记录模块等。

数据采集模块用来采集设备的监测信号；数据处理模块主要包括滤波和信号分析两部分，对采集到的设备信号做初步的处理，包括时域分析、频谱分析、包络谱、波德图等；处理后的信号与诊断标准比较，当超出正常范围时报警处理模块发出警报并调用故障诊断模块进行故障诊断；发出警报后，系统自动进入故障诊断模块，提取故障特征信息，采用智能算法对故障进行分类决策；状态预测模块就是要根据设备的历史状态数据推知未来的生产过程的安全状态；故障库自学习模块根据已确诊的故障数据进行学习扩展。

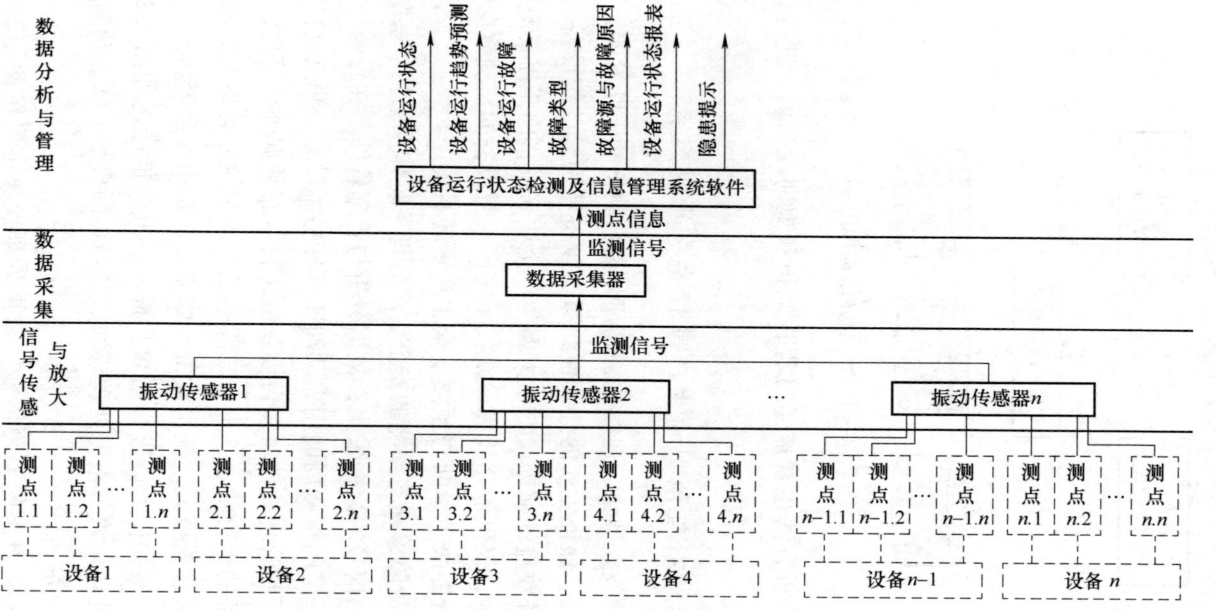
数据分析与管理
数据采集
信号传感与放大
设备运行状态
设备运行趋势预测
设备运行故障
故障类型
故障源与故障原因
设备运行状态报表
隐患提示
设备运行状态检测及信息管理系统软件
测点信息
监测信号
数据采集器
监测信号
振动传感器1
振动传感器2
振动传感器n
测点1.1
测点1.2
测点1.n
测点2.1
测点2.2
测点2.n
测点3.1
测点3.2
测点3.n
测点4.1
测点4.2
测点4.n
测点n−1.1
测点n−1.2
测点n−1.n
测点n.1
测点n.2
测点n.n
设备1
设备2
设备3
设备4
设备n−1
设备 n

图 7.21 系统体系结构

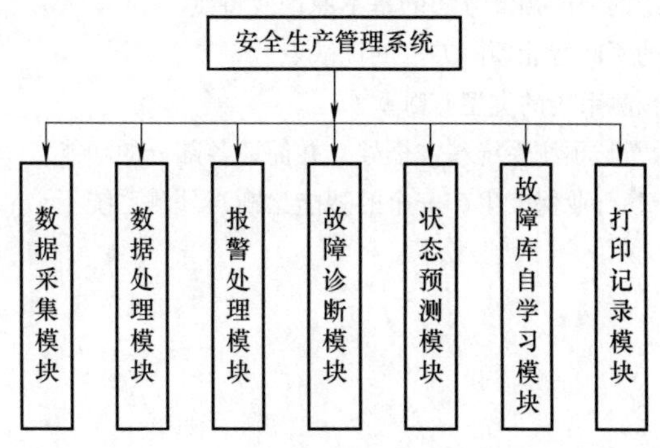

图 7.22 系统功能结构

智能故障诊断与预测的生产过程安全管理系统，可实施性强、自动化程度高、对企业软硬件设备及人员要求较低、操作方法简单、系统运行稳定可靠、效果良好，可以确保企业生产过程安全状态的实时诊断与预测。

本章小结

智能故障诊断与预测可理解为能有效地获取、传递、处理、学习和利用诊断信息与知识，从而具有对给定环境下的诊断对象进行正确的状态识别、诊断和预测的能力。

智能故障诊断与预测包含两方面内容：一个是诊断；另一个是预测。在诊断过程中，最重要的是获得特征向量，该特征向量包含有当前设备运行状态的足够信息，用以随后的故障识别与分类。包含在特征向量中的信息可以通过三种方法获取：一是基于模型的方法；二是数据驱动方法；三是利用现有的历史数据进行统计回归以及聚类分析技术。故障特征信息一经提取，基于系统的学习和决策能力就可以实现故障辨识。

智能预测就是通过建立历史数据模型、概率统计或数据驱动（神经网络、支持向量机、专家系统）的方法，将不同的预测模型有机地结合起来，利用知识库所提供的信息，以适当的准则得出预测模型，实现科学的预测。

故障诊断检测的水平与精度和预测的准确度是智能故障诊断与预测系统设计时必须要考虑的重要参数。常见的故障诊断与预测系统有四种：测量与分析系统、监测与诊断系统、监控系统和诊断与预测系统，担当着辅助监测、分析、管理、诊断和预测支持系统的角色。

思 考 题

1. 什么是故障诊断？什么是故障预测？
2. 智能故障诊断与预测的特点是什么？
3. 试绘制智能故障诊断的基本框架。
4. 常用的智能故障诊断方法有哪些？简述各自的原理。
5. 基于历史数据的智能故障诊断常用的处理数据方法是什么？
6. 简述基于案例推理的智能诊断方法的特点。

7. 简述典型的基于模型的智能预测方法的基本原理及特点。
8. 简述基于数据驱动的不同智能预测方法的优缺点。
9. 常见的故障诊断与预测系统的类型有哪些?
10. 试绘制智能故障诊断与预测系统基本框架，并简述各部分的功能。
11. 试具体说明可用于各行业保障生产安全的智能诊断与预测系统。

第 8 章 智能安全信息管理系统

学习目标

- 了解安全生产信息化的内涵、发展及安全信息智能化管理的意义
- 掌握安全信息的性质及作用
- 理解智能安全信息管理系统的设计思想

安全信息管理系统是企业安全生产和政府安全监管的重要基础，借助多媒体信息网络、物联网、云计算、智能计算、空间信息系统等基础设施平台将智能安全分析、安全评价、智能安全监测以及智能安全控制等安全技术集成在一起，实现安全信息管理标准化、智能化、简洁化管理，从而实现主动预防，杜绝安全事故隐患发生，从而对工业安全生产起到很好的促进作用。

8.1 概述

8.1.1 智能安全信息管理系统的内涵

智能安全信息管理系统是一个由人和计算机组成的能进行安全数据收集、存储、加工、维护和使用的系统。它综合运用安全科学、管理科学、经济学、运筹学、统计学、计算机科学等学科知识，属于一门边缘性与交叉性的学科。安全信息管理系统包含三大要素，即系统的观点、数学方法、计算机应用。但是由于其具有智能预测、智能控制和辅助决策等功能，因此它又不同于一般的计算机应用。

智能安全信息管理系统是一个综合的人机系统，它包括 5 个关键词：安全、管理、信息、智能系统和网络。它们之间密不可分，各自在安全信息管理系统中的作用可以概括为：安全是目的、信息是根本、管理是手段、系统是方法、网络是桥梁。下面先介绍与智能安全管理系统相关的术语。

1. 安全

安全是指没有危险、不受威胁、不遭受损失和不受伤害的一种状态。从安全的定义中可以看出，安全是相对的、动态的。在安全信息管理系统中，安全是系统存在的目的，即系统的目的是为了保障生产活动和非生产活动的安全。

2. 管理

管理就是设计和保持一种良好的环境，使人在群体里高效地完成既定目标。作为主管人员都要执行管理职能，即计划、组织、人事、领导和控制。管理适用于任何一个组织，适用于各级组织的主管人员。主管人员的目标都是一样的，即创造盈余。管理关系到生产率，即效益和效率。效益是指达到目标，而效率是指以最小的资源达到目标。

3. 信息

信息是事物的运动状态及其外在的表现形式，内容包括信息的内涵本质与外延现象两部分。在信息系统工程中，对信息的理解包括：信息是表现事物特征的普遍形式；信息是数据加工的结果；信息是数据的含义，数据是信息的载体；信息是帮助人们做出决策的知识；信息是实体、属性及属性值所构成的三元组。

4. 智能系统

智能系统是指能产生人类智能行为的计算机系统。智能系统处理的对象，不仅有数据，而且还有知识。表示、获取、存取和处理知识的能力是智能系统与传统系统的主要区别之一。因此，一个智能系统也是一个基于知识处理的系统，往往采用人工智能的问题求解模式来获得结果。具有三个明显特征，即其问题求解算法通常是非确定型的或启发式的；其问题求解在很大程度上依赖知识；智能系统的问题往往具有指数型的计算复杂性。智能系统通常采用的问题求解方法大致分为搜索、推理和规划三类。

5. 网络

网络通常指的是包括局域网在内的常见网络技术。网络是实现信息流通和传输的桥梁，正是因为网络技术的出现，才使得安全信息管理系统有了坚实的物质基础。

综上所述，智能安全信息管理系统是在安全、管理、信息、智能系统和网络 5 个概念的基础上发展起来的。它首先是一个智能系统，其次是一个信息系统，再次是一个用于安全管理的信息系统。它是一个由人和计算机组成的能进行安全数据收集、存储、加工、维护和使用的系统，具有预测、控制和辅助决策等功能。

安全信息管理系统的定义其实也概括了安全信息系统的基本功能，包括安全数据的采集、安全数据的处理、安全数据的存储、安全数据的管理、安全数据的检索、安全数据的传输等。

6. 与其他安全技术的关系

从安全工程的角度来看，安全信息管理系统属于安全管理方面的一个分支。它与安全管理体制、安全法规、安全技术等一起构成安全管理的基础。智能安全信息管理系统所需的安全技术支撑如图 8. 1 所示。

8. 1. 2　安全生产信息化的发展及问题

1. 安全信息化的发展

我国自从 20 世纪 70 年代开始，随着现代安全科学安全管理理论和安全工程技术及计算

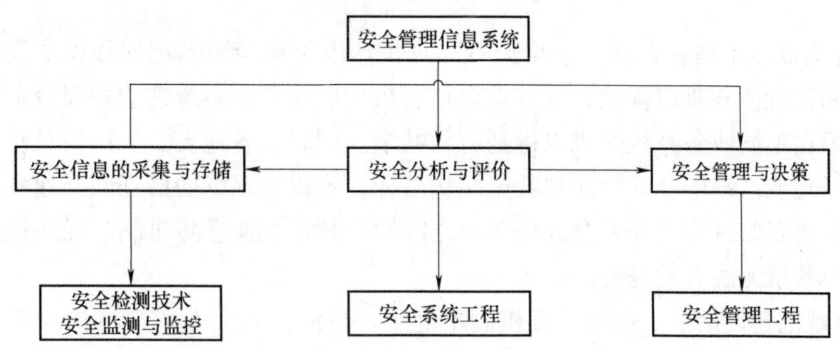

图 8.1 智能安全信息管理系统技术支撑框图

机的软、硬件技术的发展，在工业安全生产领域逐步应用计算机作为安全生产辅助管理和事故信息处理的手段。

经过国家“十五”至“十三五”规划，安全生产信息化已在各级安全生产监管机构逐步建立和完善，也逐步开展了安全生产监管和监察信息化基础性的建设工作，主要包括信息网络基础、安全生产监管、监察应用系统和基础数据库的建设。引导和推动了煤矿、非煤矿山、危险化学品等国家重点行业企业实施了安全生产监测监控、人员定位管理、应急避险和隐患排查治理等一批安全生产信息化工程，不同程度地提升了企业防范事故和安全管理的能力和水平。主要成效表现在以下几个方面：

1）依托互联网推进安全生产政务、政策法规、事故调查处理公开和网上为民服务。

2）安全生产应急平台体系框架基本建立，应急资源数据库逐步扩充完善。

3）高危行业企业安全生产信息化水平明显提高。煤矿、非煤矿山、危险化学品、烟花爆竹等高危行业企业利用信息化手段加强安全生产工作。

4）安全生产信息系统保障体系初步形成，完善了信息系统运行环境和安全保障系统。

2. 安全信息化存在的问题

虽然我国的安全生产信息化建设取得了一些成果，但从总体上来说还处在起步、探索阶段，目前还存在以下几个方面的问题：

1）基层信息化投入不足，信息化保障能力较弱。普遍存在信息化人才匮乏、信息化技能偏低、习惯于传统管理模式等问题，在系统应用等方面存在短板，运维人员信息化知识和操作技能落后，运行维护能力难以得到保障。部分安监机构还存在建设经费投入不足、监管执法和应急救援装备不全等问题，这些因素在很大程度上制约了安全生产信息化发展。

2）系统覆盖面不全、尚未实现与核心业务融合。目前，安全生产信息化工作还处于起步阶段，高危行业重点企业监测预警、重大危险源监控预警、安全生产风险分级管控等核心业务系统尚未完全建成。由于各地安全生产信息化发展水平差距较大，系统建设标准不一，导致了各级安全监管机构间尚未实现多级办公协同和业务一体化。信息系统的建设和应用深度远远不够，尚未成为日常工作不可或缺的手段，安全生产业务流和信息流尚未实现深度融合与有机关联，信息化手段对安全生产工作的支撑保障作用还没有得到有效挖掘和发挥。

3）系统集成度不高，存在“数据孤岛”现象。由于缺少统筹规划和顶层设计，安全监管业务流程和管理模式难以固化，导致安全监管机构已建业务系统功能相对分散、集成度不高，信息资源在不同业务系统间难以得到有效共享。同时，各地安全生产信息化建设缺乏统一规划，已经建成系统的业务功能和数据结构各异，难以实现纵向的互联互通和数据交换共享。此外，各级安监机构和安委会成员单位之间缺少数据交换保障机制，导致横向的互联互通与数据交换共享无法有效进行。

4）标准规范建设滞后、组织管理机制不健全。目前，安全生产信息化标准规范体系尚未形成，系统互联互通、信息共享和业务协同缺少统一的技术要求，系统建设、应用和运维等规章制度也尚未形成，因此急需制定信息化技术标准、业务标准、管理规范以及应用推广考核机制等政策文件。多数地市安监局也没有专门的机构和专职人员负责信息化工作，这些因素都制约了安全生产信息化的快速发展。

8.1.3 建立智能安全信息管理系统的意义

随着信息化、智能化与工业化的深度融合，智能化、信息化将不断渗透到生产经营活动的全过程，融入安全管理的各环节。通过物联网与人工智能等技术手段对人的不安全行为、物的不安全状态、环境的不安全因素等进行有效监测预警，并实现企业安全生产信息的动态采集和处理分析，是提高企业安全管理水平的有效途径。推进企业与行业管理部门和安全监管机构间的互联互通和信息共享，将是监督企业落实安全生产主体责任的重要技术途径。

充分利用现有信息化资源的基础，通过构建安全生产与职业健康信息化全国“一张网”，运用大数据技术可开展安全生产规律性、关联性特征分析，提高安全生产决策的科学化水平。配合应急指挥系统的建设，逐步建立反应迅速、指挥灵敏、决策科学、功能完善的重大危险源监控及事故应急信息体系，实现通信互联互通、信息共享、警报同步联动，可全面提升安全生产应急管理、指挥、决策水平，强化事故救援快速反应能力，为政府提供准确及时的应急救援和辅助决策信息，增强安监部门的动态监管能力，提高行政效率，消除各种隐患，预防和减少重特大事故的发生，提高整体安全生产工作水平，对保障人民生命财产安全具有重要意义。

具体建设目标体现在以下几个方面：

1）全面建成安全生产“一张网”。依托电子政务外网、运营商移动通信网、互联网和卫星网，建成覆盖各级监管机构、安委会成员单位和重点生产经营企业的专用网络。

2）信息系统业务应用全面覆盖。健全完善安全监管、综合监管、应急管理、行政办公、公共服务、大数据和风险分级管控等功能，实现业务应用全覆盖。

3）面向五类用户实现五级覆盖。面向各级安监机构、安委会成员单位、安全生产企业、中介机构和社会公众五类用户，统一建设覆盖各级行政的一体化平台。

4）推进信息数据有效共享。利用政府电子政务云和运营商云资源，建设安全生产数据资源管理中心，推进安全生产政务信息资源共享，为大数据建设积累数据。

5）提升大数据的利用能力。梳理安全生产政务信息资源，建设安全生产大数据支撑与服务体系，开展行业安全态势分析、区域安全形势研判等大数据应用。

6）全面加强网络安全保障工作。健全网络安全管理制度，加强网络安全防护，进行安全加固。定期开展等级保护测评和网络安全检查等工作，保障系统安全稳定运行。

7）健全完善信息化规章制度。建立安全生产信息化工作的规章制度，包括项目建设管理办法、系统运行维护管理制度、数据采集更新要求以及应用推广考核机制等。

8.2 安全信息与安全生产信息

8.2.1 安全信息基本概述

1. 安全信息的定义

安全信息管理系统的对象是安全信息，由于人们对信息的定义有很多种，因此，对于安全信息的定义也有很多种。一般来说，认为安全信息是反映安全事物的发展变化、运动状态及其外在的表现形式的信息。

由于安全科学研究的对象是“人—机—环境”系统，因此根据信息的定义，可以推导出安全信息的几个层次的定义：

（1）本体论层次的定义

安全信息就是反映“人—机—环境”系统安全状态及其变化方式的信息，其中“安全状态”指“人—机—环境”处于稳定、可控的状态，系统能发挥正常的功能，不会对人造成伤害、对机器造成损坏、对环境造成污染。

（2）认识论层次的定义

安全信息指该主体所感知并表述的关于“人—机—环境”系统的安全状态及其变化方式的信息。

在日常生产活动中，各种安全标志、安全信号就是安全信息，各种伤亡事故的统计分析也是安全信息，因此安全信息普遍存在于安全生产活动的各个阶段，对于安全生产有着至关重要的作用。只有掌握了准确的安全信息，才有可能进行正确的决策，提高企业的安全生产管理水平，更好地为企业服务。

2. 安全信息的本质

安全信息在本质上是作为安全管理、安全技术和安全文化的载体而存在的，安全信息的收集、处理和应用过程本身就是安全管理的工作内容之一。通过采取各种安全信息管理技术，能够保障生产和非生产过程安全、顺利进行，预防和控制事故的发展，同时也可以起到保障人的安全与健康的作用。

安全信息经过系统集合、分类、归纳、提炼等处理，揭示“人—机—环境”系统安全的内在联系和活动规律。安全管理就是借助大量的安全信息进行处理，只有充分利用现代计算机技术，才能使安全管理工作在社会生产现代化的进程中发挥积极作用。

8.2.2 安全信息的性质

安全信息除了具有信息共有的特征外，还具有以下重要的性质：

1）普遍性

安全信息普遍存在于人们的生产、生活中。因此，反映系统安全状态及其变化方式的安全信息也是普遍存在的。人们通过这些普遍存在的安全信息来了解生产、生活过程的安全状态和改善安全条件。

2）无限性

安全问题广泛存在与各个领域，如生活安全、生产安全、环境安全、太空安全等，所以安全信息是无限的。同样，企业的安全问题也涉及企业的方方面面，有生产设备、生产工艺、原理、各类人员的安全素质等，同时还会产生各种安全控制指令，因此安全信息是无限的。

3）动态性

安全信息具有动态性质。由于系统的安全状态是随时间变化的，因此在具体的安全管理工作中，应及时更新安全信息，尤其是化工生产安全状态的参数，每时每刻都在发生变化。安全信息的采集和处理应根据安全信息的动态特性，选择不同的方法。

4）转化性

安全信息技术就是通过对安全信息的感知、处理，转换为预防事故、控制事故以及事故应急救援的措施。

8.2.3 安全生产信息的基本概述

1. 安全生产信息的概念

安全生产信息主要针对生产系统，所以从本体论层次看，安全生产信息就是反映生产系统安全状态及其变化方式；从认识论层次看，安全生产信息就人们所感知并表述的反映生产系统安全状态及其变化的方式。

2. 安全生产管理

安全生产管理可以分为有关行政机关对生产经营单位安全生产工作进行的管理和生产经营单位自身进行的安全生产管理。前者是行使安全生产行政管理权的体现，往往与安全生产监督和监察密不可分，后者是企业管理工作的组成部分，往往体现为其在实际生产过程中建立的一套行之有效的安全生产管理方法。

从管理的角度看，安全生产管理分为宏观和微观两个方面：

1）宏观安全生产管理是大安全概念。凡是为实现安全生产而进行的一切管理措施和活动都属于安全生产管理的范畴。

2）微观安全生产管理是小安全概念。主要是指从事生产的经营单位所进行的具体安全管理活动。

安全生产管理的目的是保证在生产经营活动中的劳动者及相关人员的人身安全、健康，保证财产安全，促进经济发展，保持社会稳定。

8.2.4 安全生产信息的性质

安全生产信息是安全生产系统中诸要素的安全状态、相互关系以及变化方式的表示，包括空间位置、属性信息及时域特征 3 个部分。

安全生产信息有数字、文字、图像、图形和影像等不同形式表示定性、定量、定时的属性，并用可视化的手段全面地表示这些要素的属性特征。

安全生产信息属于空间信息，其位置的识别是与数据联系在一起的，这是安全生产信息区别于其他类型信息的最显著的标志。

安全生产信息的时序特征也十分明显，因此可以按照时间尺度将安全生产信息进行划分。安全生产信息的这种动态变化特征，一方面要求安全生产信息的获取要及时，并定期更新；另一方面要求从变化过程中研究其变化规律，从而对安全生产的趋势做出预测，为科学决策提供依据。

8.2.5 安全生产信息的分类

依据不同的分类标准，安全生产信息有多种分类方法。按照信息来源的不同可以将安全生产信息划分为外部安全生产信息和内部安全生产信息两大类；按照信息形态的不同可以将安全生产信息划分为一次信息（原始的安全生产信息）与二次信息（经过加工处理的信息）等。主要依据安全生产信息的产生及其作用的不同，将安全生产信息大致分为安全指令信息、安全管理信息、安全指标信息和事故信息 4 种类型。

1. 安全指令信息

安全指令信息是指导企业做好安全工作的指令性信息，包括各级部门制定的安全生产方针、政策、法律、法规、技术标准，上级有关部门的安全指示、会议和文件精神，以及企业的安全工作计划等。总而言之，安全指令信息是安全活动的依据。

2. 安全管理信息

安全管理信息是从安全管理实践方面反映安全工作情况的信息。具体指企业在日常生产工作中为认真贯彻落实安全生产方针、政策、法律、法规，在企业内部的安全管理工作中实施的管理制度和方法等方面的信息，包括安全组织领导信息、安全教育信息、安全检查信息、安全技术措施信息等。

（1）安全组织领导信息

主要包括：安全生产方针、政策、法规和上级安全指示、要求的贯彻落实情况；安全生产责任制的建立、健全及贯彻执行情况；安全会议制度的建立及实际活动情况；安全组织保证体系的建立；安全机构人员的配备及其作用发挥的情况；安全工作计划的编制、执行，以及安全竞赛、评比、总结表彰情况等。

（2）安全教育信息

主要包括：各级领导干部、各类人员的思想动向及存在的问题；安全宣传形式的确立及应用情况；安全教育的方法、内容，受教育的人数、时间；安全教育的成果，考试人员的数量、成绩；安全档案、卡片的及时建立及应用情况等。

（3）安全检查信息

主要包括：安全检查的组织领导，检查的时间、方法、内容情况；查出的安全工作问题和生产隐患的数量、内容；隐患整改的数量、内容和违章等问题的处理情况；没有整改和限期整改的隐患及待处理的其他问题等。

（4）安全技术措施信息

主要包括：安全分析和评价情况、安全技术改造、安全技术革新等有关安全技术在安全生产和管理中的应用情况。

总而言之，安全管理信息是安全活动具体措施等方面的信息。

3. 安全指标信息

安全指标信息是指企业对生产实践活动中的各类安全生产指标进行统计、分析和评估后得出的信息，包括各类事故的控制率和实际发生率，职工安全教育、培训率和合格率，尘毒危害率和治理率，隐患查出率和整改率，安全措施项目的完成率和安全设施的完好率等。

4. 事故信息

事故信息是指企业在生产实践活动中所发生的各类事故方面的统计信息，包括事故发生的单位、时间、地点、经过，事故人员的姓名、性别、年龄、工种、工龄，事故分析后认定的事故原因、事故性质、事故责任和处理情况、防范措施等。

这里需要注意的是安全活动的记录应该包括隐患信息。因为根据海因里希的事故法则，无伤害事故、轻微事故和重大事故之间的比例大致为300∶29∶1。这说明通过控制和减少隐患的发生，可以有效地减少一般事故或重大事故的出现，实现安全管理目标。因此，隐患信息对于事故的控制和预防具有举足轻重的重要意义，有必要将其作为一种重要的安全信息形式纳入安全信息管理系统中。

8.2.6 安全生产信息的作用

安全生产信息来源于生产实践活动，又反作用于生产实践活动。依据安全信息所具有的反映安全事物和活动差异及其变化的功能，通过安全信息的反馈不断改进安全管理的方式和方法，促进企业整体安全管理水平的不断提高。通过收集、加工、储存和反馈4个有序联系的环节，促使安全信息在企业安全管理工作中进行流通，从而达到辅助安全生产决策的目的，如图8.2所示。

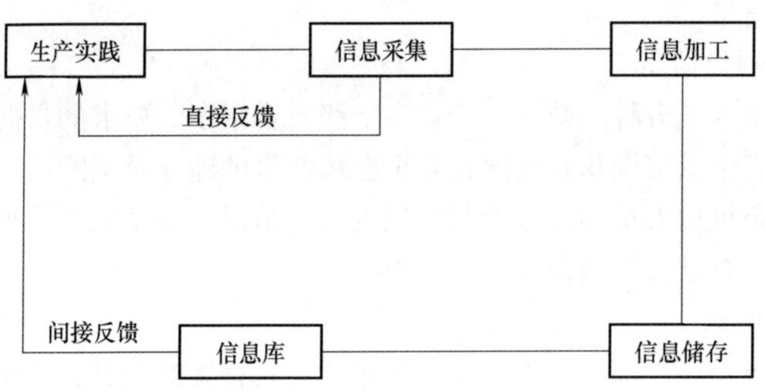

图8.2　安全生产信息流通模式

通过广泛搜集安全信息，企业高层管理人员和安全管理工作人员可以掌握员工对安全生产的认识情况，安全教育、安全检查的效果，安全生产法规的执行情况，安全技术措施的落实情况等，还可以发现生产现场存在的安全隐患和了解已发生的事故等方面的安全信息。安全信息能够及时、正确、全面地反映企业的安全生产动态，因此将安全信息用于指导安全管理工作，不断改进安全工作，提高安全管理水平，可以有效地消除事故隐患，从而达到预防、控制事故的目的。

1. 安全信息是编制安全管理方案的依据

企业在编制安全管理方案时，需要大量可靠的安全信息作为决策依据。一方面，需要有安全生产方针政策、法律法规等安全指令性信息为指导；另一方面，通过总结分析企业历年来安全工作经验教训以及事故发生频率等方面的安全信息，并将其作为参考依据，才能编制出符合生产实际的安全目标管理方案。企业实现安全生产的一个主要途径就是对安全信息的有效管理。通过对安全信息的接受、传递和反馈，促使企业安全管理达到目标明确、职责分明、措施得力和效果显著等目的。

2. 安全信息具有预防事故的功能

安全生产过程是一个极其复杂的系统，不仅与作业过程中单独的人和物有密切联系，而且与动态的生产实践活动以及企业的安全管理效果息息相关。在企业的安全管理工作中，需要通过对安全信息，特别是安全指令性信息（如安全生产方针、政策、法规，安全工作计划和领导指示、要求）的搜集和分析，根据分析结果对生产活动的诸要素进行有效地组织、协调并控制各单位的安全工作和人们的安全生产行为，促进生产实践活动按照符合安全运动规律的方向进行，从而达到预防事故发生的目的，这样安全信息就具有了间接预防事故的功能。

3. 安全信息具有控制事故的功能

在企业的生产实践活动中，人的不安全行为和物的不安全状态是导致事故发生的主要因素。这些因素反映在生产实践活动中则是安全信息的一种生产系统的异常信息。企业管理人员通过安全信息的管理方式，在收集并获知不利于安全生产的异常信息之后，将这些信息反馈到生产实践中，通过安全管理体制、安全法规、安全技术等管理手段，改变人的不安全行为、消除物的不安全状态，使之符合安全生产的客观规律，达到控制事故的目的。

4. 安全信息具有保护和解放生产力的功能

随着信息科学和信息网络设施等硬件的快速发展，安全信息逐渐成为影响社会和产业界运行的主要因素之一。安全信息作为安全技术的载体，承担着将安全技术应用于生产实践的任务，同时还能够将存在于实践中的安全问题反馈到管理和科学领域，促进相关学科的发展。从这个角度来说，安全信息具有保护和解放生产力的功能。

8.3 智能安全信息管理系统需求分析

据统计资料显示，在信息系统建设失败的案例中，90%以上都归结于需求分析不深入。因此，需求分析的质量对信息系统开发的影响是深远的、全局性的，高质量的需求分析对软件开发往往起到事半功倍的作用。好的需求分析可以为项目的顺利开发奠定基础，大大降低开发成本和开发风险。

8.3.1 系统需求分析

1. 信息资源管理中心建设需求

需要规范和定义数据入口，注重数据源头管理，充分考虑多种数据渠道和来源的数据采集，通过抽取、加工、转换等处理过程将各类数据转换成标准格式，并加入到信息资源管理中心。

系统总体架构遵从“服务是宗旨，应用是关键，信息资源开发利用是主线，基础设施是支撑，法律法规、标准化体系、管理体制是保障”的要求构建，同时要符合国家安全生产信息化标准规范。结合各级安全生产信息化平台建设所形成的与数据更新、录入相关的规章制度、配套规范，建立数据标准化层，将各种不同类型、不同来源的数据形成标准化的统一视图。

利用及时提供的标准化基础数据，通过 BI（Business Intelligence，商业智能，指将企业业务系统中的数据进行统计分析，形成有规律的信息，来辅助用户做出决策）过程，形成统一报表或其他展现形式，通过 ETCL（Extract——抽取、Transform——转换、Cleaning——清洗、Load——装载的过程）工具对数据抽取进行加工与转换，形成从入口到出口的增值过程，为各项业务应用提供数据支撑。

加强元数据（包括数据库管理系统的数据字典、ETCL 处理流程的规则、BI 建模和分析工具或文档中记录的信息等）管理，以便在整个系统平台内妥善维护、分析、消费和解释数据。

注重数据质量管理，要实现事前、事中、事后及全生命周期的质量管理，在数据入口进行校验，ETCL 过程中要有数据痕迹的记录和管理，通过数据质量检查工具，或编写有针对性的检查程序，对数据抽取后要有校验过程和质量分析。

实现历史数据管理，建立归档层，对积累的历史数据进行归档和档案化管理，同时对历史数据的生命周期进行管理，考虑历史数据的重用，减轻生产系统的数据存储负担，提高生产系统的运行效率。

建立数据反馈区，实现业务层面的数据交换与共享，使交易流程类业务与分析监管类业务进行交互。

考虑到数据的完整性、原始性、不可抵赖性，实现对数据的可追溯，需要建立版式数据，由样式、算法、安全、数据等组成，采用 EML（Extensible Markup Language，可扩展标记语言）的形式，来优化、简化业务流程。

2. 管理支撑平台建设需求

管理支撑平台为上层业务应用的开发、配置提供了保障，可根据安全监管工作业务的需要进行灵活的系统搭建和调整，确保整个系统的可配置、可扩展。主要包含以下 4 个方面的建设需求：

（1）基础应用构件

包括工具流引擎、数据建模、报表引擎、软件界面定制、系统权限角色配置、系统安全与性能管理、复合信息可视化管理以及应用集成等功能设计，从而实现软件构件复用目标，为整个管理信息应用系统的可进化性、灵活性、高可用性、安全性、稳定性以及其他性能指标等提供基础保障，减少信息化应用建设、开发、维护费用。

（2）应用加载构件

包括服务和功能的加载，试用、发布、版本管理、生命周期管理以及针对不同行政区域差异业务的管理，真正实现业务模型、表单、流程、统计报表、组织机构、权限分配等功能的完全在线可视化配置，业务人员经过简单的培训即可自行配置出各种所需的业务功能。

（3）渠道构件

实现各级数据中心基础数据库之间的上下同步、垂直业务系统间的数据交换（应用驱动、数据驱动）和横向本部门与外部门之间的数据交换功能。

（4）运维构件

提供对系统平台的运行监控、故障预警、故障发现以及排除等的运维构件，提高整体运维水平，加强统一运维保障体系的建设。

8.3.2 业务需求分析

1. 企业安全生产信息管理系统业务需求

企业安全生产信息管理系统的关键和核心，涵盖了企业安全生产信息管理的核心业务处理逻辑。因此，企业安全生产信息管理系统的需求应包括安全生产基础信息管理、在线监测监控管理和安全生产应急管理 3 部分。

（1）安全生产基础信息管理

主要包括企业的基本情况、资质情况、安全文件、重大危险源、特种设备、安全培训、隐患排查治理、事故报告与处理、互动信息、安全考评 10 个方面的信息管理，以便企业各级管理层及时了解、掌握和查询企业安全生产工作状况以及生产、作业现场安全生产管理状况，实现生产的远程监控和动态管理。

（2）在线监测监控管理

主要指对重大危险源、重点部位及重点岗位的监测监控，根据国家有关规定和企业安全生产风险程度确定在线监测监控点，在作业现场安装视频头和传感器，采集图像信息和有关工艺参数信息，实现各级管理层对重大危险源、重点部位、重点岗位的实时监控，达到监测、预警和控制，有效防止事故发生。

（3）安全生产应急管理

主要包括应急管理和应急救援两个模块。应急管理信息包括企业各级应急组织机构、应急预案、应急队伍、应急物资装备、应急培训、应急模拟演练、应急专家以及出险情况等，以提高对应急资源的管理水平。应急救援信息包括企业应急值守、应急响应以及应急指挥调度等相关信息，在应急指挥大厅，实现应用软件、音视频系统的集成，以提升企业总体应急协同指挥能力。

2. 政府安全生产监管信息管理系统的业务需求

政府安全生产监管信息系统主要针对政府应急管理部门在安全生产监督监察过程中的信息管理。

（1）政府应急管理部门的安全信息管理需求

根据政府应急管理部门的职能范围，在安全生产信息管理方面的需求有：

1）政府各级安全生产监管人员、组织体系等信息。

2）辖区内企事业单位的基本信息、安全现状、重大危险源信息、重大事故隐患信息以及安全管理人员信息，而这些信息均与地理位置有关，应在 GIS 环境下进行信息管理。

3）辖区内的基础地理信息。

4）辖区内应急救援人员、应急救援物资、应急救援设备等应急救援资源信息。

5）危险化学品信息，法律法规、技术标准、设计规范等方面的信息。

6）安全行政许可、监督执法、安全检查、应急救援、事故处理等行政管理过程中的信息管理。

7）政府应急管理部门和企业安全生产信息管理的数字化、信息传输网络化、信息处理自动化，实现安全生产信息资源的共享。

8）为政府应急管理部门安全政策的制定、安全生产规划、事故应急救援等决策提供事故后果模拟等方面的决策支持。

9）政府应急管理部门通过网络召开视频会议，对企业现场进行视频监控。

（2）政府应急管理部门的信息服务需求

政府应急管理部门需要为辖区企事业单位、公众等相关方的安全生产管理提供如下信息服务：

1）根据国家要求提供信息公开服务，如安全生产方面的法律法规、方针政策、技术标准和设计规范、网上审批、行政许可等方面的办事指南等方面的信息服务。

2）提供辖区和全国范围的安全生产形势、辖区安全生产检查情况、事故通报、典型事故案例分析等方面的信息服务。

3）提供安全生产科技信息以及辖区安全生产评价、培训、检测等服务机构信息。

4）企事业单位、个人通过网络提交安全生产行政许可、网上审批等业务的信息，并通过网络查询项目审批进程。

5）公众可以通过网络对安全生产的重大危险源、重大事故隐患、安全生产违法行为进行举报，对执法人员执法过程中存在的问题进行投诉。

6）政府应急管理部门利用执法网络为企业和公众提供安全文化、安全科普等方面的服务，以提高企事业和公众的安全素养。

8.3.3 综合移动 APP 需求分析

移动 APP 能够方便企业的隐患排查治理和政府的隐患排查监督，其中企业用户以隐患自查自报为主要功能，政府用户也将查看管理企业上报隐患作为主要功能。通过在移动系统上建设移动 APP 可以提高企业隐患排查工作能力。

1. 信息化平台功能分析

平台是日常办公、企业综合监管、应急管理的公共服务平台，实现整个安监系统的信息化管理，面向各层级安监业务提供先进的信息化服务与支撑。通过平台的建设，可以满足政府/企业办公自动化、网络化、快捷化等需求；实现企业安全生产综合监管、动态监管，增强灾难预防能力，减少灾难的发生；在灾难发生时，通过应急管理，可以进行应急资源快速调度、事故模拟分析、智能方案输出、救援辅助决策等，使事故在第一时间得到控制，减少因事故造成的人员伤亡和财产损失。

2. 对外平台建设需求

除了要为安全监管部门提供内部工作平台外，还需向安全生产工作的责任主体单位（即各类企业）提供相关的信息服务平台。通过该平台，企业可以向安全监管部门提交申报相关表单台账，申请相关许可和进行重大危险源以及应急预案的备案等工作。同时，也可以通过门户网站获取到政府部门对安全生产工作的有关通知和要求，查阅相关工作动态和审批信息。

对外平台主要包括下列三类应用：

1）面向社会和企业的外网业务：包括数据采集、申请、发布、提醒、告知、举报、宣传、互动等。

2）内网的流程类业务：包括受理、审批、拟稿、复核、签发、归档等。

3）内网的分析、监管类业务：包括对数据的整理、加工、分析、报表、监控、预警、反馈等。

8.3.4 性能需求分析

1. 总体性能需求

系统稳定性：系统软硬件整体及其功能模块应具有稳定性，在各种情况下不会出现死机现象，更不能出现系统崩溃现象。

系统可靠性：保障系统数据维护、查询、分析、计算的正确性和准确性。

容错和自适应性能：对使用人员操作过程中出现的局部错误或可能导致信息丢失的操作能推理纠正或给予正确的操作提示。对于关联信息采用自动套接方式按使用频度为用户预置缺省值。

易于维护性：系统的数据、业务以及涉及电子地图的维护应方便、快捷。

安全性：保障系统数据安全，系统不易被侵入、干扰、破坏，信息不易被窃取。

可扩展性：系统从规模上、功能上应易于扩展和升级。

适应性：在操作方式、运行环境、与其他软件的接口以及开发计划等发生变化时，系统应具有较强的适应能力。

易用性：系统的界面布局、菜单的设计及用户操作等设计，要遵循界面友好、直观的原则，菜单要简洁，菜单格式、快捷键等要充分考虑用户习惯，满足用户使用方便、易于修改的要求，用户无需复杂的技术培训和烦琐的操作即可很方便地使用。

2. 数据处理需求

建设技术先进、安全可靠的数据处理系统，承担安全生产信息化智能平台系统的信息数据的处理，为核心业务系统提供稳定的运行环境，满足长时间、大用户量的并发访问以及可靠性、可用性、数据安全性、可管理性等各方面的要求。可采用虚拟化、双机集群、动态资源扩展等技术，有效提高服务器整合的效率，大幅度简化了服务器群管理，提高了整体系统的可用性和灵活扩展性，实现了资源弹性扩展与收缩机制，有效满足业务在不同访问压力下的资源需求。

3. 存储备份需求

通常来说，如果遇到服务器故障，对于业务和数据都难以恢复，给系统管理造成很大的运维压力。因此需建设统一的数据存储中心，实现业务数据的集中存储。由于存储、容灾系统统一承载全部的业务数据，其可靠性、可用性和高性能将直接影响整个业务系统的运行，所以数据存储系统需要采用主从模式，实现双活配置，能够自动进行切换。

4. 安全需求

根据电子政务信息安全等级保护的技术与管理要求，针对可能遇到的各种安全威胁和风险，需要在每个业务区域和网络出口处增配必要的安全软硬件设备，建立涵盖系统建设、系统运维的信息安全管理制度，形成技术先进、功能全面的立体式信息安全保障体系，保障信息系统业务服务的连续性、可靠性以及信息资源的保密性、完整性和可用性，确保本平台能够安全、稳定、可靠地运行。

8.4 智能安全信息管理系统建设方案

8.4.1 建设原则

1. 实用性原则

结合安全生产工作实际情况，使系统能真正实现为电子政务信息公开服务的收集、传递、执法、统计、分析等功能，切实提高企业及政府工作的效率和管理水平。要求系统能充分体现安全生产信息管理运用的广泛性、细化性、针对性、开放性。系统设计要以业务为基础，以需求为向导，充分考虑用户当前各业务层次、各环节管理中数据处理的便利和可行性，把满足用户业务管理作为第一要素进行考虑，提供方便、灵活、直观易用、友好的用户操作界面。同时，最大限度为公众提供便利服务，增加双向交流和跨层交流的机会。能够公开的信息和办事环节全部公开，增加工作透明度，提高办事效率，切实保障管理服务对象的知情权和监督权。

2. 先进性原则

系统在设计上，首先应当具有前瞻性，应充分考虑未来若干年内的发展需要，按照国际标准进行。在技术上，要充分吸收和正确运用国内外开发相关信息系统所采用的先进技术和应用状况，保证在相对较长的时间内不落后。

3. 安全可靠性原则

采用先进和成熟的技术，确保系统运行的稳定性和可靠性，确保具备后续的技术支持及更新升级能力。系统在运行过程中，一方面涉及国家法律法规以及安全生产方针政策等信息，另一方面涉及企业生产安全技术、商业等信息，因此，系统中信息安全至关重要。在系统设计中要配置严密的数据安全体系和访问权限分配体系，确保数据不被篡改，防止各类异常情况的发生。同时，系统还应具有容错、冗余和备份功能。

4. 整体性原则

推进安全信息管理电子政务建设必须统一规划、统一标准、统一规范和统一部署。既要发挥积极性，又要统一协调，统筹建设，统一规划，充分考虑系统的整体性建设要求。系统涉及单位、部门、行业众多，范围广，要仔细分析系统中的各子系统、各功能模块之间的衔接关系，实现整个系统的信息共享。

5. 开放性与可扩展性原则

应充分考虑发展的需要，采用开放式系统体系结构，以保障系统的高度可扩展性，易于第三方系统集成，易于系统升级，系统必须具有良好的开放性，做到上下左右可以互联，必要的信息可以共享，而不是产生运营上的“孤岛”。系统设计架构符合国家安全生产信息化发展规划的要求。

8.4.2 总体框架

系统的总体框架设计要依据国家电子政务的统一标准和规范，结合系统设计原则，充分考虑系统的运行稳定性、可扩展性、易维护性、操作简便等方面的要求，采用分层设计思路，并确保安全生产监管业务的标准规范、电子政务安全要求和运维体系贯穿系统的各个层面，如图 8.3 所示。

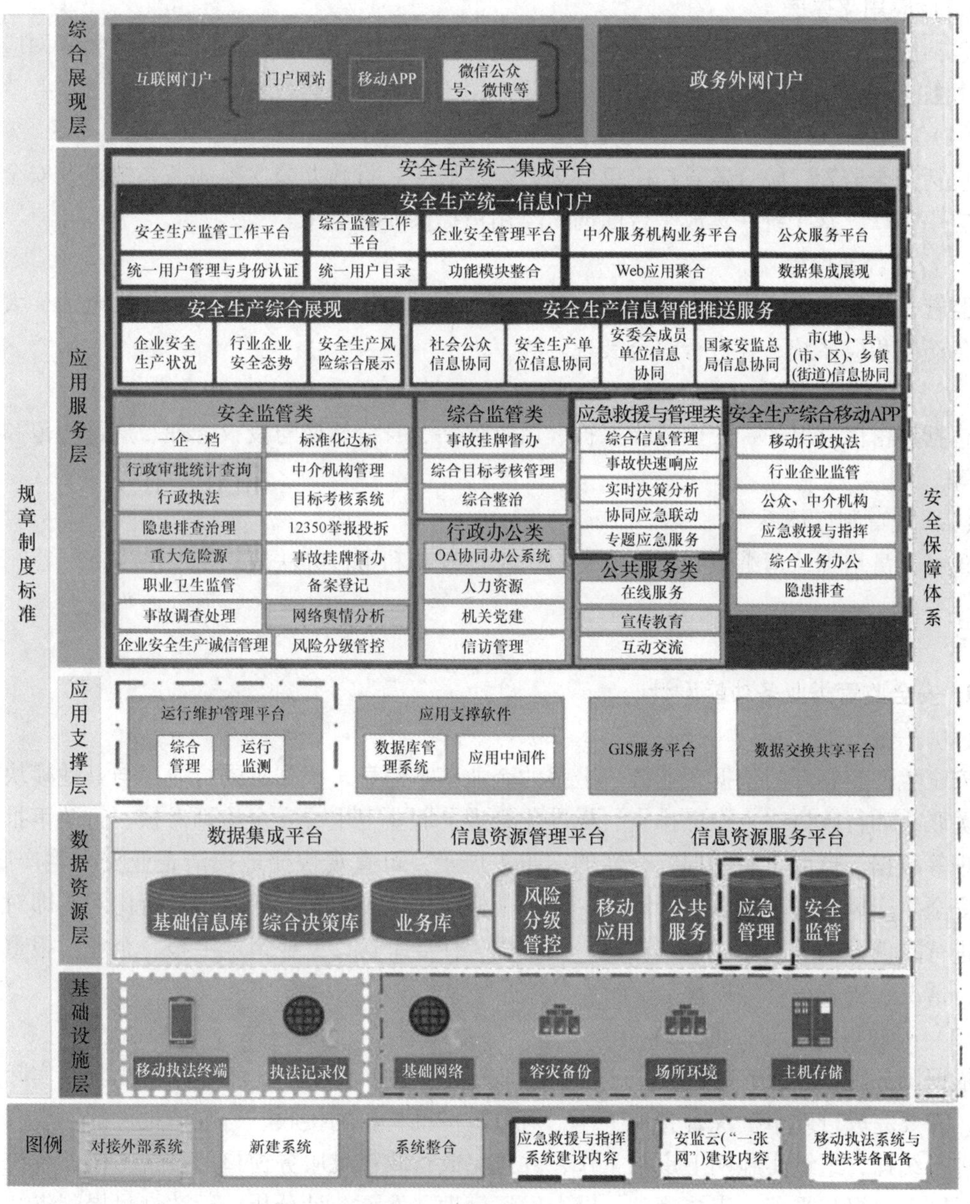

图 8.3 智能安全信息管理系统总体设计框图

系统总体框架主要由基础设施层、数据资源层、应用支撑层、应用服务层和综合展现层5个层次，以及安全保障体系和规章制度体系两翼构成。

（1）基础设施层

包括智能终端、基础网络、主机存储、通信调度装备、容灾备份、应急指挥场所、视频会商场所以及应急救援指挥车辆和现场应急平台等设备设施。

（2）数据资源层

包括企业基本情况、重大危险源、监管执法、应急救援等数据库，以及数据集成和资源管理等基础支撑平台，为用户提供数据存储和管理维护等服务。

（3）应用支撑层

包括应用支撑软件、运维管理平台、业务配置平台、地理信息服务平台、物联网应用平台、大数据支撑平台、数据交换共享平台等，用于支撑业务运行。

（4）应用服务层

包括安全监管、综合监管、应急管理、公共服务、行政办公5类业务系统以及安全生产综合应用APP，基于统一集成平台面向5类用户提供业务应用。

（5）综合展现层

监管机构利用门户网站发布信息，各类用户利用计算机、智能终端、传真电话、大屏幕等设备访问相应系统，并进行综合展现。

（6）安全保障体系

包括涉密信息保护、安全等级保护、风险评估、身份认证与授权管理、病毒防范和安全审计等。

（7）规章制度体系

包括人员培训、运维服务、制度建设、标准规范和考核办法等。

8.4.3 业务系统设计

1. 安全监管类业务功能设计

（1）一企一档系统

安全生产监管部门依据企业统一上报的企业基本信息，根据不同行业，与其他模块数据实现关联，如行政执法、隐患排查、标准化管理、职业卫生、安全培训考核、行政审批、应急管理等数据，形成企业数据综合性的一张表展示，可直观快捷地摸清企业安全生产底数，做到安全生产风险清、底数明。同时，与其他模块数据实现关联，能够进行比对，即对企业资料进行真伪识别。系统功能应包括一企一档、任务下达、完成情况上报、企业上报重点设备运行情况、查询统计等模块。

（2）行政审批统计查询系统

依据国务院、应急管理部安全生产许可监管办法的具体要求，根据辖区内具体实际工作要求，需要完成行政审批综合管理工作，对行政审批材料的接收、行政审批件的发放和行政审批进行统计，组织实施网上审批工作，并且完成行政审批服务窗口的日常工作。系统功能应包括网上申报与受理、审核管理、网上发证管理、发证统计分析、行政许可提醒告知、虚假信息核实情况。

（3）备案登记系统

需提供建设项目安全设施“三同时”、建设项目职业卫生“三同时”、职业病危害项目申报、应急预案备案、重大危险源备案等监管备案或登记业务的网上受理、审查备案、进度查询（发布）与到期提醒等功能。其中，应急预案备案同时也是“安全生产应急管理与救援指挥系统”建设项目的一部分。

（4）行政执法系统

系统要依据国家及辖区内有关行政执法的规定和程序，按照执法来源的不同，设置不同的执法程序和流程支持，满足不同执法工作的需要，实现执法工作的信息网络化、工作管理流程化、审批审核规范化，提高执法工作管理效率和规范性，提高执法工作质量，避免执法监管难、执法不严以及执法不当、执法过度等行为，提高安监部门的依法行政能力。系统功能应包括执法计划管理、现场安全检查、现场移动执法、投诉举报案件办理、执法文书打印、执法信息采集、执法统计分析、执法依据管理、执法信息提醒、罚款收入管理、历史记录查询、执法流程管理等。

（5）隐患排查治理系统

系统设计可满足横向实现同级行业主管部门的无缝对接和资源共享的要求；满足对企业自查隐患、部门监管发现隐患的排查治理全过程的实时、动态和有效管理的要求。系统功能应包括隐患排查标准管理、企业分级分类管理、企业隐患自查自报、企业隐患上报核查、监督检查计划管理、隐患排查整改治理、隐患排查统计分析、隐患排查提醒预警等。

（6）职业卫生监管系统

实现职业病危害申报，对已经申报的生产经营单位进行现场复核，并进行职业病危害现状评价，建立企业职业健康监管档案，加强职业健康执法检查。督促用人单位制订职业健康检查年度计划及落实专项经费，完善职业健康监护档案。严格落实职业健康“三同时”监管工作要求，加强职业病危害的源头控制。系统功能应包括用人单位职业卫生基本信息管理、职业危害申报、职业卫生“三同时”管理、事故调查处理、投诉举报案件管理、技术服务机构管理、培训管理、危害因素监测评价、职业健康监护管理等。

（7）标准化达标管理系统

标准化达标系统应与国家综合信息化平台对接，系统功能应包括企业自评自报、企业达标情况监管、体系运行状态监管、复查换证到期提醒、企业达标评审情况汇总、安全生产标准化评审机构管理。

（8）中介机构管理系统

系统机构端对辖区内机构基本信息、人员信息及装备信息进行维护，并将每个项目的关键信息及节点录入系统。政府端对机构端信息进行复查、抽查及审核，对机构基本信息及日常工作产生的数据进行统计分析，对安全生产情况进行综合判断。公众端查看政务公开内容，对各类不合法行为进行投诉举报。

（9）12350 举报投诉系统

12350 举报投诉系统可加强对举报投诉案件的管理，依法查处安全生产举报投诉案件，提高效率。举报投诉案件的调查处理按照“属地监管、分级负责”和“谁办理、谁负责”的原则，依法依规，公开公正，及时查处，分别答复。系统功能应包括投诉举报信息填报、投诉举报信息查询、投诉举报案件管理、投诉举报统计分析等。

（10）事故调查处理系统

为及时掌握安全事故的发生情况，更好地分析安全管理现状和发展形势，并采取针对性措施，加强安全管理工作，根据《生产安全事故报告和调查处理条例》（国务院令 493 号）的规定加强安全管理履职考核工作的要求，必须对安全生产事故进行登记、备案、上报、管理和统计分析。事故调查处理需提供重大生产安全事故立案、取证、分析、报告、案件移送、整改落实、结案归档的网上信息填报、审核、统计、发布、查询和案例制作与管理等功能。

（11）重大危险源管理系统

系统需要实现对重点监管危险化学品、重点监管危险化工工艺及重大危险源进行网上申报登记、信息管理、自动辨识、巡查管理、风险评估、评价分级、事故隐患管理、地理信息监管等，对辖区内重大隐患、重大危险源和高风险点进行全方位监管。系统功能应包括重大危险源备案、评价分级、信息上报、一源一档和 GIS（Geographic Information System，地理信息系统）综合展示。

（12）监管机构和人员管理系统

面向辖区内各级安全监管部门，实现对监管机构和人员系统的综合管理，包括本级和下级监管机构及其主要人员、直属单位及其主要人员、本地区安全生产专家的基本信息，提供检索和查询，方便用户检索使用。

（13）风险分级管控系统

风险分级管控系统能够接入安委会成员单位监测监控和预测预警数据，基于安全风险指标体系和风险预警分析模型，从宏观到微观分级展示区域风险、行业风险、企业风险，摸清辖区内风险底数，分析出致灾关键风险因子及风险影响范围，实现风险预警发布，向安全生产监管部门及安委会成员单位推送风险信息，给出风险研判治理措施，为精准监管、精准执法、精准施策提供风险研判支撑。风险分级管控系统主要功能包括企业风险填报变更管理、生产经营单位风险监管一张表、区域风险统计管理、风险综合展示、重大危险源综合展示、风险统计、企业风险排查分析模型、企业风险模型管理等。

2. 应急救援与管理类业务功能设计

（1）综合信息管理

应急救援综合信息数据主要来源于企业填报和政府管理，涉及的综合信息包括企业信息、应急资源、应急预案、安全行业知识、通信联络、演练培训等，系统支持基于地图的应急救援综合信息展示，以及应急资源信息的维护管理和共享，非常态下为事故处置提供保障服务。主要包括企业信息、应急资源、应急预案、安全知识、通信联络、培训演练和数据授权。

（2）事故快速响应

事故快速响应系统基于一张图实现事故信息接报，自动定位事发位置并展示事故详情，实现接报信息合并、短信推送、移动推送、关联知识查询、关联现场反馈等功能。该系统可查询相关历史事故，对事故过程进行全面跟踪，主要包括接报响应和事故态势等功能。

（3）实时决策分析

实时决策分析模块主要是为政府端提供事故救援处置辅助决策方案，通过结合事故信息，快速关联、汇聚事故相关信息，实现事故处置流程所需信息自动组织展示、风险及影响后果监测分析，提供救援处置决策工具及参考方案，对事故进行分析研判，为政府监管部门事故处置提供辅助决策支持和一键方案的功能。主要包括事故研判和辅助决策等两种服务功能。

（4）协同应急联动

协同应急联动系统是根据事故基本信息及相关研判分析结果，通过与目前应急通信设备集成，为指挥人员提供事故现场反馈、视频会商、快速指挥调度、任务分配等功能。系统主要包括现场反馈、事故态势和视频会商等功能。

（5）GIS

GIS 可形象、全面地显示管辖区域内各重大危险源企业、危险源点、救援机构以及公安、消防及医院等场所的全貌及相关综合监管信息，显示危险源点与救援机构相对距离，以便有效进行动态监管和应急救援。

（6）重大事故模拟仿真

采用国内外领先的重大事故模拟分析模型对重大危险源可能发生的重大火灾、爆炸、毒物泄漏扩散等事故进行定量化模拟分析，计算出各种事故的伤害半径、人员伤亡情况，以及事故破坏和影响范围，结合事发时的气象条件在电子地图上显示事故影响范围。

（7）应急专题服务

专题应急救援服务功能模块实现对辖区内安全态势的综合查询，按照事故类型、行业企业、区域分布等不同维度进行统计。基于应急一张图实现队伍与装备、专家、危险源、应急机构、重点区域、重点目标、移动终端等信息的可视化展示和相关对象的综合查询。服务主要包括安全态势、数据可视和综合查询等功能。

3. 安全生产大数据功能设计

积累大量涉及企业安全生产、行政执法管理、隐患排查治理、重大危险源监管、安全生产综合统计分析等方面的业务数据，对其进行充分挖掘、有效分析。运用大数据理念、资源和技术，从海量的监管业务数据中寻找事故发生的规律、预测安全生产风险，为日常监管、行政执法、应急救援等工作提供辅助决策支持，提高安全生产状况趋势分析预警和风险防控能力，从而有效遏制事故发生。

运用数据仓库、联机分析处理、数据挖掘及大数据分析技术来处理和分析安全生产监测监控数据，提供针对不同业务系统的解决方案，结合本地实际情况，建设切合本地应用需求的风险分析、监测预警等大数据分析工具、模型，深度挖掘掌握的各类信息资源中的规律，如事故发生规律，隐患发生规律，辅助监管人员发现并解决安全生产过程中所遇到的不确定性及安全风险问题，指导安全生产和应急管理工作的有序开展，避免安全生产事故发生，减少人员伤亡、财产损失及对社会的负面影响。该部分的功能构成如图 8. 4 所示。

（1）安全生产事故时段分析

基于历史不同类型安全生产事故数据，运用概率密度估计模型进行挖掘分析，并将分析得出的事故发生规律时间分布按照小时和月份进行展示。

(2) 安全生产事故地域追踪

将每个安全生产事故数据，按照地点标注在GIS地图上，并用不同的颜色表示事故级别。同时，所有数据可以按照事故类型、事故级别进行智能筛查。

(3) 安全生产事故类型综合分析

用瀑布图方式将事故数据按照安全生产事故类型进行可视化分析展示。分析结果按照区域、年份、时间点分别进行分析展示。

(4) 安全生产事故数据统计分析

用折线图、雷达图、柱状图、数据列表等方式对历史事故数据进行统计分析，并可以按照事故类型、时间、区域进行智能筛选。

(5) 安全生产事故大数据关联计算

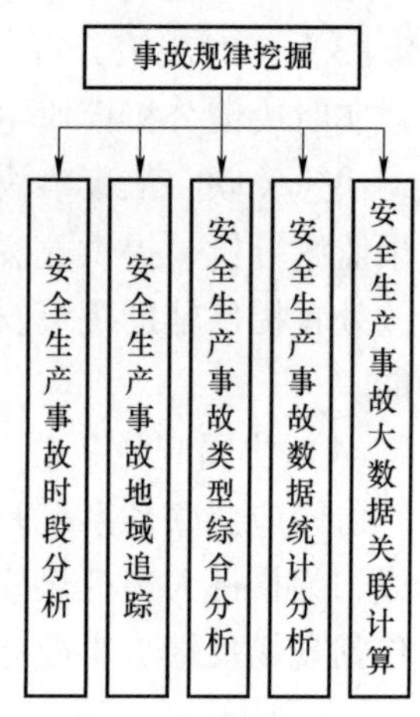

图8.4　大数据事故规律挖掘功能构成

根据安全生产内部数据和外部数据，对事故发生的关键节点进行建模。模型可以反映事故数据的主要组成，有效选择主要数据元对事故节点进行描述。通过关联计算，可以发现事故发生的重要及主要原因节点，实现安全生产各行业事故数据有效聚合。

4. 公共服务类业务功能设计

(1) 在线服务

在线服务功能可设置网上办事的服务窗口，提供安全监管有关业务办理信息（职权依据、办理类型、实施机关、范围与流程、申请材料、责任事项与依据、咨询与联系方式、法定期限等）的编辑、审核、发布等功能。该功能模块与安全生产综合信息门户（网站）集约整合建设。

(2) 互动交流

互动交流功能通过建立信息交互渠道，实现政府、企业、公众之间的信息交互，增强信息的流动性。提供意见征集、网上调查、领导信箱等功能，列出安全监管部门的咨询电话、技术支持电话、投诉举报电话，可以提供微门户、微博、微信、APP链接或二维码。该功能模块与安全生产综合信息门户（网站）集约整合建设。

(3) 宣传教育培训

安全宣传教育是落实“安全生产文化业务应用建设”的重要工作内容之一，通过全面高效的安全培训考核工作来提高各级各单位生产安全意识，增强相关安全知识、技能水平，是安全生产文化建设工作的首要任务。系统可强化安全生产培训与考试工作的日常监督，规范安全生产培训秩序，保障安全生产培训质量，促进培训与考试工作健康发展。整体推进以企业“三项岗位人员”、高危行业从业人员、农民工为重点的全员安全培训工作，提升企业经营管理者和从业人员安全素质和自律意识。

8.5 智能安全信息管理系统在发电企业中的应用

以某发电集团为例说明智能安全信息管理系统的实际建设。系统总体应用架构如图8.5所示。

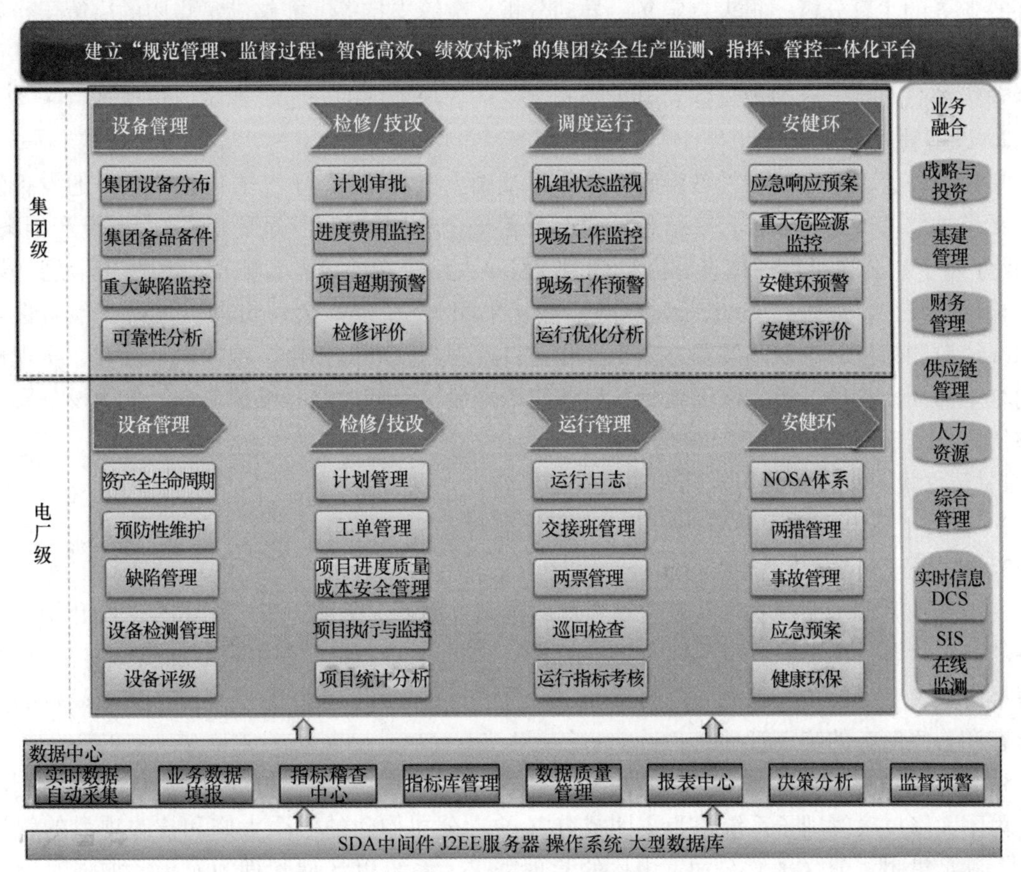

图 8.5　系统总体架构

其中，数据中心是系统提供数据层面的支撑，包括：实时数据自动采集、业务数据填报、指标稽查中心、指标库管理、数据质量管理、报表中心、决策分析、监督预警。

集团级应用包括：集团设备管理、集团检修及技改项目管理、集团调度运行管理、集团安健环管理。

电厂级应用包括：电厂设备管理、电厂检修及技改（资本性支出）项目管理、电厂生产运行管理、电厂安健环管理。

1. 数据中心

建立发电集团安全生产数据中心，包括对生产运行实时信息和安全生产管理信息采集、管理和利用，实现调度运行实时信息和安全生产管理信息的综合分析、运行指标实时对标、优化调度及运行仿真，大幅提升实时信息和管理信息的利用效率，为生产运营水平提升和管理创新提供了更加准确、及时的信息支持，并实现对企业信息资源的深层挖掘。通过表格、图形等丰富的形式展现安全生产信息，辅助各级管理人员、生产人员进行决策。在信息量达到一定程度后，可逐步在分（子）公司级或电厂级建立二、三级数据中心和异地数据中心备份机制。

系统基于发电集团安全生产数据中心，实现集团设备、检修及技改项目、调度运行、安健环等业务的主题分析、报表自定义、异动分析、决策支持等，能够满足集团的决策层、管理层、业务层的管理需求。为发电集团安全生产管理系统打造出具有出色性能和高度可靠性的企业级信息平台，有力地支撑发电集团安全生产管理系统的安全、稳定、快速运行。

2. 设备管理子系统

集团设备管理子系统在设备编码标准体系基础上实现集团/分（子）公司统一的设备管理。系统抽取基层单位设备台账信息，建立覆盖整个集团的机组/重要设备/大型资产档案，集团/分（子）公司可以详细查看机组/重要设备/大型资产的设备台账信息和履历信息（缺陷、检修、维护、评级、变动、运行等）。并从集团/分（子）公司贯彻以点检、预防性试验和在线监测为核心的缺陷监测，以工单和项目管理为核心的检修、维护执行流程，实现设备的全生命周期管理，最大限度地延长设备使用寿命、降低检修和维护成本。集团设备管理子系统重点实现以下功能：

1）建立集团级设备履历及档案信息管理平台。

2）监控下属电厂重大缺陷，辅助设备健康管理。

3）支持资产状况及可靠性分析。

集团设备管理子系统实现从设备基建期的选型、设计、采购、安装调试等工作开始，对设备的运行状态、维护保养情况以及设备的异动、调动、封存、借用等活动进行监控，直至设备报废或者变更的整个生命周期的管理。并通过与财务管控系统紧密集成，实现设备的实物形态和价值形态的统一管理。

3. 大修技改管理子系统

集团大修技改管理子系统是为集团或分（子）公司构建的一个大修和技改项目的管控平台，满足集团、分（子）公司、电厂的管理需求。系统以计划管理为龙头，加强对项目进度、成本、质量、安全的监控，从而使各级项目管理人员及时、全面、准确地掌控大修技改项目的全过程，提高管控力度和管理效率，降低管理成本。大修技改管理子系统重点实现以下功能：

1）建立检修及技改项目管理体系，实现从计划制定、审批、执行、调整到竣工的全过程管理。

2）对项目的预算与实际完成情况对比分析。

3）支持对项目计划、合同、进度、质量、安全及费用动态监控。

4）辅助检修评价及对标管理。

4. 运行管理子系统

集团运行管理子系统主要对发电企业生产过程及运行人员的生产活动进行管理。系统加强对生产调度、过程监控、设备启停、运行方式和运行指标等的管理，从而提高运行安全水平，降低生产成本，获取最大经济效益。集团运行管理子系统重点实现以下功能：

1）实现对集团所管辖电厂的运行状况及运行状态的实时监视，方便快捷地从集团—分（子）公司—电厂等各个层面掌控电厂运行及机组状态。

2）对发电技术经济指标进行管理和分析。

3）辅助制定发电计划。

4）对运行日志及交接班、日报等进行管理。

5）支持对厂级现场情况监督管理。

5. 安健环管理子系统

集团安健环管理子系统建立安全、健康、环保业务综合管理平台，为集团全面管控各级机构各项安全、健康、环保业务提供管理工具。为各级机构安全、健康、环保管理提供分析与决策支持。支持多角度安全、健康、环保管理，辅助企业建立预防及应急治理的综合管理体系。建立安全、健康、环保指标及事件的提醒及预警机制，实现对各级机构安监、环保关键事件的检查、追踪。建立统一的安全、健康、环保标准体系，为企业构建集团垂直监督一体化信息系统；实现集团公司环境监测数据收集、废物综合利用、环境监测报表、环境监测评价等功能，有效促进环保管理水平不断提高、实现环保达标排放和总量控制目标。

安全生产管理系统建设通过信息化智能化手段提高整个集团生产运行的安全性、经济性和环保性。集团和分（子）公司管理人员可及时、全面、准确地掌握和分析管辖范围内机组、设备的实时和历史运行状态、经济运行指标、安全管理指标、环保指标，对电厂的设备管理、检修和技改项目、调度运行、安全监察、环保监察等工作进行科学预警、对标、监督、分析、评价、指导和考核，从而提高集团的监管力度和管控水平。

本章小结

安全生产智能化是伴随着传感技术、通信技术、计算机技术、智能技术的不断进步，将上述技术运用于安全生产事故的预防、处理、救援以及安全生产日常管理中，从而改变传统安全生产的过程和结构，提高安全生产管理效率，减少安全生产事故发生概率，全面提升安全生产应急管理、指挥、决策水平，强化事故救援快速反应能力，对保障人民生命财产安全具有重要意义。

安全信息是反映安全事物的发展变化、运动状态及其外在的表现形式的信息。各种安全标志、安全信号就是安全信息，各种伤亡事故的统计分析也是安全信息，因此安全信息普遍存在于安全生产活动的各个阶段，对于安全生产有着至关重要的作用。安全信息具有空间位置、属性信息及时域特征的特点。安全信息来源于生产实践活动，又反作用于生产实践活动。因此，安全信息是编制安全管理方案的依据，具有预防事故、控制事故和保护生产力的重要功能。

智能安全信息管理系统总体框架主要由基础设施层、数据资源层、应用支撑层、应用服务层和综合展现层 5 个层次构成。基础设施层主要提供保障系统运行的硬件设施；数据资源层为安全信息智能化管理提供数据、知识和决策资源；应用支撑层用于支持业务运行；应用服务层用来实现各类安全信息管理业务的执行；综合展现层则是智能安全信息管理系统面向各类用户的综合体现。

思考题

1. 简述建立智能安全信息管理系统的意义。
2. 安全信息具有哪些性质？
3. 企业安全生产信息一般包括哪些内容？

4. 在企业的事故隐患管理中，如何利用安全生产信息？
5. 安全生产信息有什么作用？
6. 企业与政府对智能安全生产信息管理系统的需求有何不同？
7. 安全监管业务设计的功能有哪些？
8. 应急救援与管理类业务设计的功能有哪些？
9. 安全生产大数据设计的功能有哪些？
10. 试论述智能安全信息管理的优点。

参考文献

[1] 蔡自兴，徐光祐. 人工智能及其应用［M］. 北京：清华大学出版社，2003.
[2] 钟义信. 机器知行学原理：人工智能统一理论［M］. 北京：北京邮电大学出版社，2003.
[3] 夏定纯，徐涛. 计算智能［M］. 北京：科学出版社，2008.
[4] 周明，孙树栋. 遗传算法原理及应用［M］. 北京：国防工业出版社，1999.
[5] 冯宪彬，丁蕊. 改进型遗传算法及其应［M］. 北京：冶金工业出版社，2016.
[6] 韩瑞锋. 遗传算法原理与应用实例［M］. 北京：兵器工业出版社，2010.
[7] 陈伦军，罗延科，陈海虹，等. 机械优化设计遗传算法［M］. 北京：机械工业出版社，2005.
[8] 韩力群. 人工神经网络教程［M］. 北京：北京邮电大学出版社，2006.
[9] 高尚，杨静宇. 群智能算法及其应用［M］. 北京：中国水利水电出版社，2006.
[10] 李士勇，等. 蚁群算法及其应用［M］. 哈尔滨：哈尔滨工业大学出版社，2004.
[11] 马佳，石刚. 人工免疫算法理论及应用［M］. 沈阳：东北大学出版社，2014.
[12] 恩格尔伯里特. 计算群体智能基础［M］. 北京：清华大学出版社，2009.
[13] 刘洪，马力宁，黄桢，等. 集成化人工智能技术及其在石油工程中的应用［M］. 北京：石油工业出版社，2008.
[14] 杨平乐. 神经网络算法研究及其在模式识别中的应用［M］. 徐州：中国矿业大学出版社，2016.
[15] 李邓华，陈雯柏，彭书华. 智能传感技术［M］. 北京：清华大学出版社，2011.
[16] 杰拉德·梅杰，等. 智能传感器系统：新兴技术及应用［M］. 北京：机械工业出版社，2018.
[17] 刘君华. 智能传感器系统［M］. 2 版. 西安：西安电子科技大学出版社，2010.
[18] 梁威. 智能传感器与信息系统［M］. 北京：北京航空航天大学出版社，2004.
[19] 麦顿斯，等. 计算机专家系统应用［M］. 南京：南京大学出版社，1996.
[20] 尹朝庆，尹皓. 人工智能与专家系统［M］. 北京：中国水利水电出版社，2002.
[21] 李翔，王辉. 成套装置动态风险管理专家系统［J］. 中国安全生产科学技术，2015，11（8）：192-196.
[22] 王中亚. 金属非金属地下矿山安全评价专家系统的研究［D］. 长沙：中南大学，2011.
[23] 张建民，王涛. 智能控制原理及应用［M］. 北京：冶金工业出版社，2003.
[24] 王顺晃，舒迪前. 智能控制系统及其应用［M］. 北京：机械工业出版社，1995.
[25] 巩敦卫，孙晓燕. 智能控制技术简明教程［M］. 北京：国防工业出版社，2010.
[26] 李人厚，等. 智能控制理论和方法［M］. 西安：西安电子科技大学出版社，2013.
[27] 蔡自兴，等. 智能控制原理与应用［M］. 2 版. 北京：清华大学出版社，2014.
[28] 程武山. 智能控制理论与应用［M］. 上海：上海交通大学出版社，2006.

[29] 孙增圻，邓志东，张再兴．智能控制理论与技术［M］．2 版．北京：清华大学出版社，2011.

[30] 田玉冬，柳先鹤．智能控制在工业机器人中的应用［J］．中国水运，2017，17（4）：84-88.

[31] 尹吉．工业机器人智能化技术在 IGM 焊接机器人中的应用研究［D］．合肥：合肥工业大学，2005.

[32] 高立娥，刘卫东．智能仪器原理与设计［M］．西安：西北工业大学出版社，2011.

[33] 刘光辉．智能建筑概论［M］．北京：机械工业出版社，2006.

[34] 王仲生．智能检测与控制技术［M］．西安：西北工业大学出版社，2002.

[35] 滕召胜，罗隆福，童调生．智能检测系统与数据融合［M］．北京：机械工业出版社，2000.

[36] 朱名铨．机电工程智能检测技术与系统［M］．北京：高等教育出版社，2002.

[37] 李树刚，魏引尚．安全监测与监控［M］．徐州：中国矿业大学出版社，2011.

[38] 董文庚．安全检测与监控［M］．北京：中国劳动社会保障出版社，2011.

[39] 瓦克塞万诺斯，等．工程系统中的智能故障诊断与预测［M］．袁海文，王秋生，译．北京：国防工业出版社，2013.

[40] 张金玉，张炜．装备智能故障诊断与预测［M］．北京：国防工业出版社，2013.

[41] 陈国明，徐长航．安全工程信息化技术概论［M］．东营：中国石油大学出版社，2008.

[42] 王明贤，汪班桥，刘辉．安全生产信息化技术［M］．北京：机械工业出版社，2015.

[43] 郝鹏宇．基于数据中心的发电集团安全生产管理系统应用研究［D］．北京：华北电力大学，2017.

[44] 康海宏．智能化安全生产监督管理综合信息平台研究［D］．青岛：青岛理工大学，2011.

[45] 陈新发，曾颖，李清辉，等．开启智能油田［M］．北京：科学出版社，2013.

[46] 赵小虎，丁恩杰，张申，等．物联网与智能矿山［M］．北京：科学出版社，2016.